AF784240

DER SCHALL.

Holzstiche
aus dem xylographischen Atelier
von Friedrich Vieweg und Sohn
in Braunschweig.

Papier
aus der Papier-Fabrik
der Gebrüder Vieweg zu Wendhausen
bei Braunschweig.

DER SCHALL.

ACHT VORLESUNGEN

GEHALTEN IN DER

ROYAL INSTITUTION VON GROSSBRITANNIEN

VON

JOHN TYNDALL,
Mitglied der Royal Society, Professor der Physik an der Royal Institution
und an der Bergwerksschule zu London.

AUTORISIRTE DEUTSCHE AUSGABE

HERAUSGEGEBEN

DURCH

H. HELMHOLTZ UND G. WIEDEMANN.

MIT 169 IN DEN TEXT EINGEDRUCKTEN HOLZSTICHEN.

SPRINGER FACHMEDIEN WIESBADEN GMBH
1869

ISBN 978-3-663-19844-4 ISBN 978-3-663-20181-6
DOI 10.1007/978-3-663-20181-6

Softcover reprint of the hardcover 1st edition 1869

DIESES BUCH

IST

DEM ANDENKEN SEINES FREUNDES

RICHARD DAWES

WEILAND DECAN VON HEREFORD

GEWIDMET

VON

JOHN TYNDALL.

1867.

VORREDE.

Ich habe auf den folgenden Seiten versucht, in den gebildeten Kreisen das Interesse für die Lehre von der Akustik zu erwecken, ohne dabei eine besondere wissenschaftliche Vorbildung vorauszusetzen.

Der Gegenstand ist durchaus experimentell behandelt worden, und ich habe mich bemüht, jeden Versuch dem Leser so vorzuführen, dass er den Vorgang dabei klar vor Augen sieht. Es war mein Wunsch, charakteristische Beispiele von den verschiedenen Erscheinungen der Akustik zu geben, um so einen tieferen Einblick in ihre wahren Beziehungen unter einander zu ermöglichen.

Mehrere meiner englischen Freunde haben mich durch die mehr oder weniger vollständige Durchsicht der Probebogen dieses Werkes verpflichtet. Einem berühmten deutschen Freunde, der sich der Mühe unterzog, die Bogen von Anfang bis zu Ende durchzulesen, spreche ich meinen besondern Dank aus.

Die civilisirte Welt strebt immer mehr nach naturwissenschaftlicher Bildung. Dieses Bestreben ist natürlich und unter den obwaltenden Umständen unausbleiblich. Eine Kraft, die das geistige und materielle Schaffen unseres Zeitalters so beeinflusst, kann nicht umhin, die allgemeine Aufmerksamkeit zu fesseln und zu genauerem Studium aufzufordern. In unseren Schulen und Universitäten hat sich eine Bewegung zu Gunsten der Naturwissenschaften erhoben, die sicherlich dahin führen wird, dass ihre Ansprüche, sowohl eine Quelle des Wissens, wie ein Mittel zur Ausbildung des Geistes zu sein, allgemein anerkannt werden. Sollte dieses Buch einflussreichen Männern, die ihre Bildung einer andern Quelle verdanken, die Grundzüge und die Gestaltung der physikalischen Wissenschaft, wenn auch nur unvollkommen, darlegen und denjenigen, welche in die vorher erwähnte Bewegung förderlich eingreifen, eine indirecte Unterstützung gewähren, so ist es nicht vergebens geschrieben worden.

Vor vier Jahren hat Herr Professor Helmholtz sein Werk über „die Lehre von den Tonempfindungen“ herausgegeben, dessen wissenschaftlichem Theil ich besondere Aufmerksamkeit zugewendet habe. Viele Citate daraus wird man in den folgenden Blättern finden; sie können indess doch keinen entsprechenden Begriff von der Gründlichkeit und Vortrefflichkeit dieses Werkes geben. Namentlich für diejenigen, die den Gegenstand in seiner ästhetischen Entwicklung verfolgen wollen, wird der dritte Theil der Tonempfindungen von höchstem Interesse und Nutzen sein.

Ich habe es gewagt, diesem Buche den Namen eines Mannes voranzustellen, der, wenn er noch am Leben wäre, gewiss der Erste gewesen wäre, der es benutzt hätte; dessen edler Charakter die Weisheit der reiferen Jahre mit der Jugendfrische eines Knaben verband. In unserem Verkehr waren wir abwechselnd Knaben und Männer. Diese Mischung von Leben, Liebe und Wissen machten Richard Dawes zu einem grossen Erzieher der Jugend; edel und segensreich verbrachte er in dieser Thätigkeit sein Leben zum unberechenbaren Nutzen für die Dorfkinder, auf die er mit seinem Einfluss wirkte.

VORWORT DER HERAUSGEBER.

Die Vorlesungen, welche Herr Tyndall als Nachfolger der grossen Naturforscher Davy und Faraday in den Wintermonaten vor den gebildetsten Kreisen Londons in der Royal Institution über die verschiedenen Theile der Physik zu halten pflegt, haben in England allseitige Anerkennung gefunden.

Herr Tyndall besitzt in ungewöhnlichem Grade die Gabe, durch die glückliche Vereinigung einer ebenso klaren wie eleganten Darstellung mit vortrefflich ersonnenen und schlagenden Versuchen selbst die schwierigeren Lehren der Physik dem gebildeten Publicum zugänglich zu machen. Eine Herausgabe seiner Vorlesungen in deutscher Bearbeitung dürfte deshalb auch bei uns nicht wenig zur Verbreitung physikalischer Kenntnisse in weiteren Kreisen beitragen. Die Unterzeichneten haben daher, wie schon früher die Vorlesungen über die Wärme, so auch jetzt die vorliegenden Vorträge über den Schall unter ihrer besonderen Aufsicht übersetzen lassen und die Druckbogen einer genauen Durchsicht unterzogen, damit auch die deutsche Bearbeitung den englischen Werken ihres Freundes Tyndall nach Form und Inhalt möglichst entspräche.

H. Helmholtz.

G. Wiedemann.

INHALT.

Erste Vorlesung.

Zweite Vorlesung.

Dritte Vorlesung.

Vierte Vorlesung.

Fünfte Vorlesung.

Sechste Vorlesung.

Siebente Vorlesung.

Achte Vorlesung.

DER SCHALL.

Erste Vorlesung.

Die Nerven und die Sinneswahrnehmung. — Erzeugung und Fortpflanzung der Schallbewegung. — Versuche mit tönenden Körpern im luftleeren Raume. — Wirkung von Wasserstoffgas auf die Stimme. — Fortpflanzung des Schalls durch Luft von wechselnder Dichtigkeit. — Zurückwerfung des Schalls. — Das Echo. — Brechung des Schalls. — Beugung des Schalls. — Erscheinungen im Dorfe und an der Kirche von Erith. — Einfluss der Temperatur auf die Geschwindigkeit. — Einfluss der Dichtigkeit und Elasticität. — Newton's Berechnung der Schallgeschwindigkeit. — Temperaturänderungen durch die Schallwellen. — Abänderung der Newton'schen Formel durch Laplace. — Ableitung des Verhältnisses der specifischen Wärme bei constantem Druck und constantem Volumen aus der Schallgeschwindigkeit. — Ableitung des mechanischen Wärmeäquivalents aus diesem Verhältniss. — Folgerung, dass die atmosphärische Luft kein merkliches Wärmestrahlungsvermögen besitzt. — Schallgeschwindigkeit in verschiedenen Gasen. — Schallgeschwindigkeit in Flüssigkeiten und festen Körpern. — Einfluss der Anordnung der Moleküle auf die Schallgeschwindigkeit.

Die verschiedenen Nerven des menschlichen Körpers haben ihren Ursprung im Gehirn, und das Gehirn ist der Sitz der Wahrnehmung. Verwunden Sie Ihren Finger, so befördern die Nerven, welche von dem Finger zum Gehirn laufen, die Nachricht von der Verletzung dorthin; wenn aber diese Nerven durchschnitten sind, so fühlen Sie keinen Schmerz, so schwer die Verwundung auch sein mag. Wir haben allen Grund anzunehmen, dass das, was die Nerven zum Gehirn überführen, in allen Fällen Bewegung sei. Die Bewegung, die durch den Zucker in den Geschmacksnerven erzeugt wird, bewirkt, wenn sie zum Gehirn fortgeführt wird, die Empfindung der Süssigkeit, während Bitterkeit die Folge der durch Aloë erzeugten Bewegung ist. Die Bewegung, die durch den Duft der Rose in den Geruchsnerven hervorgerufen wird, zeigt sich im Gehirn als der Geruch der Rose an. Die Bewegung, die den Sehnerven durch die Sonnenstrahlen ertheilt wird, erweckt, wenn sie zum Gehirn gelangt, das Bewusstsein des Lichts, während eine ähnliche Bewegung, die anderen Nerven mitgetheilt wird, sich in demselben wunderbaren Organ als Wärme kundgiebt *).

Die Bewegung, von der wir hier handeln, ist nicht die des Nervs als eines Ganzen, sondern es ist eine Schwingung oder ein Erzittern seiner Moleküle oder kleinsten Theilchen.

Verschiedene Nerven sind für die Fortpflanzung verschiedener Arten von molekularer Bewegung geeignet. Die Geschmacksnerven sind z. B. nicht im Stande, die Lichtschwingungen fortzupflanzen; eben so wenig vermag der Gesichtsnerv die Tonschwingungen weiter zu führen. Für die letzteren ist ein besonderer Nerv nöthig, der vom Gehirn in eine der Höhlungen des Ohres führt und sich dort in eine Menge von Fasern zertheilt. Die diesem Nerv, dem Gehörnerv, mitgetheilte Bewegung wird im Gehirn zum Schall.

Wir wollen heute untersuchen, wie die Tonbewegung erzeugt und fortgepflanzt wird. Bringe ich eine Flamme

---

*) Die Schnelligkeit, mit der ein Eindruck durch die Nerven fortgepflanzt wird, beträgt nach der Bestimmung von Helmholtz, welche von Du Bois-Reymond bestätigt wurde, 93 Fuss in der Secunde.

an diesen kleinen Collodiumballon, der eine Mischung von Sauerstoff und Wasserstoff enthält, so wird das Gas explodiren, und jedes Ohr in diesem Zimmer empfindet eine Erschütterung, welche mit dem Namen Schall bezeichnet wird. Wie wurde diese Erschütterung von dem Ballon zu Ihrem Gehörorgan fortgepflanzt? Haben die explodirenden Gase die Lufttheilchen gegen die Gehörnerven geschossen, wie das Gewehr eine Kugel gegen die Scheibe schiesst? Es unterliegt keinem Zweifel, dass in der Nähe des Ballons bis zu einer gewissen Entfernung die Theilchen fortgestossen werden; aber Luft, die durch Luft eilt, kommt schnell zur Ruhe, kein Lufttheilchen aus der Nähe des Ballons erreicht das Ohr irgend einer der hier anwesenden Personen. Der Vorgang ist folgender: Als die Flamme die gemischten Gase berührte, verbanden sie sich chemisch und ihre Verbindung war von der Entwicklung einer grossen Hitze begleitet. Die Luft dehnte sich an dieser heissen Stelle plötzlich aus und drängte die sie umgebende Luft gewaltsam nach allen Seiten hin fort. Die Bewegung der in der Nähe des Ballons befindlichen Luft wurde schnell der etwas entfernteren mitgetheilt, während die zuerst in Bewegung gesetzte Luft zur selben Zeit in Ruhe kam. Die etwas entferntere Luft theilte ihre Bewegung der weiter entfernten mit und kam ihrerseits auch in Ruhe. So nahm, wenn ich den Ausdruck brauchen darf, jede Luftschale, die den Ballon umgab, die Bewegung der nächstvorhergehenden auf und theilte sie der nächstfolgenden Schale mit; und so wurde die Bewegung als Erschütterung oder Welle durch die Luft fortgepflanzt.

Diese Erschütterung pflanzt sich in Luft von der Temperatur von 0 Grad mit einer Geschwindigkeit von 1090 Fuss in der Secunde fort.

Die Fortbewegung der Erschütterung darf aber nicht mit der Bewegung der Theilchen selbst verwechselt werden, die in jedem Moment die Erschütterung bilden. Denn während sich die Welle durch bedeutende Entfernungen vorwärts bewegt, macht jedes einzelne Lufttheilchen nur eine kleine Bewegung hin und her.

Der Vorgang kann etwa durch die Mittheilung der Bewegung durch eine Reihe von Glaskugeln, wie man sie bei dem Solitairespiel benutzt, dargestellt werden. Ich lege diese Kugeln hinter einander in eine Rinne (Fig. 1), so dass jede ihre beiden Nachbarn berührt. Eine Kugel nehme ich in die Hand und stosse sie gegen das

Fig. 1.

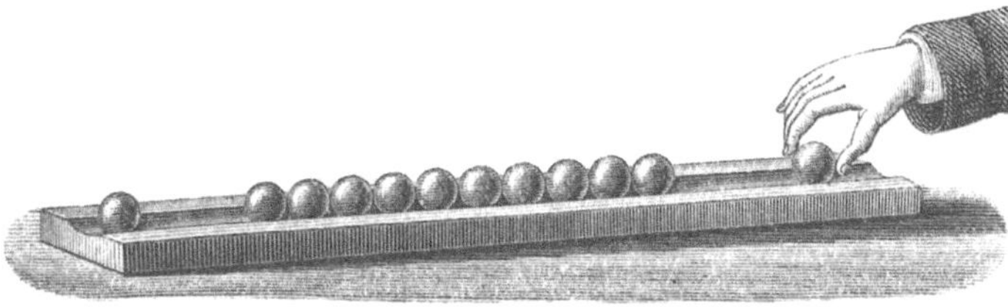

Ende der Reihe. Die so der ersten Kugel gegebene Bewegung wird der zweiten mitgetheilt, die Bewegung der zweiten pflanzt sich auf die dritte fort, die der dritten auf die vierte; jede Kugel kommt, nachdem sie ihre Bewegung abgegeben hat, wieder in Ruhe. Nur die letzte Kugel der Reihe fliegt fort. So wird der Schall von Theilchen zu Theilchen durch die Luft fortgepflanzt. Die Theilchen, die die Höhlung des Ohres anfüllen, werden zuletzt gegen das Trommelfell gestossen, welches quer über die Höhlung gespannt ist, die zum Gehirn führt. Diese Membran, die die „Trommel“ des Ohres schliesst, wird in Schwingungen versetzt, ihre Bewegung wird den Enden der Gehörnerven mitgetheilt, und von diesen den Nerv entlang zum Gehirn fortgepflanzt, wo die Schwingungen sich in Schall umwandeln. Wie es kommt, dass die Bewegung der Nervenmaterie uns den Schall zum Bewusstsein bringt, das ist ein Geheimniss, welches wir nicht ergründen können.

Lassen Sie mich versuchen, Ihnen die Fortpflanzung des Schalls noch durch ein alltägliches, aber zweckmässiges Beispiel klar zu machen. Hier stehen fünf Knaben, *a*, *b*, *c*, *d* und *e* (Fig. 2), in einer Reihe, einer hinter dem andern; die Hände jedes Knaben ruhen auf

Fig. 2.

den Schultern des vor ihm stehenden. *e* ist der vorderste und *a* beschliesst die Reihe. Ich stosse *a* plötzlich an; *a* stösst *b* und nimmt seine aufrechte Stellung wieder ein; *b* stösst *c*; *c* stösst *d*; *d* stösst *e*; jeder Knabe steht, nachdem er den Stoss mitgetheilt hat, selbst wieder aufrecht. Nur *e*, der Niemand vor sich hat, wird vornüber geworfen. Hätte er am Rande eines Abgrundes gestanden, so würde er hinuntergestürzt sein; wäre er in Berührung mit dem Fenster gekommen, so hätte er das Glas zerbrochen; hätte er dicht vor einer Trommel gestanden, so hätte er die Trommel erschüttert. So könnten wir den Stoss durch eine Reihe von hundert Knaben fortpflanzen, in der jeder einzelne Knabe indess nur hin und her schwingen würde. So schicken wir auch den Schall durch die Luft und erschüttern das Trommelfell eines entfernten Ohres, während jedes einzelne Lufttheilchen, das an der Fortpflanzung des Anstosses betheiligt ist, nur eine kleine Schwingung macht.

Die naturwissenschaftliche Bildung lehrt uns sowohl das Sichtbare, als auch das Unsichtbare in der Natur erkennen; wir lernen mit dem geistigen Auge uns jene Vorgänge vorzustellen, die dem körperlichen Auge vollständig entgehen; wir sehen die Atome der Materie in Bewegung und in Ruhe und verfolgen sie in ihrem ganzen Verlauf bis in das Bereich der Sinnesorgane, wo sie sich in den natürlichen Erscheinungen verkörpern.

In dem vorliegenden Fall werden Sie sich jetzt eine klare Vorstellung von einer Schallwelle machen können. Sie sollten mit dem geistigen Auge die Lufttheilchen sehen, wie sie durch die Explosion unseres Ballons nach aussen getrieben werden und sich eng an einander drängen; aber gleich nach dieser Verdichtung denken Sie sich, dass die Theilchen sich wiederum von einander entfernen. Kurz, Sie sollten eine deutliche Vorstellung davon haben, dass eine Schallwelle aus zwei Theilen besteht, in deren einem die Luft dichter, in deren anderm sie weniger dicht ist als gewöhnlich. So sind also eine Verdichtung und eine Verdünnung die zwei Bestandtheile einer Schallwelle *).

Wir wollen jetzt noch einmal zu unserer Reihe von Knaben zurückkehren, denn wir haben noch nicht Alles von ihnen gelernt, was sie uns lehren können. Wenn ich *a* anstosse, so kann er langsam nachgeben und so seinem Nachbar *b* die Bewegung zögernd mittheilen. *b* kann

*) Eine Schallwelle wird in der zweiten Vorlesung genauer definirt werden.

dasselbe bei *c*, *c* bei *d* und *d* bei *e* thun. Auf diese Art kann die Bewegung verhältnissmässig langsam auf der ganzen Linie mitgetheilt werden. Aber *a* kann auch, wenn ich ihn stosse, durch eine kräftige Muskelanstrengung und durch ein schnelles Zurücktreten rasch die Bewegung an *b* mittheilen und selbst zur Ruhe kommen; *b* kann dasselbe bei *c*, *c* bei *d*, *d* bei *e* thun, und so wird dann die Bewegung rasch durch die Linie fortgepflanzt. Jetzt ist nun diese kräftige Muskelanstrengung und dieses schnelle Zurücktreten der Elasticität der Luft beim Schall analog. Bei der Schallwelle giebt eine Luftschicht, wenn sie gegen die nächste Schicht getrieben wird, ihre Bewegung ab und weicht in Folge der elastischen Kraft zwischen ihnen zurück, und je schneller diese Abgabe und dieses Zurückweichen geschieht, oder in anderen Worten, je grösser die Elasticität der Luft ist, desto grösser ist die Geschwindigkeit des Schalls.

Wenn aber die Luft für die Fortpflanzung des Schalls so nothwendig ist, was geschieht, wenn ein tönender Körper, wie z. B. eine Glocke, in einen vollkommen luftleeren Raum gestellt wird? Aus diesem Raum kann der Schall niemals herauskommen. Der Klöppel kann an die Glocke anschlagen, sie wird aber stumm sein. Ein bekannter Versuch, der dies beweist, wurde von einem Naturforscher Namens Hawksbee vor der Royal Society im Jahre 1705 gemacht *). Er befestigte eine Glocke unter dem Recipienten einer Luftpumpe, so dass er die Glocke läuten konnte, nachdem die Luft ausgepumpt war. Ehe die Luft entfernt war, konnte der Ton der Glocke in dem Recipienten gehört werden; als die Luft ausgepumpt war, wurde der Schall so schwach, dass er kaum hörbar war.

---

*) Philosophical Transactions 1705.

Ich habe hier eine Einrichtung, mit der ich Hawksbee's Versuch leicht wiederholen kann. In diesem Gefäss *G G'* (Fig. 3), welches auf dem Teller einer Luftpumpe steht, befindet sich eine Glocke *B*, die mit einem Uhrwerk verbunden ist. Ich entleere dies Gefäss möglichst vollständig, und nun löse ich mittelst des Stabes *r r'*, der luftdicht oben durch das Gefäss geht, den Hammer aus. Er schlägt, Sie sehen ihn anschlagen, aber Sie hören nur in unmittelbarer Nähe der Glocke den Schall. Ich lasse jetzt Wasserstoffgas, das, wie Sie wissen, vierzehnmal leichter als Luft ist, in das Gefäss eintreten. Der Schall der Glocke wird nicht merklich durch die Anwesenheit dieses sehr dünnen Gases verstärkt, obgleich der Recipient ganz damit angefüllt ist*). Die die Glocke umgebende Luft wird noch dünner, wenn ich mit der Pumpe arbeite. So erhalten wir ein Vacuum, das noch vollkommener als das von Hawksbee ist, und dies ist sehr wichtig, denn die letzten Spuren der Luft sind bei diesem Versuch haupt-

Fig. 3.

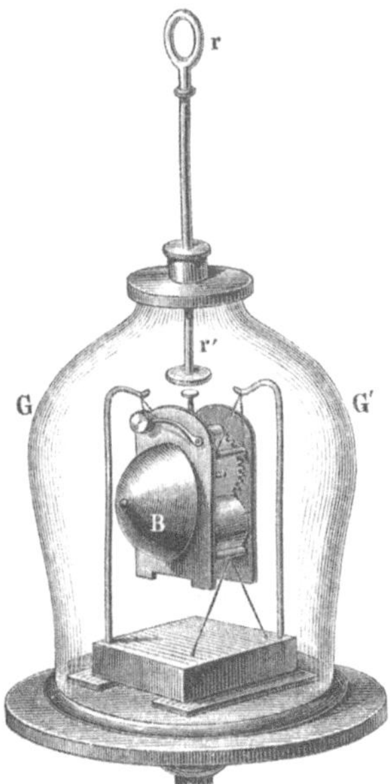

*) Leslie war, glaube ich, der Erste, der dies beobachtete. Wird Luft bis auf die Dichtigkeit des Wasserstoffs verdünnt, so pflanzt sie den Schall der Glocke viel besser fort als Wasserstoff. Wird das Gefäss mit Wasserstoff von dem Drucke einer Atmosphäre gefüllt, so stellt sich der Schall der Glocke kaum merklich wieder ein, während sie in Luft unter dem Druck von ein fünfzehntel Atmosphäre sehr deutlich tönt.

sächlich wirksam. Sie sehen jetzt, wie der Hammer gegen die Glocke schlägt, aber Sie hören keinen Ton. Selbst wenn ich mein Ohr an den ausgepumpten Recipienten lege, kann ich nicht den schwächsten Klang vernehmen. Bemerken Sie auch, dass die Glocke an Schnüren aufgehängt ist, denn wenn sie auf dem Teller der Luftpumpe ruhte, so würden sich die Schwingungen dem Teller mittheilen und auf die Luft ausserhalb übertragen werden. Alles, was ich bei der angestrengtesten Aufmerksamkeit hören kann, wenn ich mein Ohr an den Recipienten lege, ist ein schwaches Schlagen in Folge der Fortpflanzung des Stosses des Hammers durch die die Glocke haltenden Schnüre. Ich lasse jetzt Luft möglichst geräuschlos in das Gefäss eintreten. Sie hören sogleich einen schwachen Ton, der lauter wird, so wie die Luft sich verdichtet, und jetzt hört jedermann in dieser grossen Versammlung deutlich das Tönen der Glocke*).

In grossen Höhen nimmt der Schall in der Luft merklich an Stärke ab. De Saussure beobachtete, dass die Explosion einer Pistole auf der Spitze des Mont Blanc ungefähr der eines gewöhnlichen Schwärmers unten gleich sei. Ich habe diesen Versuch öfter wiederholt, zuerst, da ich nichts Besseres hatte, mit einer kleinen Zinnkanone, deren zerstörte Reste vor Ihnen liegen, und dann mit Pistolen. Was mich am meisten überraschte, war der Mangel jener Fülle und Schärfe im Schall, der ihn an niedriger gelegenen Orten charakterisirt. Der Pistolenschuss glich der Explosion einer Champagnerflasche,

---

*) Ich leitete den Strahl einer elektrischen Lampe auf Glaskugeln, die mit einer Mischung gleicher Theile von Chlor und Wasserstoff angefüllt waren, und brachte die Kugeln im Vacuum und in der Luft zur Explosion. Der Unterschied war vollkommen merkbar, wenngleich nicht so überraschend, wie ich zuerst erwartete.

aber er war doch laut. Die Verdünnung der Luft bis auf den Druck einer halben Atmosphäre übt keinen besonderen Einfluss auf unsere tönende Glocke aus, und Luft von der Dichtigkeit, wie sie auf der Spitze des Mont Blanc gefunden wird, kann die Gehörnerven noch sehr kräftig erregen. Dass sehr verdünnte Luft einen Schall von grosser Stärke fortführen kann, ist durch die Explosion von Meteoren in grossen Höhen über der Erde erwiesen worden. Hier muss indess die anfängliche Störung sehr heftig sein.

Die Bewegung des Schalls wird, wie jede andere Bewegung, durch ihre Uebertragung von einem leichten auf einen schweren Körper geschwächt. Ich nehme den Recipienten fort, der bis jetzt unsere Glocke bedeckte; Sie hören, wie sie jetzt in der freien Luft viel lauter klingt. Als die Glocke bedeckt war, wurden die Luftschwingungen zuerst dem schweren Glasgefäss mitgetheilt und nachher durch das Gefäss der äussern Luft; eine grosse Abnahme der Stärke des Klanges war die Folge. Die Wirkung des Wasserstoffgases auf die Stimme ist ein Beispiel derselben Art. Die Stimme wird gebildet, indem man Luft aus den Lungen durch ein Organ, die Stimmritze genannt, presst. Bei ihrem Durchgang wird sie durch die Stimmbänder in Schwingungen versetzt, die so den Ton erzeugen. Wenn ich aber meine Lungen mit Wasserstoff fülle und zu sprechen versuche, so theilen die Stimmbänder ihre Bewegung dem Wasserstoff mit, der sie an die äussere Luft überträgt. Bei dieser Fortpflanzung von einem leichten zu einem schweren Gase wird der Schall bedeutend geschwächt*). Die Folge davon ist sehr merkwürdig. Sie

---

*) Es kann sein, dass das Gas die Stimmbänder nicht in genügend starke Schwingungen versetzen kann. Das Laryngoskop könnte diese Frage entscheiden.

haben schon einen Begriff von der Stärke und dem Klange meiner Stimme. Ich entleere meine Lungen jetzt von Luft und fülle sie mit Wasserstoff aus diesem Gasbehälter. Ich versuche es, laut zu sprechen, aber meine Stimme hat merkwürdig an Kraft verloren und sich wunderbar in ihrem Klange verändert. Sie hören sie hohl, hart und überirdisch klingen, ich kann es nicht anders beschreiben.

Die Stärke des Schalls hängt von der Dichtigkeit der Luft ab, in der der Schall erzeugt wird, und nicht von der der Luft, in der er gehört wird*). Nehmen wir an, die Spitze des Mont Blanc sei gleich weit von der Spitze der Aiguille Verte und von der Brücke bei Chamouni entfernt, und es seien zwei Beobachter aufgestellt, der eine auf der Brücke und der andere auf der Aiguille, so würde der Schall einer auf dem Mont Blanc abgefeuerten Kanone von beiden Beobachtern gleich stark gehört werden, obgleich in dem einen Falle der Schall seinen Weg durch die dünne Luft oben nehmen würde, in dem andern durch die dichtere Luft nach unten niedersteigen müsste. Messen Sie ferner eine gerade Linie gleich der von der Brücke von Chamouni zu der Spitze des Mont Blanc auf der Erdoberfläche entlang im Thal von Chamouni, und stellen Sie zwei Beobachter, den einen auf die Spitze, den andern an das Ende der Linie, so wird der Schall einer auf der Brücke abgefeuerten Kanone beide Beobachter mit derselben Stärke treffen, obgleich im einen Falle der Schall durch die dichte Luft des Thales fortgepflanzt wird und er im andern Falle durch die dünnere Luft des Berges aufsteigen muss. Laden Sie aber zwei Kanonen gleich stark und feuern Sie die eine in Chamouni, die andere auf der Spitze des Mont Blanc ab, so wird die in

---

*) Poisson, Mécanique vol. II, pag. 707.

der schweren Luft unten abgefeuerte Kanone oben gehört werden, während die andere, die in der leichten Luft oben abgefeuert wurde, unten nicht gehört wird; denn bei seinem Entstehen ist der Schall, der in der dichtern Luft erzeugt wird, stärker als der in der dünnern erzeugte.

Ohne Zweifel haben Sie jetzt eine klare Vorstellung von der Fortpflanzung des Schalls von unserm explodirenden Ballon durch die umgebende Luft. Die Schallwelle verbreitet sich nach allen Seiten, und so wird die, durch die Explosion hervorgerufene Bewegung einer fortwährend wachsenden Luftmenge mitgetheilt. Es ist vollkommen klar, dass dies nicht ohne eine Schwächung der Bewegung geschehen kann. Denken wir uns um den Mittelpunkt der Explosion eine Kugelschale von Luft von einer bestimmten Dicke mit einem Radius von einem Fuss gelegt, dann fasst eine Luftschale von derselben Dicke, aber mit zwei Fuss Radius, viermal so viel Masse; ist ihr Radius drei Fuss, so ist ihre Masse neunmal so gross; ist er vier Fuss, sechszehnmal u. s. f. So vermehrt sich die Quantität der in Bewegung gesetzten Masse, wie das Quadrat der Entfernung vom Mittelpunkt der Explosion. Die Intensität oder die Stärke des Schalls vermindert sich in demselben Verhältniss. Wir sprechen dieses Gesetz aus, indem wir sagen, dass die Stärke des Schalls sich umgekehrt wie das Quadrat der Entfernung ändert.

Wir wollen unsern Gegenstand von einer andern Seite betrachten. Die mechanische Wirkung einer Kugel, die eine Scheibe trifft, hängt von zwei Bedingungen ab, vom Gewicht der Kugel und von der Schnelligkeit, mit der sie sich bewegt. Die Wirkung ist dem Gewicht einfach proportional, aber sie ist dem Quadrat der Geschwindigkeit proportional. Der Beweis hierfür ist leicht, aber er gehört eher in das Gebiet der Mechanik, als zu unserm jetzigen Gegenstande. Nun gilt das, was von der, die Scheibe treffenden Kanonenkugel gesagt worden ist, auch für ein Lufttheilchen, das das Trommelfell des Ohres trifft. Betrachten Sie ein Lufttheilchen, wenn die Schallwelle darüber hingeht; es wird aus seiner Ruhelage gegen seinen Nachbar getrieben, erst mit beschleunigter Bewegung, und dann mit einer verzögerten. Der Kraft, die es zuerst vorwärts trieb, steht die elastische Kraft der Luft entgegen, die endlich das Theilchen anhält und es zum Zurückgehen nöthigt. An einem bestimmten Punkte seiner Ausschwingung ist die Geschwindigkeit des Theilchens ein Maximum. Die Stärke des Schalls ist dem Quadrat dieser Maximalgeschwindigkeit proportional. Die Wirkung beim Tönen wird durch dasselbe Gesetz wie die mechanische Wirkung ausgedrückt. In der That ist Alles, was ausser uns vorgeht, auf rein mechanische Processe zurückzuführen, und wenn wir einen Ton lauter hören als den andern, so kommt es daher, dass unsere Nerven in dem einen Falle stärker angeregt werden als in dem andern.

Die Entfernung, durch die die Lufttheilchen sich hin und her bewegen, wenn die Schallwelle über sie hingeht, wird die Amplitude oder Weite der Schwingung genannt. Die Stärke des Schalls ist auch dem Quadrat der Amplitude proportional.

Diese Schwächung des Schalls nach dem Gesetz des umgekehrten Quadrats würde nicht eintreten, wenn die Schallwelle so begrenzt würde, dass die seitliche Ausbreitung gehindert wäre. Wir können dies erreichen, wenn wir sie durch eine Röhre mit glatter innerer Oberfläche gehen lassen, und die so begrenzte Welle kann auf grosse Entfernungen mit geringer Abnahme ihrer Stärke fortgepflanzt werden. Ich flüstere ganz leise, so dass es die mir zunächst Sitzenden kaum hören, in das eine Ende dieser 15 Fuss langen Zinnröhre, aber ein Zuhörer an dem andern Ende hört mich deutlich. Ich halte meine Uhr an das eine Ende der Röhre; die Person an dem andern Ende hört das Ticken, obgleich es Niemand anders sonst hören kann. Ich stelle jetzt an das entfernte Ende der Röhre eine angezündete Kerze *c* (Fig. 4). Schlage ich meine Hände an diesem Ende zusammen, so wird die Flamme sogleich kleiner. Sie

Fig. 4.

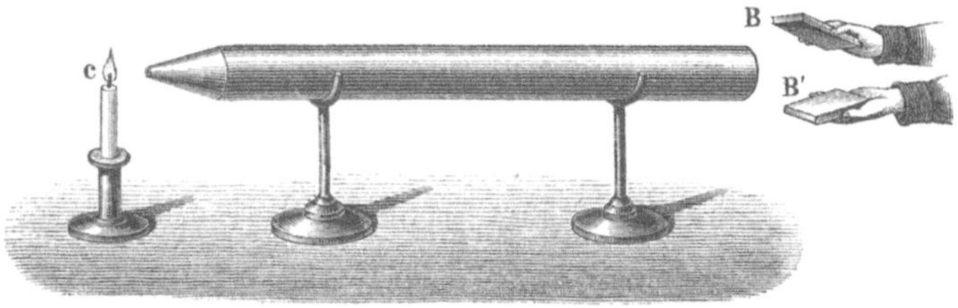

ist nicht ganz ausgelöscht, brennt aber sehr viel schwächer. Schlage ich zwei Bücher *BB'* zusammen, so blase ich das Licht aus*). Sie können hier bei diesem rohen Versuche die Geschwindigkeit beobachten, mit der die Schallwelle sich fortpflanzt. In demselben Augenblick, wo ich schlage, ist das Licht gelöscht; es ist kein merkliches Intervall zwischen dem Schlag und dem Erlöschen der Flamme. Ich sage nicht, dass die Zeit, die der Schall braucht, um durch diese Röhre zu gehen, unmessbar kurz sei, sondern nur, dass das Intervall zu kurz ist, um von Ihren Sinnen bemerkt zu werden. Um Ihnen zu beweisen, dass hier eine Schwingung und nicht ein Strom der Luft wirkt, will ich das eine Ende der Röhre mit dem Rauch von angebranntem Papier anfüllen. Schlage ich die Bücher

*) Um die ganze Erschütterung auf die Flamme zu concentriren, endete die Röhre in einem Trichter.

zusammen, so wird keine Spur des Rauches am andern Ende ausgestossen. Die Erschütterung ist durch beide, durch den Rauch und die Luft hindurch gegangen, ohne sie mit fortzuführen.

Ich halte in meiner Hand das offene Ende einer Guttapercharöhre, die ungefähr einen Zoll Durchmesser hat. Sie geht durch den Fussboden in ein Zimmer unter diesem Hörsaale, und von dort durch ein Fenster in den Hof der Royal Institution, wo sich ihr Ende trichterförmig öffnet. Ein Gehülfe geht in den Hof. Er kann dort laut schreien; so lange er aber von dem offenen Ende dieser Röhre entfernt bleibt, können wir ihn nicht hören. Ich höre hingegen sein leisestes Flüstern, wenn er in die Röhre spricht. Ich frage ihn durch die Röhre: „Sind Sie fertig?“ Sie hören seine Antwort. Auf meinen Wunsch erhebt er seine Stimme so, dass er einen fortdauernden musikalischen Ton erzeugt, und jetzt tönt die Musik mitten unter uns. Wenn ich abwechselnd die Röhre öffne und schliesse, bringe ich dieses Gemurmel hervor, denn das einfache Auflegen meines Daumens auf das offene Ende der Röhre genügt, um den Ton abzuschneiden. Der Gehülfe stösst jetzt in ein Horn, dessen Schall er in die Röhre lenkt, und hier strömen seine Töne hervor. Ich rufe ihm jetzt zu, zu singen, und Sie hören ihn die Nationalhymne anstimmen; der Ton seiner Stimme scheint nicht aus der Entfernung zu kommen, sondern aus der Kehle eines kleinen Sängers, der gleich hinter dem Ende dieser Röhre versteckt zu sein scheint.

Der berühmte französische Naturforscher Biot beobachtete die Fortpflanzung des Schalls durch die leeren Wasserröhren von Paris und fand, dass er mit leiser Stimme eine Unterhaltung durch eine eiserne Röhre von 3120 Fuss Länge führen konnte. Und wirklich konnte das leiseste Flüstern in dieser Entfernung gehört werden, während das Abfeuern einer Pistole an dem einen Ende der Röhre ein brennendes Licht an dem andern auslöschte.

Das auf diese Weise dargelegte Verhalten des Schalls ist genau dasselbe wie das des Lichts und der strahlenden Wärme. Beide sind, wie der Schall, Wellenbewegungen. Sie zertheilen sich wie der Schall im Raum und nehmen nach demselben Gesetz an Stärke ab. Licht und strahlende Wärme können auch, wie der Schall, mit verhältnissmässig geringem Verlust nach grossen Entfernungen geführt werden, wenn man sie durch eine Röhre mit zurückstrahlender innerer Oberfläche leitet. Es findet in der That jeder Versuch über die Zurückwerfung des Lichts einen analogen bei der Zurückwerfung des Schalls. Gestatten Sie mir, Ihnen diese Analogie durch einige Versuche zu beweisen. Auf jener Gallerie sehen Sie dicht neben der Uhr eine elektrische Lampe. Ein Gehülfe auf der Gallerie setzt die Lampe in Thätigkeit und lässt ihren hell leuchtenden Strahl auf einen Spiegel *M* (Fig. 5) fallen, der hier hinter dem

Fig. 5.

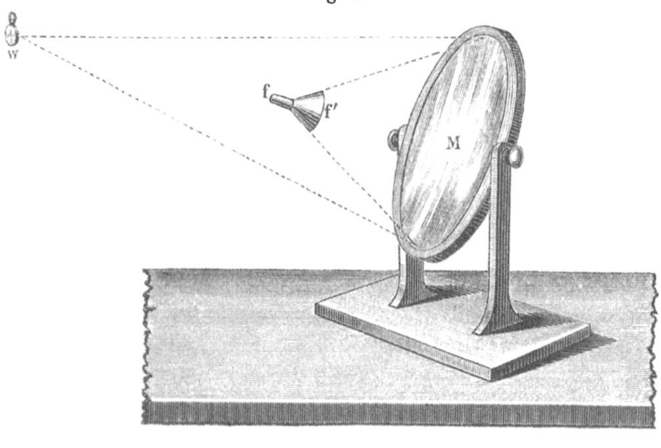

Experimentirtische steht. Durch die Reflexion wird das divergirende Strahlenbüschel in einen glänzenden leuchtenden Kegel verwandelt. Ich bezeichne mir die Spitze desselben, lösche die Lampe aus und lege nun mein Ohr an den bezeichneten Punkt. Hier wird jede Schallwelle aufgefangen, welche von der Uhr dieses Zimmers fortgeschickt und von dem Spiegel reflectirt wird, und ich höre jetzt das Ticken, als ob es vom Spiegel und nicht von der Uhr käme. Wir wollen die Wanduhr anhalten und eine Taschenuhr *w* (Fig. 6) an die Stelle bringen, die noch eben der elektrische Lichtbogen einnahm. Ich höre in dieser grossen Entfernung deutlich das Ticken der Uhr. Durch die Einführung des Rohres *f* eines Glastrichters in mein Ohr verstärke ich die Schärfe meines Gehörs bedeutend, da der Trichter hier als Hörrohr wirkt. Wir wissen überdies, dass bei den optischen Erscheinungen die Lage eines Körpers und seines Bildes mit einander vertauscht werden

Fig. 6.

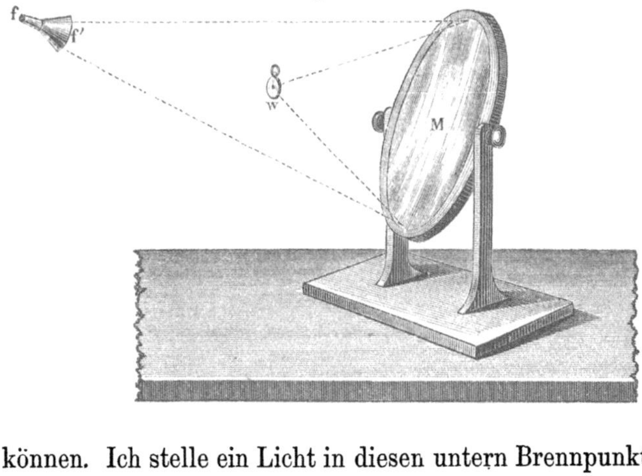

können. Ich stelle ein Licht in diesen untern Brennpunkt; Sie sehen sein Bild oben auf der Gallerie und ich brauche nur den Spiegel auf seinem Ständer zu drehen, damit sein

Bild auf einen meiner Zuhörer in der ersten Reihe der Gallerie fällt. Nehme ich das Licht fort und lege die Uhr *w* (Fig. 6 a. v. S.) an seine Stelle, so hört die Person, auf die das Bild des Lichtes fiel, deutlich ihr Ticken. Wird das Ohr durch den Glastrichter unterstützt, so sind die reflectirten Schläge der Uhr in unserm ersten Versuch so kräftig, dass man glauben sollte, es hämmerte etwas gegen das Trommelfell, während die directen Schläge kaum gehört werden.

Hier sind endlich zwei parabolische Spiegel, von denen der eine *nn'* (Fig. 7) auf dem Tische steht und der andere *mm'* an die Decke dieses Saales hinaufgezogen wird; ihr Abstand beträgt 25 Fuss. Ich bringe zuerst die Kohlenspitzen der elektrischen Lampe in den Focus *a* des untern Spiegels und erzeuge den Lichtbogen. Ein schöner leuchtender Cylinder steigt gleich einer Säule zu dem obern Spiegel auf, der die parallelen Strahlen in einem Brennpunkt vereint. In demselben sehen Sie einen Punkt von sonnengleichem Glanz, der von der Reflexion des Lichtes an der Oberfläche einer

Fig. 7.

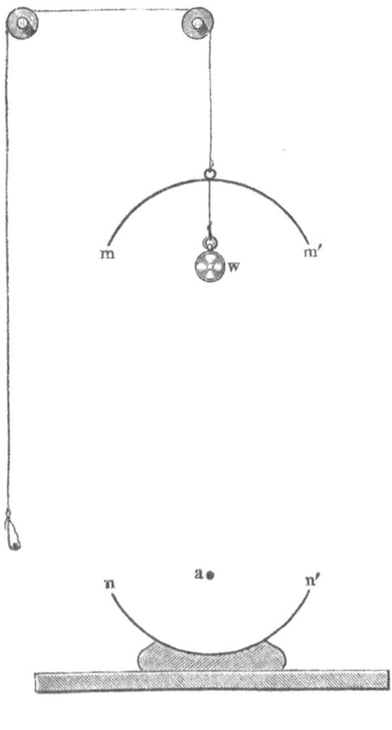

Uhr *w* herrührt, die dort aufgehängt ist. Ich entferne das elektrische Licht, die Uhr tickt, obgleich ich sie in meiner jetzigen Stellung nicht hören kann. In diesem untern Focus *a* indessen werden die lebendigen Kräfte aller Schallwellen zusammengeworfen. Halte ich mein Ohr an *a*, so ist das Ticken so hörbar, als wenn ich die Uhr in der Hand hätte; es scheint, als ob der Schall, wie bei dem frühern Versuch, nicht aus der Uhr selbst, sondern aus dem untern Spiegel käme*).

Gekrümmte Dächer und Decken wirken wie Spiegel auf den Schall. So scheint z. B. in unserm Laboratorium das Singen eines Theekessels bei gewissen Stellungen desselben nicht von ihm selbst herzukommen, sondern von der Decke. Auf diese Weise sind bedenkliche Geheimnisse verrathen worden, wovon Sir John Herschel ein Beispiel erzählt**). In einer Kathedrale in Sicilien war ein Beichtstuhl so aufgestellt, dass das Flüstern der Beichtenden von dem gebogenen Dache reflectirt und nach einem Brennpunkte an einer entfernten Stelle des Gebäudes hin geworfen wurde. Zufällig wurde der Brennpunkt von einem Herrn entdeckt, der eine Zeitlang Freude daran fand, die nur für den Beichtvater bestimmten Aeusserungen mit anzuhören und auch Freunden dies Vergnügen zu gewähren. Eines Tages, so wird erzählt, war seine eigene Frau im Beichtstuhl und sowohl er als seine Freunde erfuhren Geheimnisse, die wenigstens dem einen unter ihnen nichts weniger als amüsant waren.

*) Man erzählt, dass eine Glocke auf einer Höhe in Helgoland in Folge der grossen Entfernung nicht in der Stadt gehört werden konnte. Ein parabolischer Reflector, der so hinter der Glocke angebracht wurde, dass er die Schallwellen in der Richtung der langen abhängigen Strasse zurückwarf, bewirkte, dass man die Schläge der Glocke zu allen Zeiten deutlich hören konnte.

**) Encyclop. Metrop. art. „Sound“.

Verfliesst eine gewisse Zeit zwischen der Ankunft einer directen und einer reflectirten Schallwelle, so hören wir die letztere als Echo. Der zurückgeworfene Schall bewegt sich mit derselben Geschwindigkeit wie der directe, so dass man in Luft von der Temperatur von 0 Grad das Echo eines Pistolenschusses an einer Felswand, die 1090 Fuss entfernt ist, zwei Secunden nach der Explosion hört.

Doch kann der Schall wie das Licht mehrere Male hinter einander zurückgeworfen werden, und wie das reflectirte Licht unter diesen Umständen dem Auge immer schwächer erscheint, so wird auch der Schall bei den folgenden Echos immer schwächer für das Ohr. Dieses abwechselnde Auftreten und Verschwinden des Schalls hat in den Bergregionen einen eigenthümlichen Reiz. Besucher von Killarney werden sich des schönen Echos in der Kluft von Dunloe erinnern. Wenn eine Trompete an der richtigen Stelle in der Kluft geblasen wird, so erreichen die Schallwellen nach einander nach ein, zwei, drei oder mehreren Reflexionen von den umgebenden Klippen das Ohr und sterben in den sanftesten Klängen hin. Auch bei Rosenlaui in der Schweiz bilden die grossen Klippen der Engelhörner einen tiefen Einschnitt, wo die Echos in wunderbarer Weise ertönen. Wird der Schall des Alpenhorns von den Felsen des Wetterhorns oder der Jungfrau zurückgeworfen, so klingt er zuerst rauh. Doch bei den folgenden Reflexionen werden die Töne sanfter und flötenähnlicher; in Folge der allmählichen Abnahme der Stärke scheint sich die Quelle des Schalls tiefer und tiefer in die Eis- und Schneewüsten zurückzuziehen.

Die Reflexion des Schalls bringt in grossen unmöblirten Sälen oft wunderbare Wirkungen hervor. Stehen Sie z. B. auf der Gallerie der Börse in Paris, so hören

Sie das verworrene Geschrei der unten versammelten aufgeregten Menge. Sie sehen alle Bewegungen, sowohl die der Lippen als die der Hände und Arme. Sie wissen, dass man spricht, und oft mit grosser Lebhaftigkeit, aber was man sagt, das hören Sie nicht. Die Stimmen mischen sich mit ihren Echos zu einem Chaos von Lärm, aus dem kein verständliches Wort heraustreten kann. Die Echos eines Zimmers werden durch die Möbel sehr gedämpft. Bei Anwesenheit von Zuhörern kann man oft eine Rede deutlich verstehen, während in dem leeren Hörsaale die Verständlichkeit der directen Stimme durch die Echos aufgehoben wird. Als ich am 16. Mai 1865 im Senathaus der Universität Cambridge Vorlesungen halten sollte, machte ich erst einige Versuche, wie laut ich sprechen müsste, um das Local auszufüllen, und war sehr erschreckt, dass ein Freund an einem entfernten Platze des Saales meinen Worten wegen der Echos nicht folgen konnte. Die versammelten Zuhörer dämpften indess die Schallwellen so, dass die Echos durchaus unmerklich waren, und meine Stimme an allen Punkten des Senathauses deutlich gehört wurde.

Der Schall wird auch von den Wolken zurückgeworfen. Ist der Himmel klar, so ist der Knall der Kanone auf freiem Felde kurz und scharf, während eine Wolke genügt, um ein Echo, wie das Rollen des entfernten Donners, zu erzeugen. Ein schwaches Echo ergiebt sich auch, wenn der Schall von einer Luftmasse zu einer andern von verschiedener Dichtigkeit übergeht. Humboldt erzählt, dass an einem Orte auf den Ebenen von Antures der Schall der grossen Orinocofälle dem Aufschlagen der Brandung an felsigen Ufern gleiche und bei Nacht viel lauter sei als bei Tage. Man kann dies nicht der grössern Stille der Nacht zuschreiben, denn das

Summen der Insecten und das Brüllen der wilden Thiere macht die Nacht viel unruhiger als den Tag. Humboldt erklärt diese Erscheinung auf folgende Weise: Zwischen ihm und den Fällen lag eine grosse Grasebene, aus der viele nackte Felsen hervorragten. Waren diese Felsen der Sonne ausgesetzt, so nahmen sie eine weit höhere Temperatur an, als das sie umgebende Gras; über ihnen erhob sich daher eine Säule von erhitzter Luft, die weit weniger dicht war als die umgebende Luft. So musste der Schall bei Tage durch eine Atmosphäre gehen, deren Dichtigkeit häufig wechselte; die theilweisen Echos an den Trennungsflächen der dünnen und dichten Luft wiederholten sich sehr oft und der Schall wurde in Folge dessen abgeschwächt. Diese Temperaturunterschiede hörten bei Nacht auf, und die Schallwellen gingen durch eine gleichartige Atmosphäre und trafen das Ohr, ohne durch Reflexion abgeschwächt worden zu sein. Ein gleicher Fall tritt beim Licht ein, das auch von den Trennungsflächen verschiedener optischer Mittel reflectirt wird, so dass eine Mischung verschiedener Mittel, von denen jedes für sich durchsichtig ist, das Licht zurückhalten kann. So wird durch die Mischung von Luft und Wasser der Schaum erzeugt, der schon in mässiger Dicke für das Licht in Folge wiederholter Reflexionen undurchdringlich ist. So sind aus demselben Grunde alle farblosen durchsichtigen Substanzen, wenn sie gepulvert werden, weiss und undurchsichtig.

Die Entfernung, bis zu der man Donnerschläge in der Luft hört, entspricht nicht ihrer Stärke, da die Luft bei den Gewittern nicht homogen ist. Aus derselben Ursache war es möglich, dass Schlachten wüthen und verloren werden konnten, während die Reserven in kurzer Entfernung von der geschlagenen Armee auf den Donner der Artillerie warteten, der sie auf das Schlachtfeld rufen sollte. Man hat oft gemeint, dass das Fallen des Schnees für den Durchgang des Schalls ein grosses Hinderniss biete, doch glaube ich, dass man seinen Einfluss überschätzt. Der Schall scheint unbehindert durch die fallenden Schneeflocken zu gehen. Am 29. December 1859 zog ich eine Linie über das Mer de Glace bei Chamouni in einer Höhe von fast 7000 Fuss über dem Meer. Der Gletscher ist dort eine halbe Meile breit. Während des Tracirens der Linie fiel der Schnee so dicht, wie ich es nie in England gesehen. Und doch konnte ich durch den Schnee über den ganzen Gletscher sehen und meine Stimme wurde gehört. Nahe an der gegenüberliegenden Seite stand ein Gehülfe mir zufällig im Wege. Ich rief ihm zu, seitwärts zu treten und er that es augenblicklich. Am Ende der Linie riefen die Männer „*nous sommes finis*“ und ich hörte sie deutlich eine halbe Meile weit durch den fallenden Schnee.

Sir John Herschel hat in seiner ausgezeichneten Abhandlung „der Schall“ in der Encyclopaedia Metropolitana unter anderen folgende Beispiele von Echos gesammelt: Ein Echo im Park von Woodstock wiederholt 17 Silben bei Tage und 20 bei Nacht; ein Echo an den Ufern des Sees del Lupo über den Wasserfällen von Terni wiederholt 15 Mal. Das Ticken einer Uhr kann von dem einen Ende der Kirche in der Abtei von St. Albans bis zum andern gehört werden. Eine achteckige Gallerie in der Kathedrale von Gloucester trägt ein leises Gespräch 75 Fuss weit über das Schiff der Kirche. In der Flüstergallerie der St. Paulskirche wird der leiseste Schall von einer Seite der Kuppel zur andern getragen, aber an Orten dazwischen hört man nichts. Ein Brunnen von 210 Fuss Tiefe und 12 Fuss Breite befindet sich in Canisbrook

Castle auf der Insel Wight. Das Innere ist mit glattem Mauerwerk bekleidet. Fällt eine Nadel in den Brunnen, so hört man sie auf das Wasser aufschlagen. Hustet oder ruft man in den Brunnen hinein, so tönt es einige Zeit nach *).

Ich muss Sie jetzt noch auf eine andere wichtige Analogie zwischen Schall und Licht aufmerksam machen, die von Herrn Sondhauss nachgewiesen worden ist **). Ich zünde unsere elektrische Lampe an und stelle diese schöne grosse Linse davor; die Linse lenkt die auf sie fallenden Lichtstrahlen von ihrem directen und divergenten Wege ab und vereint sie hinter sich zu einem convergirenden Kegel. Diese Brechung der Lichtstrahlen ist eine Folge der Verzögerung, die das Licht erleidet, wenn es durch das Glas geht. Auf ähnliche Weise kann der Schall gebrochen werden, wenn er durch eine Linse geleitet wird, die seine Bewegung verzögert. Eine solche Linse bilden wir, indem wir einen dünnen Ballon mit irgend einem Gas füllen, das schwerer als die Luft ist. Hier ist z. B. ein mit Kohlensäure gefüllter Collodiumballon *B* (Fig. 8), dessen Hülle so dünn ist, dass sie leicht jedem Druck von aussen nachgiebt, und ihn zu dem Gas innen fortpflanzt ***). Ich hänge jetzt meine Uhr *w* dicht an der Linse auf; hinter ihr, in der Entfernung von vier oder fünf Fuss von

---

*) Als sich Herr Wheatstone dicht vor den obern Theil der Mauer des Londoner Colosseums stellte, eines runden Gebäudes von 130 Fuss Durchmesser, fand er, dass ein von ihm gesprochenes Wort oftmals wiederholt wurde. Ein einfacher Ausruf klang wie ein schallendes Gelächter, während das Zerreissen eines Stückchens Papier einem Hagelwetter glich.

**) Poggendorff's Annalen, vol. LXXXV, pag. 378; Philosoph. Mag. vol. V, pag. 73.

***) Dünne Ballons von Kautschuk sind gleichfalls vorzügliche Schalllinsen.

der Linse halte ich mein, mit dem Glastrichter *ff'* bewaffnetes Ohr. Bewege ich meinen Kopf hin und her,

Fig. 8.

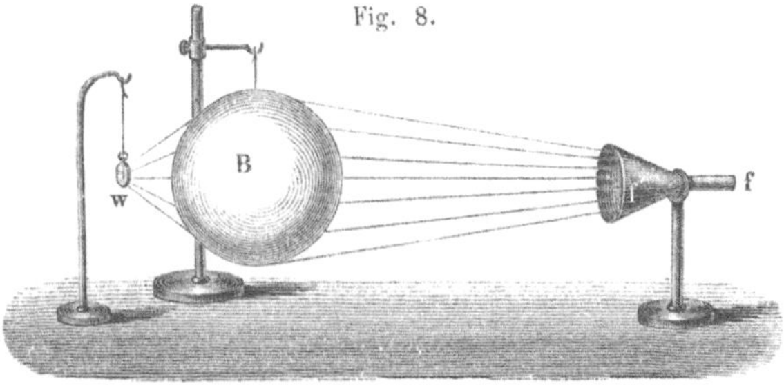

so finde ich bald eine Stellung, in der das Ticken besonders laut klingt. Hier ist in der That der Focus der Linse. Entferne ich mein Ohr von diesem Focus, so nimmt die Stärke des Schalls ab; ist mein Ohr im Focus und wird der Ballon entfernt, so wird das Ticken schwächer; wird der Ballon an seinen frühern Ort zurückgebracht, so wird es wieder stärker. Die Linse macht es mir möglich, das Ticken deutlich zu hören, während es ohne dieselbe vollkommen unhörbar ist.

Fig. 9 giebt uns eine Anschauung davon, wie eine Schallwelle durch eine Linse gesammelt wird. Es sei *mn* ein Querschnitt der Schalllinse und *a b* ein Theil der Schallwelle, die sich ihr aus einiger Entfernung nähert. Der mittlere Punkt *o* der Welle berührt die Linse zuerst und wird zuerst von ihr verzögert. Mittlerer Weile haben auch die Enden *a* und *b*, die sich noch durch die Luft bewegten, den Ballon in *m* und *n* erreicht, während der mittlere Punkt *o*, der seinen Weg durch das

Fig. 9.

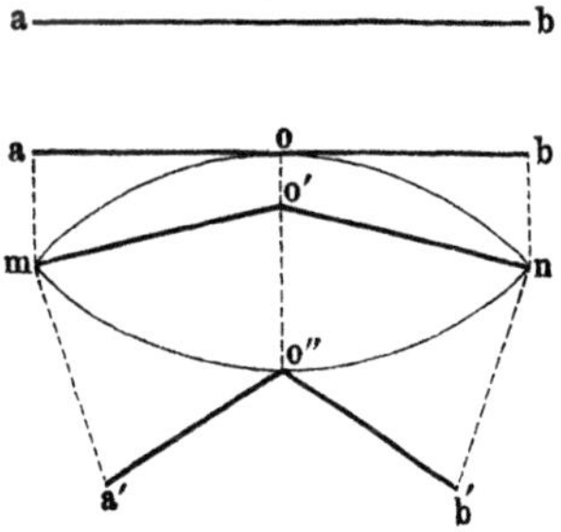

schwerere innere Gas verfolgt, nur o' erreicht hat. Daher wird die Welle bei o' gebrochen, und da die Bewegung senkrecht gegen die Stirnfläche der Welle fortschreitet, so gehen nun die beiden Hälften über einander. Die Convergenz der beiden Hälften der Welle wird vermehrt, wenn sie die Linse verlassen. Denn wenn o' bis nach o'' gekommen ist, so werden die beiden Enden a und b bis zu einer grössern Entfernung vorgedrungen sein, z. B. nach a' und b'. Bald darauf werden die beiden Hälften der Welle einander kreuzen, oder mit anderen Worten in einen Focus zusammenkommen, wo die Luft von der Summe der Bewegungen der beiden Wellen bewegt wird*).

Wenn eine lange Meereswelle einem einsamen Felsen auf ihrem Wege begegnet, so steigt sie an dem Felsen auf und umschliesst ihn rings herum. Thatsachen dieser Art bewogen Newton, die Wellentheorie des Lichts zu verwerfen. Er schloss, dass wenn das Licht eine Folge von Wellenbewegung wäre, wir keinen Schatten haben könnten, denn die Lichtwellen würden sich um undurchsichtige Körper verbreiten, wie die Wasserwelle um den Felsen. Seitdem ist erwiesen worden, dass sich Lichtwellen um undurchsichtige Körper beugen; doch haben wir damit jetzt hier nichts zu thun. Eine Schallwelle beugt sich ebenfalls um ein Hinderniss, obgleich sie bei ihrer Verbreitung hinter dem Hinderniss an Stärke abnimmt und so dasselbe einen partiellen „Schallschatten“ hervorbringt. Jeder, der einmal gehört hat, wie ein Eisenbahnzug durch Einschnitte und lange Tunnels hindurchfährt, hat die grossen Ver-

---

*) Der Einfachheit wegen habe ich die Welle bei o' als gebrochen und ihre zwei Hälften als gerade Linien gezeichnet. In der That ist aber die Oberfläche der Welle eine Curve, die gegen ihre Fortpflanzungsrichtung concav ist.

schiedenheiten in der Stärke des Schalls beobachtet. Das Dazwischentreten eines Hügels in den Alpen genügt, um den Schall eines Wasserfalls merklich zu mindern; er vermag das Läuten der Kuhglocken gänzlich zu ersticken. Und doch ist, wie ich gesagt habe, der Schatten des Schalls nur partiell und der Zeiger an der Schiessscheibe hört stets die Explosion, obgleich er vor der Kugel geschützt ist. Das merkwürdigste Beispiel dieser Beugung der Schallwellen habe ich in Erith nach der furchtbaren Explosion eines Pulvermagazins im Jahre 1864 gesehen. Das Dorf Erith liegt einige Meilen vom Magazin entfernt, aber fast in allen Häusern waren die Fenster zerbrochen, und es war bemerkenswerth, dass die der Quelle der Explosion abgewendeten Fenster fast ebenso gelitten hatten, wie die ihr zugekehrten. In der Kirche in Erith waren die Fenster in Bleirahmen eingefügt, und da diese einigermassen biegsam sind, so konnten die Fenster dem Druck nachgeben, ohne dass viel Glasscheiben zersprengt wurden. Alle Fenster der Kirche, sowohl auf der Vorder- als auf der Rückseite, waren nach innen eingebogen. Als die Schallwelle die Kirche erreichte, theilte sie sich nach rechts und links, und für einen Augenblick war die Kirche von einem Gürtel stark verdichteter Luft umgeben, die alle ihre Fenster nach innen presste. Nach der Verdichtung dehnte sich ohne Zweifel die Luft in der Kirche aus und strebte die Fenster in ihre erste Lage zurückzubringen. Das Eindrücken der Fenster erzeugte indess nur eine schwache Verdichtung der ganzen Luftmasse in der Kirche; der Rückdruck war daher nur schwach im Vergleich zu der Kraft des Zusammenpressens und genügte nicht, um die Wirkung des letztern aufzuheben.

Nachdem wir die Reflexion, die Brechung und Beugung des Schalls betrachtet haben, müssen wir uns jetzt eingehender mit zwei Bedingungen beschäftigen, die die Geschwindigkeit der Fortpflanzung einer Schallwelle bestimmen, mit der Elasticität und der Dichtigkeit des Mediums, durch das die Welle geht. Die Elasticität der Luft wird durch den Druck gemessen, der auf ihr lastet oder den sie im Gleichgewicht hält. Auf der Meeresfläche ist dieser Druck gleich dem einer Quecksilbersäule von ungefähr 30 (engl.) Zoll Höhe. Auf dem Gipfel des Mont Blanc ist der Barometerstand etwas grösser als die Hälfte hiervon, und folglich ist die Elasticität der Luft auf dem Gipfel des Berges nicht viel mehr als halb so gross, wie auf dem Meeresspiegel.

Könnten wir die Elasticität der Luft vermehren, ohne zu gleicher Zeit ihre Dichtigkeit zu vermehren, so würde die Geschwindigkeit des Schalls wachsen. Oder, liessen wir die Elasticität constant bleiben, verminderten aber die Dichtigkeit, so würden wir die Geschwindigkeit des Schalls vermehren. Erwärmen wir Luft in einem verschlossenen Gefässe, wo sie sich nicht ausdehnen kann, so vermehrt sich ihre Elasticität, während ihre Dichtigkeit unverändert bleibt. Durch so erwärmte Luft geht der Schall schneller als durch kalte Luft. Kann sich die Luft frei ausdehnen, so wird ihre Dichtigkeit durch Erwärmen vermindert, während ihre Elasticität dieselbe bleibt, und durch solche Luft kann der Schall schneller als durch kalte Luft gehen. Dies ist der Fall bei unserer Atmosphäre, wenn sie durch die Sonne erwärmt wird. Sie dehnt sich aus und wird leichter, während ihr Druck, oder in anderen Worten, ihre Elasticität dieselbe bleibt. Und nun werden Sie einsehen, weshalb ich gesagt hatte, dass die Geschwindigkeit des Schalls in Luft „von der Temperatur von 0 Grad“ 1090 Fuss in der Secunde ist. Bei allen niedrigeren Temperaturen ist die Geschwindigkeit kleiner, und bei allen höheren grösser. Der kürzlich verstorbene Wertheim hat die Geschwindigkeit des Schalls in Luft von verschiedenen Temperaturen bestimmt, wie folgt:

Temperatur der Luft	Geschwindigkeit des Schalls
0,5°	1089′
2,1	1091
8,5	1109
12,0	1113
26,6	1140

Bei einer Temperatur von einem halben Grade unter 0° beträgt die Geschwindigkeit 1089 Fuss in der Secunde; bei einer Temperatur von 26,6° über 0° beträgt sie 1140 Fuss in der Secunde. Dies ergiebt also 51 Fuss mehr auf 26°, d. h. eine Zunahme an Geschwindigkeit von ungefähr zwei Fuss auf jeden einzelnen Centigrad.

Bei derselben Elasticität ist die Dichtigkeit des Wasserstoffgases bei weitem geringer als die der Luft, und in Folge dessen übertrifft die Geschwindigkeit des Schalls im Wasserstoff seine Geschwindigkeit in der Luft bei weitem. Der umgekehrte Fall tritt bei dem schweren kohlensauren Gase ein. Während hier die Elasticität nur der der Luft gleich ist, ist die Dichtigkeit grösser und folglich die Schallgeschwindigkeit geringer. Wenn Dichtigkeit und Elasticität in demselben Verhältniss wechseln, wie es das Gesetz von Mariotte für die Luft beweist, so müssen sie ihre Wirkung gegenseitig neutralisiren, wenn die Temperatur constant erhalten wird; so würde, wenn die Temperatur auf den höchsten Spitzen der Alpen und an der Mündung der Themse dieselbe wäre, auch die Geschwindigkeit des Schalls an beiden Orten dieselbe sein. Da aber die obere Luft kälter als die untere ist, so ist die Geschwindigkeit auf den Bergspitzen in der That geringer als auf der Meeresfläche. Um dieses Resultat bestimmter auszudrücken, sagen wir, die Geschwindigkeit ist der Quadratwurzel der Elasticität der Luft direct proportional; sie ist ferner der Quadratwurzel der Dichtigkeit der Luft umgekehrt proportional. Folglich, da bei Luft von constanter Temperatur Elasticität und Dichtigkeit in demselben Verhältniss wechseln und entgegengesetzt wirken, so wird die Geschwindigkeit des Schalls nur dann von einer Aenderung der Dichtigkeit beeinflusst, wenn diese von einem Wechsel der Temperatur begleitet ist.

Kein Irrthum ist häufiger als die Annahme, dass die Geschwindigkeit des Schalls durch die Dichtigkeit vermehrt wird. Der Irrthum ist aus dem Missverständniss der Thatsache entstanden, dass in festen und flüssigen Körpern die Geschwindigkeit grösser ist, als in Gasen. In Folge der grossen Elasticität dieser Körper im Verhältniss zu ihrer Dichtigkeit, geht der Schall schnell durch sie hindurch. Unter sonst gleichen Bedingungen bewirkt eine Vermehrung der Dichtigkeit immer eine Abnahme der Geschwindigkeit. Wäre die Elasticität des Wassers, die durch seine Zusammendrückbarkeit gemessen wird, nur der der Luft gleich, so würde die Geschwindigkeit des Schalls im Wasser, statt mehr als vier Mal so gross zu sein als die Geschwindigkeit in der Luft, nur ein kleiner Bruchtheil dieser Geschwindigkeit sein. So muss man sowohl die Dichtigkeit, als auch die Elasticität immer im Auge behalten; da die Geschwindigkeit des Schalls durch keine von beiden allein bestimmt wird, sondern nur durch ihr Verhältniss zu einander. Von der Wirkung geringer Dichtigkeit und grosser Elasticität giebt der Lichtäther ein höchst lehrreiches Beispiel, indem er die Schwingungen des Lichtes nicht mit der Geschwindigkeit von so und so viel Fuss, sondern von etwa 42000 geographischen Meilen in der Secunde fortführt.

Wir hätten jetzt noch ein Wort über die Methode zu sagen, durch die die Geschwindigkeit des Schalls in der Luft bestimmt worden ist. Wem die Einzelnheiten der wissenschaftlichen Forschung unbekannt sind, der kann sich keinen Begriff von der Arbeit machen, die zur Bestimmung der Zahlen verwendet wird, auf denen wichtige Berechnungen oder Schlüsse beruhen. Sie haben keinen Begriff von der Geduld eines Berzelius, als er die Atomgewichte bestimmte; eines Regnault, als er die Coëfficienten der Ausdehnung bestimmte; oder eines Joule bei der Bestimmung des mechanischen Wärmeäquivalents.

Diese Fragen sind mit einem Aufwand von sittlicher Kraft und Gewissenhaftigkeit behandelt worden, wie wir sie kaum in irgend einem andern Gebiete unserer geistigen Thätigkeit wiederfinden. Nur die Wahrheit allein muss hierbei gesucht werden, und zur Erreichung vollkommener Genauigkeit darf man keine Arbeit scheuen, keine Schwierigkeit umgehen. So könnten wir stundenlang von den Anstrengungen reden, die man zur genauen Bestimmung der Schallgeschwindigkeit in der Luft gemacht hat. Die Frage hat die Aufmerksamkeit der Gelehrten in England, Frankreich, Deutschland, Italien und Holland beschäftigt. Aber den französischen und holländischen Gelehrten verdanken wir die Anwendung der vollkommensten experimentellen Hülfsmittel zur Lösung dieses Problems. Sie neutralisirten den Einfluss des Windes vollständig, sie zogen den Barometerstand, die Temperatur und Feuchtigkeit der Luft in Betracht. Man liess den Schall zu gleicher Zeit von zwei entfernten Stationen ausgehen, und er wanderte so von Station zu Station durch dieselbe Luft. Die Entfernung zwischen den Stationen wurde durch genaue trigonometrische Beobachtungen bestimmt, und es wurden Mittel ersonnen, um möglichst genau die Zeit zu messen, die der Schall brauchte, um von einer Station zur andern zu gelangen. Dividirte man mit dieser in Secunden ausgedrückten Zeit in die in Fussen gemessene Entfernung, so ergab sich die Geschwindigkeit des Schalls in der Luft bei einer Temperatur von 0 Grad gleich 1090 Fuss in der Secunde.

Die Zeit, in der das Licht alle irdischen Entfernungen durchmisst, ist verschwindend klein; bei den eben besprochenen Versuchen wurde der Moment der Explosion durch den Blitz einer Kanone bezeichnet; die Zeit, die der Schall brauchte, um von Station zu Station zu gelangen, entsprach dem Zeitraum zwischen der Erscheinung des Blitzes und der Ankunft des Schalls. Ist die Geschwindigkeit des Schalls in der Luft einmal bestimmt, so ist es klar, dass wir sie umgekehrt zur Bestimmung von Entfernungen benutzen können. Beobachten wir z. B. das Intervall zwischen der Erscheinung des Blitzes und der Ankunft des ihn begleitenden Donnerschlages, so können wir sogleich die Entfernung des Ortes der Entladung angeben. Nur wenn das Intervall zwischen Blitz und Donner kurz ist, hat man Gefahr vom Blitz zu befürchten.

Ich komme jetzt zu dem schwierigsten Punkt in der ganzen Theorie des Schalls. Die Geschwindigkeit in der Luft ist durch directe Versuche bestimmt worden; da wir aber die Elasticität und Dichtigkeit der Luft kennen, so können wir auch ohne einen Versuch die Schnelligkeit berechnen, mit der eine Schallwelle in ihr fortgepflanzt wird. Sir Isaak Newton machte diese Berechnung und fand die Geschwindigkeit bei 0 Grad gleich 916 Fuss in der Secunde. Diese Zahl ist ungefähr um $^1/_6$ kleiner, als der durch die directe Beobachtung für die Geschwindigkeit festgestellte Werth, und man stellte die seltsamsten Hypothesen auf, um diese Abweichung zu erklären. Newton selbst warf die Vermuthung auf, dass der Schall nur Zeit zu seiner Fortpflanzung bei seinem Uebergange von Theilchen zu Theilchen braucht, dass er sich aber augenblicklich durch die Theilchen selbst hindurch bewegt. Er nahm dann an, dass nur $^1/_6$ der Linie, durch die der Schall ginge, von Lufttheilchen angefüllt sei, und suchte so die Differenz in der Geschwindigkeit auszugleichen. Gerade das Künstliche und Geniale dieser Annahme bedingten ihre Verwerfung; andere Theorieen wurden aufgestellt, aber der grosse französische Mathematiker La Place löste zuerst das Räthsel. Ich will mich bemühen, Sie mit seiner Lösung vollkommen vertraut zu machen.

Ich halte in meiner Hand einen innen genau cylindrischen und ganz glatten Glascylinder *T U* (Fig. 10).

Fig. 10.

In diesen Cylinder, der an dem einen Ende geschlossen ist, passt ein luftdichter Stempel. Stosse ich den Stempel hinunter, so presse ich die Luft unter ihm zusammen, und dadurch wird Wärme entwickelt. Befestige ich ein Stückchen Zündschwamm an dem Ende des Stempels, so kann ich es durch die, durch den Druck erzeugte Hitze entzünden. Tauche ich ein Stückchen Watte in Schwefelkohlenstoff und befestige es an dem Stempel, so beobachtet man, wenn der letztere niedergedrückt wird, einen Lichtblitz in der Röhre in Folge der Entzündung des Schwefelkohlenstoffdampfes. So ist bewiesen, dass bei der Zusammenpressung der Luft Wärme erzeugt wird. Durch einen andern Versuch kann ich Ihnen beweisen, dass bei Verdünnung der Luft sich dagegen Kälte entwickelt. Diese messingene Büchse enthält verdichtete Luft. Ich öffne den Hahn und lasse die Luft gegen ein Thermometer strömen;

das Sinken des Quecksilbers des Instruments beweist die Abkühlung der Luft.

Alles, was Sie von der Fortpflanzung einer Schallwelle durch die Luft gehört haben, wird noch lebendig in Ihrer Erinnerung sein. Indem der Stoss vorwärts geht, drückt er die Lufttheilchen zusammen, und zwei Resultate ergeben sich aus dieser Zusammendrückung der Luft. Erstlich wird ihre Elasticität durch die einfache Vermehrung ihrer Dichtigkeit gesteigert. Zweitens wird ihre Elasticität durch die, bei der Zusammendrückung entwickelte Wärme vermehrt. Newton zog allein die, durch die Dichtigkeitsänderung bedingte Veränderung der Elasticität in Betracht und übersah die Vermehrung der Elasticität vollkommen, die der zweiten oben angeführten Ursache zuzuschreiben ist. Wir haben nun noch neben der von Newton in seinen Berechnungen berücksichtigten Elasticität eine neu hinzukommende Elasticität in Folge der, durch den Schall selbst verursachten Temperaturveränderungen. Werden beide in Betracht gezogen, so stimmen die berechnete und die beobachtete Geschwindigkeit vollkommen überein.

Ohne die grösste Vorsicht können wir aber hier in einen schweren Irrthum verfallen. Der Geist muss in der That bei der Beschäftigung mit der Natur immer rege sein, um alle Bedingungen zu erfassen; sonst erfahren wir bald, dass unsere Folgerungen nicht mit den Thatsachen übereinstimmen. Die Vermehrung der Geschwindigkeit, die durch den Wechsel der Temperatur der Schallwelle selbst hervorgerufen wird, ist vollkommen von der Vermehrung verschieden, die durch die Erwärmung der ganzen Masse der Luft entsteht. Die durchschnittliche Temperatur der Luft wird nicht durch die Schallwellen verändert. Wir können keine verdichtete

Welle herstellen, ohne zugleich eine verdünnte zu haben; doch wird die Temperatur in der Verdünnung um eben so viel vermindert, wie sie bei der Verdichtung erhöht wird. Nehmen wir nun an, dass die Atmosphäre in solche Verdichtungen und Verdünnungen mit ihren verschiedenen Temperaturen abgetheilt sei, so würde ein von aussen kommender Ton, der durch eine solche Atmosphäre ginge, in den letzteren um eben so viel verzögert, wie in den ersteren beschleunigt werden, und es könnte keine Aenderung der durchschnittlichen Geschwindigkeit aus einer derartigen Vertheilung der Temperatur entstehen.

Woraus entspringt also die von La Place angedeutete Vermehrung? Ich möchte Sie ersuchen, mir mit der gespanntesten Aufmerksamkeit zu folgen, während ich Ihnen diesen verwickelten Punkt klar zu machen versuche. Wird Luft zusammengepresst, so wird ihr Volumen geringer; vermindert sich der Druck, so dehnt sich das Volumen aus. Die Kraft, die dem Druck widersteht und die Ausdehnung bewirkt, ist die elastische Kraft der Luft. So presst ein äusserer Druck die Lufttheilchen zusammen; ihre eigene elastische Kraft hält sie auseinander, und die Theilchen sind im Gleichgewicht, wenn diese beiden Kräfte im Gleichgewicht sind. Dadurch wird der äussere

Fig. 11.

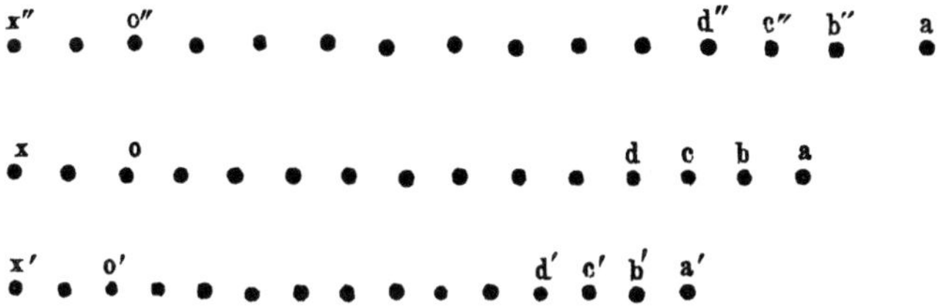

Druck zum Maass für die elastische Kraft. Die mittlere Reihe von Punkten (Fig. 11) mag eine Reihe von Lufttheilchen darstellen, die sich in Ruhe zwischen den Punkten *a* und *x* befinden. Dann wird vermöge der elastischen Kraft, die zwischen den Theilchen besteht, wenn eines von ihnen aus seiner Ruhelage bewegt wird, die Bewegung durch die ganze Reihe fortgepflanzt werden. Nehmen wir nun an, dass das Theilchen *a* durch eine Stimmgabel oder einen andern schwingenden Körper nach der Richtung von *x* hingestossen wird, so dass es zuletzt die Stellung *a'* in der letzten Reihe der Theilchen einnimmt. So wie die Schwingung von *a* beginnt, wird seine Bewegung auf *b* fortgepflanzt. In den folgenden Augenblicken theilt *b* seine Bewegung an *c* fort, *c* an *d*, *d* an *e* u. s. f., so dass zur Zeit, wo *a* die Lage *a'* erreicht hat, sich die Bewegung bis zu einem Punkt *o'*, der mehr oder weniger von *a'* entfernt ist, auf der Linie der Theilchen fortgepflanzt haben wird. Die ganze Reihe der Theilchen zwischen *a'* und *o'* ist dann in einem Verdichtungszustande. Die Entfernung *a' o'*, welche die Bewegung während der Schwingungen von *a* zu *a'* hin zurückgelegt hat, hängt von der elastischen Kraft ab, die zwischen den Theilchen besteht. Richten Sie Ihre Aufmerksamkeit auf zwei beliebige dieser Theilchen, *a* und *b*. Man kann sich die elastische Kraft zwischen ihnen als eine Spiralfeder vorstellen, und es ist klar, dass, je schlaffer diese Feder ist, auch die Fortpflanzung der Bewegung von *a* zu *b* desto langsamer ist, während die Fortpflanzung der Bewegung um so viel schneller erfolgt, je straffer die Feder ist. Was für *a* und *b* zutrifft, gilt auch für jedes andere Theilchenpaar zwischen *a* und *o*. Nun wird die Feder zwischen jedem dieser Theilchenpaare straffer durch die Wärme, die sich auf der Verdichtungslinie entwickelt, und so wird die Geschwindigkeit der Fortpflanzung durch diese Erwärmung vermehrt. Kehren wir zu unserm frühern Versuch mit der Knabenreihe zurück, so verhält sich dies gerade so, als wenn die Muskelkraft im Arm eines jeden Knaben durch den Stoss, den er seinem Nachbar giebt, zunähme und ihn dadurch befähigte, seinen Stoss rascher abzugeben, als er es ohne diesen Zuwachs von Kraft gekonnt hätte. Der verdichtete Theil einer Schallwelle wird auf die hier beschriebene Art fortgepflanzt, und es ist klar, dass die Geschwindigkeit der Fortpflanzung durch die Wärme vermehrt wird, die sich bei der Verdichtung entwickelt.

Wir wollen jetzt auf einen Augenblick die Fortpflanzung der Verdünnung betrachten. Nehmen wir, wie vorher, an, dass die mittlere Reihe ax die Lufttheilchen in ihrer Gleichgewichtslage unter dem Druck der Atmosphäre darstellt, und nehmen wir an, dass das Theilchen a plötzlich nach rechts gezogen wird, so dass es die Stellung a'' in der obersten Reihe der Punkte einnimmt: auf a'' folgt unmittelbar b'', auf b'' folgt c'', auf c'' d'', auf d'' e'', und so wird die Verdünnung bis x'' fortgepflanzt, bis sie einen Punkt o'' in der Linie der Theilchen erreicht, während a seine Bewegung nach rechts vollendet hat. Warum folgt nun b'' a'', wenn a'' von ihm fortgezogen wird? Doch sicher, weil die elastische Kraft, die zwischen b'' und a'' besteht, schwächer ist, als die zwischen b'' und c''. In der That wird b'' mit einer Kraft a'' nachgezogen, die dem Unterschiede der beiden Elasticitäten zwischen a'' und b'' und zwischen b'' und c'' gleich ist. Dieselbe Bemerkung bezieht sich auch auf die Bewegung von c'' nach b'', auf die von d'' nach e'', und ebenso auf die Bewegung jedes folgenden Theilchens, wenn es seinem Vorgänger nacheilt. Je grösser der Unterschied der Elasticität auf beiden Seiten eines jeden Theilchens ist, desto schneller wird es seinem Vorgänger folgen. Und nun können Sie sehen, was die bei der Verdünnung erzeugte Kälte bewirkt. Zu der Abnahme der elastischen Kraft zwischen *a''* und *b''* durch die Fortziehung von *a''* in eine grössere Entfernung kommt noch eine weitere Abnahme in Folge des Sinkens der Temperatur. Die entwickelte Kälte vermehrt den Unterschied der elastischen Kraft, auf dem die Fortpflanzung der Verdünnung beruht. So sehen wir, dass, weil die während der Verdichtung entwickelte Wärme auch die Fortpflanzungsgeschwindigkeit der Verdichtung vermehrt, und weil die bei der Verdünnung entwickelte Kälte die Fortpflanzungsgeschwindigkeit der Verdünnung vermehrt, die Geschwindigkeit der Schallwelle, die aus einer Verdichtung und einer Verdünnung besteht, durch die Wärme und durch die Kälte, die sie während ihres eigenen Fortschreitens entwickelt, vermehrt werden muss.

Es verlohnt sich wohl der Mühe, Ihre Aufmerksamkeit darauf zu lenken, dass die Entfernung *a' o'*, bis zu welcher die Bewegung fortgepflanzt worden ist, während sich *a* nach *a'* bewegte, bei weitem grösser sein kann, als die, welche das Theilchen selbst in der gleichen Zeit zurückgelegt hat. Der Weg von *a'* kann möglicher Weise nur ein kleiner Theil eines Zolls sein, während die Entfernung, bis zu welcher die Bewegung in der Zeit fortgepflanzt wird, während deren *a'* den kleinen Weg zurücklegte, viele Fuss oder selbst Ellen betragen konnte. Scheint Ihnen dieser Punkt noch nicht ganz klar, so wird er es Ihnen doch nach und nach werden.

Nachdem wir dies wenigstens im Allgemeinen festgestellt haben, möchte ich Sie ersuchen, mir zu einem entlegenen Gebiet der Physik zu folgen, in der Absicht indess, um Ihnen zu zeigen, dass die scheinbare Verschiedenheit nicht einen Mangel des Zusammenhangs einschliesst. Es werde die Temperatur einer bestimmten Menge Luft von

0^0, die in einem vollkommen unausdehnbaren Gefäss enthalten ist, um einen Grad erhöht. Dieselbe Quantität Luft mag ferner in einem Gefässe, in dem sie sich bei der Erwärmung ausdehnen kann, um 1^0 erwärmt werden, wobei zugleich der Druck auf die Luft während ihrer Ausdehnung constant erhalten wird. Die Wärmemengen, die in den beiden Fällen verwendet werden, sind verschieden. Die eine Wärmemenge ist die specifische Wärme der Luft bei constantem Volumen, die andere die specifische Wärme der Luft bei constantem Druck *). Wir können nun aus der berechneten und beobachteten Geschwindigkeit des Schalls in der Luft das Verhältniss dieser beiden specifischen Wärmen ableiten, ein Beweis, in wie innigem Zusammenhang die Naturerscheinungen stehen, wenn sie scheinbar auch gar keine Beziehung zu einander haben. Erheben wir die berechneten und beobachteten Geschwindigkeiten ins Quadrat und theilen wir dann das grössere Quadrat durch das kleinere, so erhalten wir das besprochene Verhältniss. Nennen wir die specifische Wärme bei constantem Volumen C_v und die bei constantem Druck C_p; nennen wir die von Newtón berechnete Geschwindigkeit V und die beobachtete Geschwindigkeit V', so bewies La Place, dass

$$\frac{C_p}{C_v} = \frac{V'^2}{V^2}.$$

Führen wir die Werthe von V und V' in diese Gleichung ein und machen die Berechnung, so finden wir

$$\frac{C_p}{C_v} = 1{,}42.$$

So fand La Place, ohne dass er die specifische Wärme bei constantem Volum oder bei constantem Druck kannte,

*) Siehe Wärme als eine Art der Bewegung betrachtet, pag. 88 bis 92.

dass das Verhältniss der grössern zur kleinern gleich 1,42 sein musste. Aus der vorhergehenden Formel geht klar hervor, dass die berechnete Geschwindigkeit des Schalls, mit der Quadratwurzel dieses Verhältnisses multiplicirt, die beobachtete Geschwindigkeit geben muss.

Indess ist bei der Bestimmung dieses Verhältnisses stillschweigend eine Annahme gemacht worden, über die wir uns klar werden müssen. Wir nehmen an, dass die bei der Zusammendrückung entwickelte Wärme in dem verdichteten Theile der Welle bleibt und dort dazu verwendet wird, um die Elasticität zu vermehren, dass also kein Theil der Wärme durch Ausstrahlung verloren geht. Wäre die Luft ein mächtiger Ausstrahler, so würde diese Annahme nicht bestehen können. Die bei der Verdichtung entwickelte Wärme könnte dann nicht in der verdichteten Luft selbst bleiben. Sie würde nach allen Seiten hin ausstrahlen und bliebe zum grössten Theil in dem erkälteten und verdünnten Theile der Welle haften, der eine entsprechende Absorptionskraft besässe. So würde sich in Folge der Strahlung die Temperatur der verschiedenen Theile der Welle ausgleichen und so die Vermehrung der Geschwindigkeit vernichtet werden, die La Place's Berichtigung hervorrief*).

Die Frage nach der Richtigkeit dieses Verhältnisses schliesst also die andere, scheinbar nicht damit zusammenhängende Frage in sich, ob die atmosphärische Luft irgend ein merkliches Strahlungsvermögen besitze. Ist das Ver-

*) In der That würde der schnelle Uebergang der Wärme aus der verdichteten Luft in die verdünnte durch den sie umgebenden Lichtäther verhindern, dass überhaupt die Temperatur der ersteren so hoch stiege, die der letzteren so tief fiele, als wenn das Ausstrahlungs- und Absorptionsvermögen nicht vorhanden wäre.

hältniss richtig, so ist in der That der Mangel an Strahlungsvermögen bei der Luft erwiesen. Wie sollen wir nun mit Sicherheit feststellen, ob das Verhältniss richtig sei oder nicht? Durch Schlussfolgerungen, die noch besser beweisen, wie sehr die Wirkungen in der Natur mit einander verflochten sind. Die Betrachtung dieses Verhältnisses führte einen genialen Mann, Mayer, zu einer klarern und grossartigern Vorstellung von der Verwandtschaft und Wechselwirkung der Kräfte der unorganischen und organischen Natur, als sie je ein Naturforscher vor ihm gehabt hatte. Mayer war der Erste, der in diesem Verhältniss einen Beweis für die Zerstörung der Wärme sah. Er erkannte zuerst, dass der Ueberschuss der specifischen Wärme bei constantem Druck über dieselbe bei constantem Volumen (0,42 Einheiten) die Wärmemenge ist, die für die, zur Ausdehnung des Gases erforderliche Arbeit verbraucht wird. Mayer nahm an, dass die Luft seitlich begrenzt sei und nur in senkrechter Richtung sich ausdehnen könne und in dieser Richtung nur das Gewicht der Atmosphäre zu tragen habe, und versuchte nun genau die Wärmemenge zu berechnen, die bei dem Aufheben dieses oder eines andern Gewichts verbraucht wurde. Er suchte so das „mechanische Aequivalent“ der Wärme zu bestimmen. Seine Anschauungen waren bei der Verbindung dieser Zahlen so klar wie die Sonne, aber in Betreff der numerischen Richtigkeit derselben musste er sich auf die Experimentatoren seiner Zeit verlassen. Ihre Resultate, obgleich annähernd richtig, waren doch nicht so correct, als die später von Regnault mit seiner unübertrefflichen experimentellen Geschicklichkeit unter Beihülfe der genauesten Verfeinerungen der Apparate erhaltenen Werthe. Ohne im Geringsten seinen Gedankengang oder den Aufbau seiner Berechnungen zu ändern, erhält man bei der Einführung der genauen numerischen Data in die Formel Mayer's das wahre mechanische Aequivalent der Wärme.

Wie können wir nun aber so zuversichtlich von der Richtigkeit dieses Aequivalents reden? Dies wird uns durch die Arbeiten eines Engländers ermöglicht, der zu gleicher Zeit mit Mayer diesen Gegenstand bearbeitete, und der, von dem schöpferischen Genie seines deutschen Bruders angefeuert, mit Freuden die Gelegenheit ergriff, die genialen Schlüsse desselben durch den Versuch zu prüfen. Durch die unsterblichen Versuche des Herrn Joule wurde die wechselseitige Umwandlung der mechanischen Arbeit und Wärme ineinander zuerst endgültig festgestellt. Und „das Joule'sche Aequivalent", wie es mit Recht genannt wird, wenn man die viele Arbeit und Geschicklichkeit erwägt, die bei seiner Bestimmung aufgewendet wurde, ist fast identisch mit dem aus der Formel Mayer's abgeleiteten Aequivalent.

Betrachten Sie nun den Weg, den wir zurückgelegt haben, das merkwürdige Labyrinth von Reflexion und Versuch, durch das wir gekommen sind. Wir gingen von den beobachteten und berechneten Geschwindigkeiten des Schalls in der atmosphärischen Luft aus. Wir fanden, dass La Place durch eine specielle Voraussetzung aus diesen Geschwindigkeiten das Verhältniss der specifischen Wärme der Luft bei constantem Druck zu der specifischen Wärme bei constantem Volum ableitete. Wir fanden, dass Mayer aus diesem Verhältniss das mechanische Aequivalent der Wärme berechnete, und endlich fanden wir, dass Joule dasselbe Aequivalent durch directe Versuche über die Reibung der festen und flüssigen Körper bestimmte. Und welches Resultat haben wir erlangt? Die Versuche von Herrn Joule beweisen, dass die Resultate von Mayer richtig sind; sie beweisen also, dass das von La Place bestimmte Verhältniss das richtige Verhältniss ist; und indem sie dies beweisen, beweisen sie zu gleicher Zeit, dass die atmosphärische Luft kein merkliches Strahlungsvermögen besitzt. Es scheint ein weiter Schritt von dem Umrühren des Wassers oder von dem Zusammenreiben eiserner Platten bis zu der Strahlung der Atome in unserer Atmosphäre zu sein; beide Fragen sind aber durch diese Reihe von Schlussfolgerungen eng mit einander verbunden.

Aber der rechte physikalische Forscher begnügt sich nie mit einer Schlussfolgerung, wenn es möglich ist, sie durch einen Versuch direct zu bestätigen oder zu widerlegen. Der vorhergehende Beweis wird dadurch bestätigt, dass man das Strahlungsvermögen der atmosphärischen Luft einer experimentellen Prüfung unterwirft. Dabei ergiebt sich, dass der Versuch mit der Schlussfolgerung übereinstimmt; die Luft erweist sich als ein Körper, der, so weit unsere Beobachtungen reichen, durchaus kein Strahlungs- oder Absorptionsvermögen besitzt.

Doch möchte ich hier dem Experimentator über die Fortpflanzung des Schalls in den Gasen ein warnendes Wort zurufen. Man glaubte zu La Place's Zeit und noch lange nachher, dass alle möglichen Gase nur ein unendlich geringes Strahlungsvermögen besässen; doch hat sich jetzt die Unrichtigkeit dieser Annahme erwiesen. Es schiene mir übereilt zu sein, wenn man annehmen wollte, dass bei Körpern, wie Ammoniak, Wasserdampf, Schwefelsäure und ölbildendes Gas, ihr ungemein grosses Strahlungsvermögen nicht sehr wohl mit der Formel von

La Place in Widerspruch treten könnte. Wir müssen fragen, ob das von der Geschwindigkeit des Schalls in diesen Körpern abgeleitete Verhältniss der beiden specifischen Wärmen das richtige ist; und ob, wenn das richtige Verhältniss durch andere Methoden gefunden werden könnte, die Quadratwurzel desselben, mit der berechneten Geschwindigkeit multiplicirt, die beobachtete Geschwindigkeit giebt. Von dem Augenblick an, wo Wärme zuerst in der Verdichtung und Kälte in der Verdünnung einer Schallwelle in einem dieser Gase auftritt, beginnt auch das Strahlungsvermögen, den Unterschied in der Temperatur zu vernichten. Der verdichtete Theil der Welle wird dadurch aufgelockert und der verdünnte Theil weniger locker, als er sonst gewesen wäre, und bei einer genügend starken Strahlung müsste die Geschwindigkeit des Schalls, statt mit der Formel von La Place übereinzustimmen, sich der einfachern Formel Newton's annähern.

Um unsere Kenntnisse über die Fortpflanzung des Schalls durch Gase zu vervollständigen, füge ich eine Tabelle aus den ausgezeichneten Arbeiten von Dulong bei, der bei seinen Versuchen eine später zu erklärende Methode anwendete.

Geschwindigkeit des Schalls in Gasen bei der Temperatur von 0° C.

	Geschwindigkeit
Luft	1092′
Sauerstoff	1040
Wasserstoff	4164
Kohlensäure	858
Kohlenoxyd	1107
Stickoxydul	859
Oelbildendes Gas	1030

Nach der Theorie sind die Geschwindigkeiten des Schalls im Sauerstoff und Wasserstoff der Quadratwurzel der Dichtigkeiten der beiden Gase umgekehrt proportional. Hier finden wir diese theoretische Schlussfolgerung durch den Versuch bestätigt. Da Sauerstoff 16 Mal so schwer als Wasserstoff ist, so muss die Geschwindigkeit des Schalls in dem letztern Gase nach dem obigen Gesetz vier Mal so gross als im erstern sein; da die Geschwindigkeit im Sauerstoff 1040 ist, so würde die Berechnung im Wasserstoff 4160 ergeben. Der Versuch ergiebt, wie wir sehen, 4164.

Die Geschwindigkeit des Schalls in den flüssigen Körpern kann auf dieselbe Weise theoretisch bestimmt werden, wie Newton seine Geschwindigkeit in der Luft bestimmte; denn die Dichtigkeit einer Flüssigkeit ist leicht bestimmt, und ihre Elasticität kann man messen, wenn man sie einem Drucke aussetzt. Beim Wasser stimmen die berechneten und die beobachteten Geschwindigkeiten so genau überein, dass der Wechsel der Temperatur, den eine Schallwelle im Wasser erzeugt, keinen bemerkbaren Einfluss auf die Geschwindigkeit haben kann. Durch eine Reihe von denkwürdigen, im Genfersee angestellten Versuchen haben die Herren Colladon und Sturm die Geschwindigkeit des Schalls im Wasser bestimmt, und fanden sie gleich 4708 Fuss in der Secunde. Durch eine Versuchsmethode, die Sie später kennen lernen werden, bestimmte der kürzlich verstorbene Herr Wertheim die Geschwindigkeit in verschiedenen flüssigen Körpern wie folgt:

Geschwindigkeit des Schalls in flüssigen Körpern.

Namen der Flüssigkeit	Temperatur	Geschwindigkeit
Seine-Wasser	15^0 C.	4714′
„ „	30	5013
„ „	60	5657
See-Wasser, künstliches	20	4768
Lösung von Kochsalz	18	5132
Lösung von schwefelsaurem Natron .	20	5194
„ „ kohlensaurem Natron .	22	5230
„ „ salpetersaurem Natron .	21	5477
„ „ Chlorcalcium	23	6493
Weingeist	20	4218
Absoluter Alkohol	23	3804
Terpentinöl	24	3976
Schwefeläther	0	3801

Wir ersehen aus dieser Tabelle, dass der Schall mit verschiedener Geschwindigkeit durch verschiedene Flüssigkeiten geht; dass ein in Wasser aufgelöstes Salz die Geschwindigkeit vermehrt, und dass Chlorcalcium dasjenige Salz ist, welches die grösste Vermehrung bewirkt. Die Versuche zeigen uns auch, dass die Geschwindigkeit im Wasser, wie in der Luft, mit der Temperatur zunimmt. Bei einer Temperatur von 15^0 C. z. B. beträgt die Geschwindigkeit im Seinewasser 4714 Fuss, bei 30^0 5013 Fuss und bei 60^0 5657 Fuss in der Secunde.

Ich sagte, dass man aus der Zusammendrückbarkeit einer Flüssigkeit, die durch geeignete Messungen bestimmt worden ist, die Geschwindigkeit des Schalls in der Flüssigkeit ableiten könne. Umgekehrt kann auch aus der Geschwindigkeit des Schalls in einer Flüssigkeit die Zusammendrückbarkeit der Flüssigkeit abgeleitet werden. Wertheim verglich eine Reihe von Zusammendrückbarkeiten, die er aus seinen Versuchen über den Schall abgeleitet hatte, mit einer entsprechenden, von Grassi direct erhaltenen Reihe. Die Uebereinstimmung beider Reihen, wie sie sich aus der folgenden Tabelle ergiebt, ist eine Bestätigung für die Genauigkeit der von Wertheim angewendeten Methode:

	Cubische Zusammendrückbarkeit	
	nach Wertheim's Geschwindigkeit des Schalls	nach den directen Versuchen von Grassi
Meerwasser	0,0000467	0,0000436
Lösung von Kochsalz	0,0000349	0,0000321
„ „ kohlensaurem Natron	0,0000337	0,0000297
„ „ salpetersaurem „	0,0000301	0,0000295
Absoluter Alkohol	0,0000947	0,0000991
Schwefeläther	0,0001002	0,0001110

Je grösser der Widerstand ist, den eine Flüssigkeit der Zusammendrückung entgegensetzt, desto schneller und kräftiger wird sie nach der Zusammendrückung zu ihrem ursprünglichen Volumen zurückkehren. Je geringer also ihre Zusammendrückbarkeit ist, desto grösser ist die Elasticität, und unter sonst gleichen Bedingungen ist dann folglich auch die Geschwindigkeit des Schalls durch die Flüssigkeit um desto grösser.

Wir müssen nun die Fortpflanzung des Schalls durch feste Körper untersuchen. Hier gilt als allgemeine Regel, dass die Elasticität im Verhältniss zu der Dichtigkeit grösser als in Flüssigkeiten ist, und folglich auch die Fortpflanzung des Schalls schneller erfolgt. In der folgenden Tabelle habe ich die Geschwindigkeit des Schalls in verschiedenen Metallen nach den Bestimmungen von Wertheim angegeben:

Geschwindigkeit des Schalls in Metallen.

Name des Metalls	bei 20° C.	bei 100° C.	bei 200° C.
Blei	4030	3951	—
Gold	5717	5640	5691
Silber	8553	8658	8127
Kupfer	11666	10802	9690
Platin	8815	8437	8079
Eisen	16822	17386	15483
Eisendraht (gewöhnlicher) .	16130	16728	—
Gussstahl	16357	16153	15709
Stahldraht (englischer) . . .	15470	17201	16394
Stahldraht	16023	16443	—

Die vorhergehende Tabelle giebt den Einfluss der Temperatur auf die Geschwindigkeit des Schalls in den Metallen an. Als allgemeine Regel gilt, dass die Geschwindigkeit bei zunehmender Temperatur abnimmt; indess ist das Eisen eine auffallende Ausnahme von dieser Regel, aber es ist nur innerhalb gewisser Grenzen eine Ausnahme. Während z. B. bei einer Erhöhung der Temperatur von 20° C. bis 100° C. beim Kupfer die Geschwindigkeit von 11666 auf 10802 fällt, so erzeugt dieselbe Erhöhung beim Eisen eine Zunahme der Geschwindigkeit von 16882 auf 17386. Zwischen 100° und 200° sehen wir indess, dass die Geschwindigkeit im Eisen von der letztern Zahl auf 15483 fällt. Daher wird im Eisen bis zu einer gewissen Grenze die Elasticität durch die Erwärmung vermehrt; jenseits dieser Grenze sinkt sie. Silber bietet ein Beispiel derselben Art.

Der Unterschied der Geschwindigkeit in Eisen und Luft kann durch folgenden lehrreichen Versuch gezeigt werden. Halten Sie Ihr Ohr an das eine Ende einer der längsten Eisenstangen, wie sie in Hyde-Park als Einfriedigungen benutzt werden, und lassen Sie das andere Ende derselben durch einen Gehülfen anschlagen. Dann werden zwei Töne nach einander Ihr Ohr treffen, von denen der erste durch das Eisen, der zweite durch die Luft fortgepflanzt wurde. Dieselbe Wirkung erzielte Biot bei seinen Versuchen in den Eisenröhren der Wasserleitung von Paris. Die Fortpflanzung des Schalls durch die Körper hängt bis zu einem gewissen Grade von der Anordnung ihrer Moleküle ab. Ist der Körper homogen und structurlos, so wird der Schall nach allen Richtungen gleich schnell fortgepflanzt; dieses ist aber nicht der Fall bei Körpern, welche, wie in der unorganischen Natur die Krystalle, in der organischen die Bäume, eine bestimmte Structur besitzen. Auch für andere Erscheinungen, als die des Schalls, gilt dasselbe. Unterwirft man z. B. eine Holzkugel magnetischen Kräften, so wird sie nicht nach allen Richtungen gleich afficirt; sie wird zwar immer von dem Magnetpol abgestossen, aber am stärksten, wenn die Kraft in der Richtung der Fasern wirkt. Ebenso wird die Wärme durch Holz in verschiedenen Richtungen ungleich schnell geleitet. Die Leitungsfähigkeit ist am grössten in der Richtung der Fasern; senkrecht gegen dieselben ist sie ebenfalls in verschiedenen Richtungen verschieden. Die Wärme fliesst leichter quer durch die Holzringe als ihrer Länge nach. Das Holz besitzt also drei ungleiche Axen der Wärmeleitung; dieselben fallen mit den von Savart entdeckten Elasticitätsaxen zusammen. Die Herren Wertheim und Chevandier haben die Schallgeschwindigkeit in der Richtung dieser drei Axen bestimmt und die folgenden Resultate erhalten:

Geschwindigkeit des Schalls in Holz.

Name des Holzes	Der Faser entlang	Senkrecht gegen die Ringe	Parallel den Ringen
Akazie	15,467	4,840	4,436
Kiefer	15,218	4,382	2,572
Birke	10,965	6,028	4,643
Eiche	12,622	5,036	4,229
Tanne	10,900	4,611	2,605
Ulme	13,516	4,665	3,324
Sycamore.	14,639	4,916	3,728
Esche	15,314	4,567	4,142
Erle.	15,306	4,491	3,423
Espe	16,677	5,297	2,987
Ahorn	13,472	5,047	3,401
Pappel	14,050	4,600	3,444

Schneiden wir daher einen Würfel nahe der Rinde aus dem Holz eines gut gewachsenen Baumes, wo die Ringe auf einer kurzen Strecke als gerade angesehen werden können, so ist, wenn *AR* (Fig. 12) der Querschnitt des Baumes ist, die Geschwindigkeit des Schalls in der Richtung *mn* in dem Würfel grösser als in der Richtung *ab*.

Fig. 12.

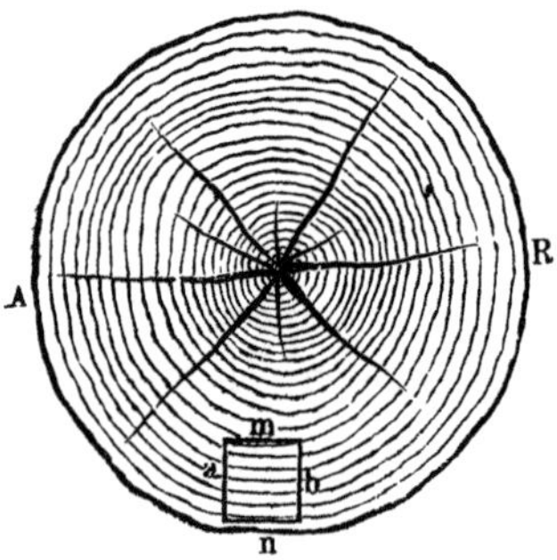

Die vorstehende Tabelle beweist schlagend den Einfluss der Molekularstructur. Die grössere Zahl der Krystalle zeigt ähnliche Verschiedenheiten. In diesen Körpern sind meist die Moleküle in verschiedenen Richtungen verschieden dicht an einander geordnet, und wo dieser Fall eintritt, findet man sicherlich Verschiedenheiten im Durchgang und in der Wirkung der

Wärme, des Lichts, der Elektricität, des Magnetismus und des Schalls.

Ich will jetzt diese Vorlesung über die Fortpflanzung des Schalls durch Gase, Flüssigkeiten und feste Körper mit einem schönen Citat aus den Schriften des grossen Denkers Dr. Robert Hooke beschliessen; ich thue dies um so lieber, weil nach meiner Meinung der Name und der Ruf dieses ausgezeichneten Mannes gegen den seines Zeitgenossen Newton zu sehr in den Hintergrund getreten ist. Sie werden bemerken, dass die Theorie des Stethoskops in den folgenden Sätzen ausgesprochen ist, und kaum dürfte noch anderswo die Thätigkeit des Geistes, welche in der Wissenschaft bei allen grossen Entdeckern dem Experiment vorausgeht und dasselbe begleitet, so klar zu Tage treten.

„Es ist vielleicht möglich," schreibt Hooke, „die inneren Bewegungen und Thätigkeiten von Körpern durch ihren Klang zu entdecken. Wie wir in einer Uhr die Schläge der Unruhe und das Laufen der Räder und das Schlagen der Hämmer und das Schleifen der Zähne und viele andere Geräusche hören; wer weiss, ob wir nicht ebenso die Bewegungen der inneren Theile der Körper, seien sie Thiere, Pflanzen oder Mineralien, durch den Ton erkennen können, welchen sie von sich geben; ob wir nicht die Vorgänge in den verschiedenen Organen und Kammern des menschlichen Körpers auffinden und so entdecken können, welche Instrumente oder Maschinen in Unordnung sind, welche Theile des Werkes nur zu gewissen Zeiten laufen und zu anderen nicht u. s. f.; ob wir nicht in den Pflanzen und Vegetabilien durch das Geräusch die Pumpen entdecken können, welche den Saft heben, die Klappen, welche ihn aufhalten und das Strömen desselben aus einem Gange in den andern u. s. f. Ich

4*

könnte noch weiter fortfahren, aber kaum ohne zu erröthen, wenn ich überlege, wie die meisten Menschen hierüber denken werden; indess möchte ich doch alle diese Dinge nicht für ganz unmöglich halten, so sehr sie von der Mehrzahl der Menschen verspottet und für toll, einfältig und phantastisch gehalten werden möchten; da, wenn ich sie für unmöglich halte, meine Kenntniss von denselben nicht wesentlich gefördert wird, wenn ich sie aber für möglich halte, dies vielleicht eine Veranlassung sein könnte, Dinge zu beachten, welche ein Anderer ohne Weiteres als nutzlos bei Seite liegen liesse. Auch bin ich durch die Erfahrung etwas mehr ermuthigt worden, da ich sehr deutlich die Schläge des menschlichen Herzens gehört habe, und man sehr häufig die Bewegung der Luft in den Därmen und anderen kleinen Gefässen wahrnimmt; das Stillstehen der Lungen erkennt man leicht an dem Schnaufen, das Stillstehen des Kopfes durch die summenden und pfeifenden Geräusche, das Hin- und Hergleiten der Gelenke häufig durch Krachen u. s. f. und ähnliche Vorgänge bei der Arbeit und Bewegung der Theile unter einander. Auch könnte ich wohl dadurch ermuthigt werden, dass ich das Zischen höre, welches ein zerfressendes Mittel bei seiner Wirkung erzeugt, das Geräusch des Feuers beim Schmelzen, das des Wassers beim Sieden, das der Theile einer Glocke, nachdem ihre Bewegung für das Auge schon ganz unsichtbar geworden ist, denn für mich sind diese und andere Bewegungen nur *secundum magis minus* verschieden; um also bemerkbar zu werden, müssen entweder ihre Bewegungen verstärkt oder das zu ihrer Wahrnehmung und Unterscheidung dienende Organ empfindlicher und kräftiger gemacht werden.“

Uebersicht der ersten Vorlesung.

Der Schall einer Explosion wird durch die Luft wie eine Welle oder wie ein Anstoss fortgepflanzt.

Die auf das Trommelfell treffende Welle erschüttert dasselbe; sein Zittern wird dem Gehörnerv mitgetheilt und durch diesen auf das Gehirn übertragen, wo es sich als Schall ankündigt.

Eine Schallwelle besteht aus zwei Theilen, in denen die Luft resp. verdichtet und verdünnt ist.

Die Fortbewegung der Schallwelle darf nicht mit der Bewegung der Theilchen verwechselt werden, die in jedem Augenblick die Welle bilden. Während des Durchganges der Welle macht jedes bei ihrer Fortpflanzung betheiligte Theilchen nur eine kleine Hin- und Herbewegung.

Die Weite dieser Hin- und Herbewegung wird die Amplitude der Schwingung genannt.

Der Schall geht nicht durch den luftleeren Raum.

Der Schall wird in jeder Hinsicht wie das Licht reflectirt, er wird auch wie das Licht gebrochen, und er kann wie das Licht durch geeignete Linsen gesammelt werden.

Der Schall wird auch gebeugt, wenn sich die Schallwelle um Hindernisse windet; diese Hindernisse geben indess einen partiellen „Schallschatten“.

Echos werden durch die reflectirten Schallwellen erzeugt.

Vier verschiedene Dinge sind beim Schall und bei dem

Medium, das er durchläuft, zu beachten: Stärke, Geschwindigkeit, Elasticität und Dichtigkeit.

Die Stärke ist dem Quadrat der Amplitude proportional, wie wir sie vorher erläutert haben.

Sie ist auch dem Quadrat der Maximalgeschwindigkeit der schwingenden Lufttheilchen proportional.

Verbreitet sich der Schall von einem kleinen Körper aus in der freien Luft, so nimmt die Stärke ab, wie das Quadrat der Entfernung von dem Körper zunimmt.

Ist die Schallwelle von einer Röhre mit glatter innerer Oberfläche begrenzt, so kann sie auf bedeutende Entfernungen ohne merklichen Verlust der Dichtigkeit fortgepflanzt werden.

Die Geschwindigkeit des Schalls in der Luft hängt von der Elasticität der Luft im Verhältniss zu ihrer Dichtigkeit ab. Je grösser die Elasticität, desto schneller die Fortpflanzung; je grösser die Dichtigkeit, desto langsamer die Fortpflanzung.

Die Geschwindigkeit ist der Quadratwurzel der Elasticität direct proportional; sie ist der Quadratwurzel der Dichtigkeit umgekehrt proportional.

Wenn daher Elasticität und Dichtigkeit sich in demselben Verhältniss ändern, so wird die Wirkung der einen die der andern auf die Geschwindigkeit des Schalls neutralisiren.

Dass beide sich in der Luft in demselben Verhältniss ändern, wird durch das Gesetz von Mariotte bewiesen; daher ist die Geschwindigkeit des Schalls in der Luft von der Dichtigkeit der Luft unabhängig.

Damit aber dieses Gesetz zutreffen soll, muss die dichte und die dünne Luft dieselbe Temperatur haben.

Die Stärke des Schalls hängt von der Dichtigkeit der Luft ab, in der er erzeugt wird, und nicht von der der Luft, in welcher er gehört wird.

Die Geschwindigkeit des Schalls in Luft von 0^0 C. ist 1090 Fuss in der Secunde; sie nimmt ungefähr 2 Fuss bei einer Temperaturerhöhung um je einen Grad Celsius zu.

Ist daher die Geschwindigkeit des Schalls in der Luft gegeben, so kann die Temperatur der Luft leicht berechnet werden.

Die Entfernung einer abgefeuerten Kanone oder eines Blitzstrahles kann durch die Beobachtung des Intervalls zwischen dem Aufleuchten und dem Schall bestimmt werden.

Das Vorhergehende beweist klar, dass, wenn eine Anzahl Soldaten einen Kreis bilden und sie alle zugleich ihre Gewehre abfeuern, ein in der Mitte des Kreises stehender Beobachter nur einen Schuss zu hören glaubt.

Stehen die Leute aber in einer geraden Reihe und steht der Beobachter an dem einen Ende derselben, so wird sich das gleichzeitige Abfeuern der Gewehre der Leute zu einem Rollen verlängern.

So kann ein Blitzstrahl in einer langen Wolke das verlängerte Rollen des Donners erzeugen. Das Rollen des Donners muss indess zum Theil den Echos an den Wolken zugeschrieben werden.

Viele alltägliche Erscheinungen lassen sich ohne Schwierigkeit auf die Thatsache zurückführen, dass der Schall eine gewisse Zeit braucht, um durch eine beträchtliche Länge von Luft zu gehen. So ist z. B. der Fall der Axt eines entfernten Holzhauers nicht mit dem Schall des Schlages gleichzeitig. Die Soldaten eines Regimentes, dem die Musiker vorangehen, können nicht gleichzeitig auftreten, weil die Töne die vorderen und die hinteren nicht gleichzeitig erreichen.

Die Luft in dem verdichteten Theile einer Schallwelle ist wärmer, in dem verdünnten Theile kälter als ihre durchschnittliche Temperatur.

Dieser Wechsel der Temperatur, der durch den Durchgang der Schallwelle selbst erzeugt wird, vermehrt die Elasticität der Luft und erhöht die Geschwindigkeit des Schalls um $^1/_6$ gegen die, die er sonst haben würde, wenn keine Temperaturänderung einträte.

Die von Newton berechnete Geschwindigkeit des Schalls, bei der dieser Wechsel der Temperatur nicht in Betracht gezogen war, betrug 916 Fuss in der Secunde.

La Place bewies, dass man die wirkliche oder beobachtete Geschwindigkeit erhält, wenn man Newton's Geschwindigkeit mit der Quadratwurzel aus dem Verhältniss der specifischen Wärme der Luft bei constantem Druck zu ihrer specifischen Wärme bei constantem Volum multiplicirt.

Umgekehrt kann man aus der Vergleichung der berechneten und beobachteten Geschwindigkeiten auf das Verhältniss der beiden specifischen Wärmen schliessen.

Das mechanische Aequivalent der Wärme kann aus diesem Verhältniss abgeleitet werden; man hat gefunden, dass es sich daraus in gleichem Werthe ergiebt, wie durch directe Versuche.

Diese Uebereinstimmung führt zu dem Schlusse, dass die atmosphärische Luft kein merkliches Strahlungsvermögen besitzt. Directe Versuche ergeben dasselbe Resultat.

Die Geschwindigkeit des Schalls im Wasser ist viermal so gross als seine Geschwindigkeit in der Luft.

Die Geschwindigkeit des Schalls im Eisen ist siebenzehnmal so gross, als die Geschwindigkeit in der Luft.

Die Geschwindigkeit des Schalls in der Richtung der Fasern des Tannenholzes ist zehnmal so gross, als seine Geschwindigkeit in der Luft.

Der Grund dieses grossen Uebergewichts liegt darin, dass die Elasticität der Flüssigkeiten, der Metalle und des Holzes im Verhältniss zu ihren verschiedenen Dichtigkeiten bedeutend grösser ist, als die Elasticität der Luft im Vergleich zu ihrer Dichtigkeit.

Die Geschwindigkeit des Schalls hängt bis zu einem gewissen Grade von der Molekularstructur ab. Im Holz z. B. wird er mit verschiedener Schnelligkeit in verschiedenen Richtungen fortgepflanzt.

Zweite Vorlesung.

Physikalischer Unterschied zwischen Geräusch und Musik. — Ein musikalischer Ton wird durch regelmässig wiederkehrende, ein Geräusch durch unregelmässige Schwingungen erzeugt. — Erzeugung musikalischer Töne durch Schläge. — Erzeugung derselben durch Luftstösse. — Erklärung der Höhe und Tiefe des Tons. — Schwingungen einer Stimmgabel. — Graphische Darstellung derselben auf berusstem Glase. — Optische Darstellung der Schwingungen einer Stimmgabel. — Beschreibung der Sirene. — Grenzen des Gehörs; höchste und tiefste Töne. — Bestimmung der Geschwindigkeit der Schwingungen durch die Sirene. — Bestimmung der Länge der Schallwellen. — Wellenlängen der menschlichen Stimme bei Männern und Frauen. — Fortpflanzung der Töne durch Flüssigkeiten und feste Körper.

In unserer letzten Vorlesung haben wir die Fortpflanzung einer einzelnen Schallwelle durch die Luft betrachtet, welche durch die Explosion eines kleinen, mit Knallgas gefüllten Ballons erzeugt war. So wurde ein momentan andauernder Schall hervorgebracht. Heute haben wir uns mit andauernden Tönen zu beschäftigen und zuerst den physikalischen Unterschied zwischen Geräusch und Musik kennen zu lernen. Für die unmittelbare Empfindung ist uns Allen dieser Unterschied gegenwärtig. Indess haben wir nun die Ursache der verschiedenen Empfindungen zu untersuchen und uns mit dem Verhalten der äussern Luft bekannt zu machen, welches in dem einen Fall die Musik, in dem andern das Geräusch bedingt.

Wir haben schon erfahren, dass die Stärke des Schalls in unserer Empfindung einzig und allein durch die Schwingungsweite oder Amplitude der ausser uns schwingenden Lufttheilchen bedingt ist. Jedem einzelnen Eindruck eines Schalls, dessen wir uns bewusst werden, entspricht ausserhalb eine bestimmte Form oder ein bestimmter Zustand der Atmosphäre. Könnten wir z. B. die Luft sehen, durch welche der Klang einer angenehmen Stimme hindurchgeht, so erblickten wir in dieser Luft die Bewegungsbedingungen, von welchen der Wohlklang der Stimme abhängt. In der gewöhnlichen Unterhaltung tritt ebenfalls der physikalische Vorgang zuerst ein und erzeugt den psychologischen. Die gesprochene Sprache, die uns Freude und Schmerz bereitet, welche unsern Zorn erregt und uns besänftigt, besteht auch für eine gewisse Zeit zwischen uns und dem Redner nur allein als ein rein mechanischer Vorgang in der dazwischen befindlichen Luft.

Wenn ich diesen Werkzeugkasten mit seinen Nägeln, Pfriemen, Meisseln und Feilen schüttele, so hören Sie das, was wir ein Geräusch nennen. Führe ich einen Violinbogen quer über diese Stimmgabel, so hören Sie das, was wir einen musikalischen Ton nennen. Das Geräusch berührt uns wie eine unregelmässige Aufeinanderfolge von Erschütterungen. Während wir auf dasselbe lauschen, sind wir uns eines Stossens und Rüttelns des Gehörnervs bewusst, während der musikalische Ton glatt und ohne Rauhheit dahinfliesst. Wodurch wird diese Glätte bedingt? Dadurch dass man die Anstösse, welche das Trommelfell erhält, vollkommen periodisch macht. Eine periodische Bewegung ist eine solche, welche sich wiederholt. Die Bewegung eines gewöhnlichen Pendels z. B. ist periodisch, und während es durch die Luft schwingt, bringt es Wellen oder Anstösse hervor, die einander mit vollkommener Regelmässigkeit folgen. Solche Wellen sind indess viel zu langsam, um den Schallnerv zu erregen. Um einen musikalischen Ton zu erzeugen, müssen wir einen Körper wählen, der mit derselben unfehlbaren Regelmässigkeit schwingt wie das Pendel, der aber der Luft viel schärfere und schnellere Anstösse ertheilen kann.

Denken Sie sich zuerst eine Reihe von Anstössen, welche in regelmässigen Intervallen auf einander folgen und das Trommelfell treffen. Es wird durch den Stoss erschüttert, und ein einmal in Bewegung gesetzter Körper kann nicht sogleich wieder zur Ruhe kommen. Indess ist das menschliche Ohr so construirt, dass die Schallbewegung mit äusserster Schnelligkeit aufhört; aber dennoch verschwindet sie nicht plötzlich, und wenn die dem Gehörnerv durch jeden einzelnen Anstoss unserer Reihe ertheilte Bewegung bis zur Ankunft seines Nachfolgers andauert, so wird der Schall gar nicht aufhören. Die Wirkung jeder Erschütterung wird sich erneuern, ehe er aufhört, und die wiederkehrenden Anstösse werden sich zu einem andauernden musikalischen Ton zusammenfügen. Im Gegentheil sind die Anstösse, welche das Geräusch hervorrufen, von unregelmässiger Stärke und Wiederkehr. Sie stürzen verworren in unser Ohr und wiederholen ihre eigene unerfreuliche Verwirrung in unserer Empfindung. Die Musik gleicht einem Gedicht mit feinstem und vollkommenem Rhythmus, das Geräusch der harten und rasselnden Prosa. Aber wie die Worte der Prosa durch eine geeignete Anordnung in Poesie übertragen werden können, so könnten wir auch den Tumult der Strassen in Musik für den Concertsaal verwandeln, wenn wir seine einzelnen Bestandtheile periodisch machten. Die Wirkung des Geräusches auf das Ohr ist sehr passend mit dem Eindruck eines flackernden Lichtes auf das Auge verglichen worden. Beide sind unangenehm durch die plötzlichen und kurz abgebrochenen Eindrücke auf die entsprechenden Nerven.

Die einzige Bedingung zur Erzeugung eines musikalischen Tones ist, dass die Schallwellen in gleichen Zeitintervallen auf einander folgen. Es ist dabei völlig gleichgültig, welchen Ursprung sie haben; ist diese Bedingung erfüllt, so wird der Ton musikalisch. Wenn man z. B. eine Taschenuhr mit genügender Schnelligkeit — etwa 100 Mal in der Secunde — ticken liesse, so würden die einzelnen Ticke ihre Individualität verlieren und zu einem musikalischen Ton zusammenfliessen. Und wenn die Schläge der Flügel einer Taube mit derselben Geschwindigkeit vollführt werden könnten, so wäre der Flug des Vogels durch die Luft von Musik begleitet. Bei dem Colibri ist diese Geschwindigkeit erreicht; und gehen wir von den Vögeln zu den Insecten über, bei denen die Schwingungen schneller sind, so begleitet gewöhnlich ein musikalischer Ton den Flug des Insects*). Die Stösse einer Locomotive folgen beim Beginn ihres Laufes Anfangs einander langsam, aber bald vermehrt sich ihre Schnelligkeit so sehr, dass sie kaum noch gezählt werden können. Würde diese Zunahme andauern, bis 50 oder 60 Stösse in der Secunde erfolgten, so würde die Ankunft der Maschine durch einen Orgelton von gewaltiger Kraft verkündet werden.

Galilaei brachte einen musikalischen Ton hervor, indem er ein Messer über den Rand eines Piasters hinführte. Die kleine Zähnung der Münze bedingte den

*) Nach Burmeister werden die Schwingungen durch das Eintreten und Ausstossen der Luft in und aus der Brusthöhle hervorgerufen.

periodischen Charakter der Bewegung. Sie bestand aus einer Reihe von Schlägen, die einander in hinreichender Schnelligkeit folgten, um ein ununterbrochenes Tönen zu erzeugen. Jeder Schulknabe weiss, wie er einen Ton mit seinem Schieferstift hervorruft. Er hält den Stift vertical, etwas lose zwischen den Fingern, und bewegt ihn über die Tafel. Dabei hört man eine Reihe von Schlägen. Wird der Stift fester gegen die Tafel gedrückt, so folgen diese Schläge einander so schnell, dass man einen continuirlichen Ton hört. Ich will denselben nicht gerade einen musikalischen nennen, denn dieser Ausdruck bezieht sich gewöhnlich auf einen angenehmen Eindruck, und den bringt der Schieferstift eben nicht hervor. Der Ton ist aber nicht angenehm, weil er nicht rein ist; er besteht aus einer grossen Zahl von Tönen, die viele Dissonanzen unter einander bilden.

Die Erzeugung eines musikalischen Tones durch Schläge wird gewöhnlich bewerkstelligt, indem man die Zähne eines rotirenden Rades in schneller Folge gegen ein Kartenblatt schlagen lässt. Dieser Versuch wurde zuerst von dem schon erwähnten berühmten Robert Hooke*) und in neuerer Zeit von dem ausgezeichneten französischen Physiker Savart angestellt.

---

*) Am 27. Juli 1681 zeigte Herr Hooke einen Versuch, musikalische und andere Töne mit Hülfe der Zähne von Messingrädern zu erzeugen; diese Zähne waren gleich breit für musikalische, ungleich für die Töne der menschlichen Stimme. Birch's History of the Royal Society p. 96, 1757.

Der folgende Auszug ist dem „Leben von Hooke“ entnommen, welches seinen nachgelassenen Werken, herausgegeben von Richard Waller, Secretär der Royal Society, 1705, vorgedruckt ist. „Im Juli desselben Jahres zeigte er (Dr. Hooke) eine Methode, musikalische und andere Töne durch das Anschlagen der Zähne von verschiedenen Messingrädern zu erzeugen. Die Zähne derselben standen in einem einfachen Zahlenverhältnisse; die Räder drehten sich sehr schnell und man beobachtete, dass

Wir wollen uns auf einfachere Versuche beschränken. Dieses Gyroskop (Fig. 13) besteht im Wesentlichen aus einem schweren Messingringe *d*, der den Rand einer Scheibe umgiebt, durch deren Mittelpunkt eine, gegen ihre

Fig. 13.

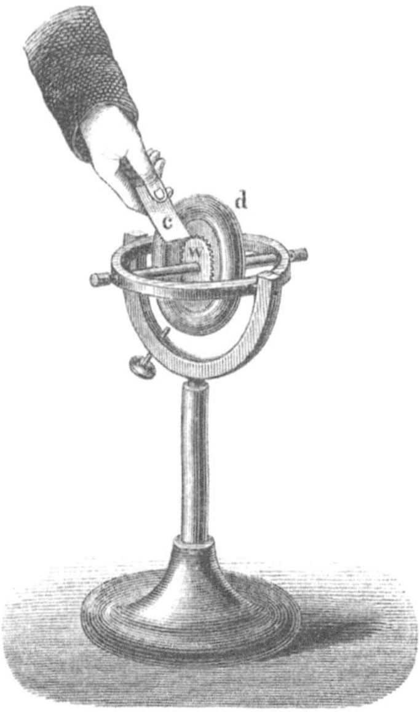

Oberfläche senkrechte und in gut gearbeiteten Lagern laufende Stahlaxe hindurchgeht. Wird ein Faden um die Axe gewunden und kräftig abgezogen, so dreht sich der Ring schnell, und mit ihm rotirt ein kleines Zahnrad *W*. Berühre ich dieses Rad mit dem Rande einer Karte *C*, so entsteht ein äusserst scharfer Ton. Vermindere ich die Drehungsgeschwindigkeit, indem ich einen Augenblick meinen Daumen gegen den Ring halte, so zeigt sich dies sogleich durch das Tieferwerden des Tones. Wird die Drehungsgeschwindigkeit noch mehr vermindert, so wird der Ton noch tiefer. So lernen wir die wichtige Thatsache kennen, dass die Höhe eines Tones von der Schnelligkeit seiner einzelnen Schwingungen abhängt*). Am Schlusse des Versuches hören Sie

gleiche oder in einfachem Zahlenverhältniss zu einander stehende Schläge der Zähne (2 : 1 oder 4 : 3 u. s. f.) die musikalischen Töne erzeugten, ungleiche Anschläge der Zähne mehr dem Klang der Stimme beim Sprechen entsprachen."

*) Galilaei fand, dass die Zahl der Einschnitte auf seiner Münze gross war, wenn er einen hohen Ton beobachtete, und schloss daraus, dass die Höhe von der Schnelligkeit der Anstösse abhinge.

die einzelnen Schläge der Zähne gegen das Kartenblatt; ihre Aufeinanderfolge ist nicht schnell genug, um den ununterbrochenen Fluss des Schalles zu erzeugen, der das Wesen der Musik ist. Eine in eine Drehbank eingespannte und rotirende Schraube mit einem, am Rande eingekerbten Kopfe bringt bei ihren Schlägen gegen ein Kartenblatt einen fast eben so klaren und reinen Ton hervor, wie das Zahnrad am Gyroskop.

Die Erzeugung eines musikalischen Tones durch Schläge kann auch auf eine andere hübsche Art nachgewiesen werden. In diesen Schraubstock (Fig. 14) sind der Quere nach zwei Bleiplatten eingespannt, deren Ränder $1/4$ Zoll von einander stehen. Ich lege diese Messingstange quer über sie hin, lasse sie auf den Rändern ruhen und versetze sie in Schwingungen, indem ich sie ein wenig mit meiner Hand anstosse. Ueberlasse ich sie sich selbst, so kommt sie nach einiger Zeit zur Ruhe. Würde aber die

Fig. 14.

Stange, sowie sie das Blei berührt, immer wieder durch eine vom Blei selbst ausgehende Kraft aufwärts geschleudert, so ist es klar, dass die Schwingungen andauern würden. Eine solche Kraft tritt aber auf, wenn die Stange erhitzt ist. Berührt sie dann das Blei, so wird demselben

Wärme mitgetheilt, dasselbe dehnt sich plötzlich an der Berührungsstelle nach oben aus. So wird die Stange unaufhörlich von einer Seite zur andern geworfen, so lange sie hinlänglich warm bleibt. Ersetzen wir die Messingstange durch eine Feuerschaufel (Fig. 14), so erhalten wir dieselbe Wirkung.

Bei dem Niederfallen auf das Blei schlägt die Stange gegen dasselbe nur schwach; im vorliegenden Fall sind die Schläge so langsam, dass Sie dieselben leicht zählen können. Hier haben wir aber eine anders geformte Metallmasse (Fig. 15), welche schneller schwingen und schneller aufeinander folgende Schläge hervorbringen wird. Ich lege diesen „Wieger“ oder „Wackler“ auf einen Bleiklotz; die Schläge haben sich bis zu einem

Fig. 15.

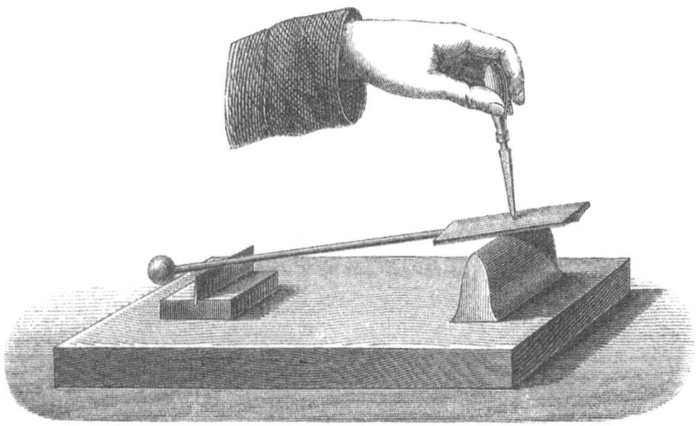

lauten Gerassel gesteigert, welches Sie Alle hören können. Mit der Spitze einer Feile drücke ich den Wieger gegen das Blei; dadurch werden die Schwingungen schneller, die Schläge vereinen sich zu einem tiefen musikalischen Ton. — Dieser andere Wieger schwingt schneller als der vorige, und schon vermöge seines eigenen Gewichtes bringt er ohne weiteren Druck einen musikalischen Ton hervor. Drücke ich ihn aber mit der Feile, so beschleunigen sich seine Schwingungen, die Tonhöhe steigt, und jetzt hören Sie im ganzen Saal einen Ton von merkwürdiger Stärke und Reinheit. Lassen wir mit dem Drucke nach, so sinkt sogleich die Tonhöhe. Drücken wir von Neuem, so steigt sie wieder, und so können wir durch Veränderung des Druckes diese seltsamen Schwankungen des Tones hervorrufen. Ersetzen wir unsern Wieger durch einen noch schneller schwingenden, so erhalten wir einen noch höheren Ton. Der Ton ist hier schwieriger zu erhalten als bei dem letzten Wieger, und er wechselt oft plötzlich. Zuweilen ist er äusserst scharf, dann klingt er wieder wie ein Gewimmer, indem seine Höhe jeden Augenblick sich ändert. Statt des vollen melodischen Tones des vorigen Wiegers haben wir hier eine Art von rebellischem, schreiendem Ton, der fast dem Schreien eines übelgelaunten Kindes gleicht. Solche Wieger braucht man nicht einmal. Lassen wir die eine Seite des reinen viereckigen Endes dieses erwärmten Schüreisens auf dem Bleiklotz ruhen, so hören wir ein Gerassel; ruht eine andere Fläche desselben auf dem Klotz, so erklingt ein rein musikalischer Ton. Die beiden Flächen sind mit einer Feile verschieden abgeschrägt worden, um so verschieden schnelle Schwingungen zu erhalten*).

---

*) Wenn eine starke Fluthwelle über einen mit Kieseln bedeckten Strand hinläuft, wie zu Blackgang Chine oder Freshwater Gate auf der Insel Wight, so werden die abgerundeten Steine durch den Anprall des Wassers am Ufer heraufgeführt und beim Rückgang der Welle wieder mit hinabgerollt. Unzählige Stösse von unregelmässiger Stärke und Aufeinanderfolge entstehen auf diese Weise. Die Vereinigung derselben macht auf uns den Eindruck eines Geschreis.

Die Höhe des Tones hängt bis zu einem gewissen Grade von der Grösse

Professor Robison erzeugte zuerst einen musikalischen Ton durch eine schnelle Aufeinanderfolge von Luftverdichtungen. Er benutzte dazu die erste Form eines Instrumentes, welches Sie bald unter dem Namen Sirene kennen lernen werden. Robison beschreibt seinen Versuch folgendermaassen: Ein Hahn war so construirt, dass er den Durchgang durch ein Rohr 720mal in der Secunde öffnete und schloss. Der Apparat wurde an einer Röhre zwischen dem Blasebalg und Windkasten einer Orgel angebracht. Man liess die Luft langsam durch dieses Rohr hindurchströmen, indem der Hahn geöffnet wurde. Wurde dies 720mal in einer Secunde wiederholt, so hörte man ganz schwach den Ton zweigestrichen *g*, so weich, wie wenn er von einer klaren Frauenstimme gesungen würde. Wurde die Schnelligkeit auf 360 reducirt, so war der Ton der einer reinen, aber harten Männerstimme. Nun wurde der Hahn in der Weise abgeändert, dass er das Loch nie völlig schloss, sondern etwa $^1/_3$ desselben offen blieb. Wurde jetzt das Oeffnen 720mal wiederholt, so war der Ton ungewöhnlich weich und sanft. Bei 360 Unterbrechungen war der Ton viel weicher, als irgend eine Männerstimme von derselben Tonhöhe. Ich bin im Besitz eines Hahnes nach der Angabe des Professor Robison und habe damit seine Resultate bestätigt gefunden.

Die Schwierigkeit aber, die nöthige Geschwindigkeit zu erhalten, macht eine andere Form des Versuches für

---

der Kiesel ab; sie wechselt, von einem Gebrüll, wenn die Steine gross sind, bis zu einem Geschrei; von einem Geschrei zu einem Geräusch wie von bratendem Speck, und wenn die Kiesel so klein sind, dass sie sich dem Grand nähern, zu einem blossen Zischen. Das Gebrüll der sich brechenden Wellen selbst ist indess hauptsächlich dem Platzen von Luftblasen zuzuschreiben.

unseren jetzigen Zweck geeigneter. Hier ist eine Scheibe von Papier *AB* (Fig. 16) von 12 Zoll Durchmesser, die nahe am Rande in gleichen Abständen in einem Kreise von Löchern durchbohrt ist. Die Scheibe ist durch eine

Fig. 16.

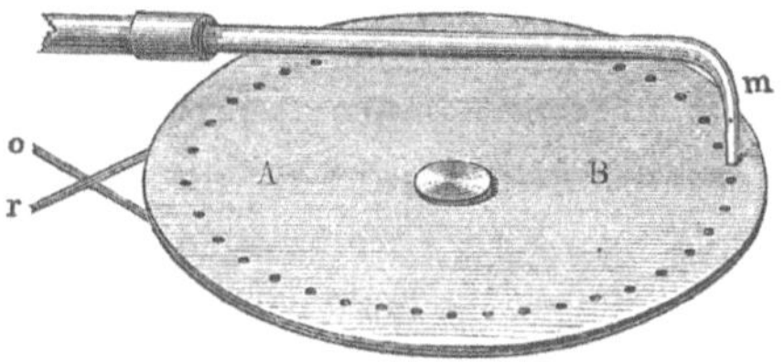

Unterlage von Zinn verstärkt und kann durch eine Centrifugalmaschine in schnelle Rotation versetzt werden. Während ihrer Rotation verschwinden die einzelnen Löcher, indem sie sich zu einem continuirlichen dunkleren Kreis vermischen. Unmittelbar über diesem Kreise ist eine Glasröhre *m* angebracht, die mit einem Blasebalg verbunden ist. Die Scheibe bewegt sich jetzt nicht, und das untere Ende der Glasröhre befindet sich unmittelbar über den Löchern der Scheibe. Tritt man daher den Blasebalg, so geht der Wind von *m* durch das unterhalb befindliche Loch. Dreht man aber die Scheibe ein wenig, so kommt in undurchbohrter Theil derselben unter die Röhre, und der Luftstrom wird unterbrochen. Wenn ich die Scheibe langsam drehe, so bringe ich nach einander die einzelnen Löcher unter die Röhre, und jedesmal geht dann ein Luftstoss hindurch. Die Rotation ist jetzt rasch, und die Stösse folgen einander sehr schnell, so dass sie Schwingungen in der Luft erzeugen, die sich zu einem continuirlichen musikalischen Ton vereinen, den Sie Alle vernehmen. Beachten Sie, wie der Ton wechselt. Wird die Centrifugalmaschine schnell gedreht, so ist der Ton hoch; verzögert man ihre Bewegung, so sinkt die Höhe augenblicklich. Hätte ich statt eines Glasrohres zwei angebracht, die eben so weit von einander entfernt wären, wie zwei von unseren Löchern, so dass, wenn die eine Röhre über dem einen Loche sich befindet, die andere über dem nächsten stehen würde, so ist es klar, dass wir beim Blasen durch beide Röhren beim Drehen der Scheibe einen Stoss durch beide Löcher zu gleicher Zeit erhalten werden. Die Stärke des Schalles würde dadurch vermehrt werden, aber die Höhe würde unverändert bleiben. Die beiden, zu gleicher Zeit heraustretenden Stösse würden vereint eine grössere Wirkung als ein einzelner auf unser Ohr haben. Und benutzten wir statt zweier Löcher gleichzeitig zehn, oder noch besser, hätten wir für jedes Loch in der Scheibe eine Röhre, so würden alle Stösse der ganzen Reihe gleichzeitig heraustreten und alle gleichzeitig abgeschnitten werden. Diese Stösse würden einen bei weitem stärkeren Ton erzeugen, als der, den wir bei dem abwechselnd unterbrochenen Austritt der Luft aus einer einzigen Röhre erhielten. Bei der jetzt vor Ihnen stehenden Einrichtung (Fig. 17) sind neun Röhren angebracht,

Fig. 17.

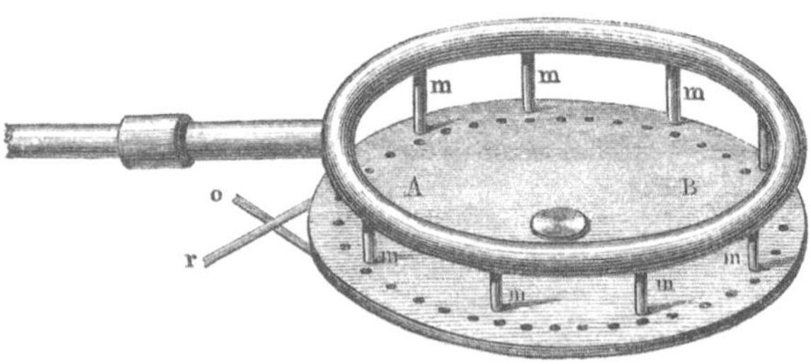

durch welche Luft geblasen wird; durch neun Oeffnungen entweichen die Stösse also auf einmal. Drehen wir die Centrifugalmaschine bald schneller, bald langsamer, so steigt und sinkt der Ton wie das Klagen des Windes.

Wir können noch verschiedene andere Mittel anwenden, um die Luft in periodische Bewegungen zu versetzen. Wird eine gespannte Saite seitwärts gezogen und schnell wieder losgelassen, so theilt sie der Luft Schwingungen mit, die einander in vollkommen regelmässigen Intervallen folgen. Eine Stimmgabel thut dasselbe. Ich streiche mit einem Bogen über die Zinken dieser Stimmgabel (Fig. 18). Der Bogen ist mit Harz bestrichen, vermöge dessen die Rosshaare an der Gabel haften. Der Widerstand der Gabel wird

Fig. 18.

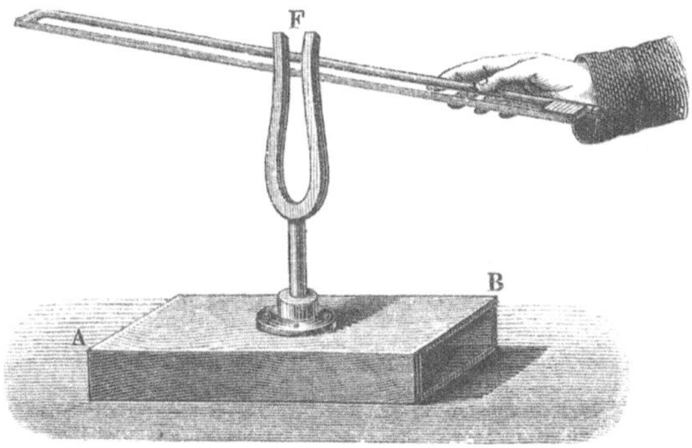

aber bald zu heftig, und die Zinke schwingt plötzlich zurück; der Bogen erfasst sie zwar augenblicklich wieder, doch schwingt sie sogleich wieder zurück, sobald ihr Widerstand stark genug wird. Dieser rhythmische Process, der sich unaufhörlich während des Streichens mit dem Bogen wiederholt, versetzt die Gabel zuletzt in andauernde Schwingungen und erzeugt so diesen klaren, vollen, musikalischen Ton. Ständen Sie nahe bei der Gabel, so könnten Sie dieselbe schwingen sehen; eine taube Person, die ihre Hand genügend nah hielte, würde das Schwingen der Luft fühlen. Ich lasse jetzt die schwingende Gabel eine Karte berühren, die Schläge gegen die Karte verbinden sich, wie bei dem Gyroskop, zu einem musikalischen Ton, und die Gabel kommt schnell in Ruhe. Sie schweigt jetzt, und das, was wir Stillschweigen nennen, drückt nur das Aufhören an Bewegung aus.

Errege ich zuerst die Stimmgabel, so geht der Schall von ihr mit seiner Maximalstärke aus und wird allmählich schwächer, wie die Gabel zu schwingen fortfährt. In unmittelbarer Nähe kann ich beobachten, dass die Amplitude oder der Raum, durch den die Gabel schwingt, allmählich kleiner und kleiner wird. Doch kann in den hier angewendeten Grenzen auch das geübteste Ohr in dieser Versammlung keine Veränderung in der Höhe des Tones entdecken. Das Sinken der Stärke eines Tones bringt darum nicht das Sinken seiner Höhe mit sich. Und in der That, obgleich sich die Amplitude ändert, bleibt doch die Geschwindigkeit der Schwingungen dieselbe. Höhe und Stärke müssen daher streng von einander getrennt werden; die letztere hängt nur von der Amplitude, die erstere nur von der Schnelligkeit der Schwingungen ab.

Man kann eine Stimmgabel den Gang ihrer eigenen Bewegung aufschreiben lassen; die Methode dazu ist sehr leicht zu begreifen. Nehme ich ein Stück Kreide in die Hand und fahre mit derselben an dieser schwarzen Tafel auf und nieder, so ziehe ich eine kurze verticale Linie darauf. So lange die Hand nicht nach rechts und links ausweicht, fahre ich immer wieder über dieselbe Linie hin. Wenn ich aber während der Auf- und Niederbewegung meine Hand auch nach rechts und links bewege, so verzeichne ich eine schlangenförmige Linie auf der Tafel. Ihre Einbiegungen bezeichnen die Schwingungen meiner Hand, und die Tiefe derselben entspricht der Amplitude der Schwingungen. Kehren wir jetzt zur Stimmgabel zurück. An die eine ihrer Zinken (Fig. 19) ist ein, in einer Spitze endigender Streifen von dünnem Kupferblech befestigt.

Fig. 19.

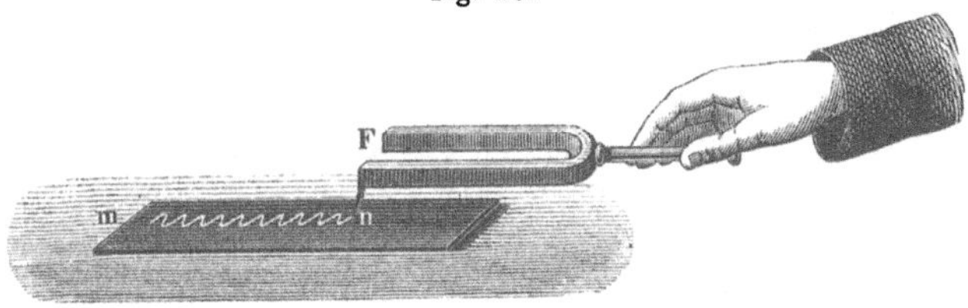

Die Stimmgabel wird in Schwingungen versetzt, und mit ihr schwingt der Metallstreifen. Jetzt senke ich langsam seine Spitze auf ein Stück berusstes Glas. Sie bewegt sich langsam über die berusste Oberfläche hin und her und lässt eine scharf gezeichnete Linie hinter sich. So lange meine Hand in Ruhe bleibt, fährt die Spitze immer wieder auf dieser Linie entlang, wie die Kreide vorher auf dem Strich auf der Tafel. Aber es ist klar, dass ich nur die Stimmgabel über die Glasplatte hinzuziehen brauche, um eine gewundene Linie zu erhalten, wie Sie dieselbe hier sehen.

Bringe ich die Glasplatte vor die elektrische Lampe und werfe ich ihr vergrössertes Bild auf einen Schirm, so können Sie Alle die helle gewundene Linie sehen. Während die Platte sich vor der Lampe befindet, will ich die Stimmgabel anschlagen und noch einmal über die berusste Oberfläche ziehen. Die leuchtende eingebogene Linie tritt augenblicklich hervor. Bei Wiederholung des Versuchs, ohne dass die Stimmgabel von Neuem angeschlagen wird, nimmt, wie Sie sehen, die Tiefe der Einbiegungen ab. Die gewundene Linie nähert sich mehr und mehr einer Geraden. Dies ist der sichtbare Nachweis der Abnahme der Schwingungsweite. Wenn die Einbiegungen völlig verschwinden, so ist dieselbe Null, und der von derselben abhängige Schall verschwindet völlig.

Herrn Lissajous verdanken wir eine sehr schöne Methode zur sichtbaren Darstellung der Schwingungen einer Stimmgabel. An der einen Zinke der grossen Stimmgabel *F* (Fig. 20) ist ein kleiner Metallspiegel befestigt; die andere Zinke ist mit einem Metallstück beschwert, um das Gleichgewicht herzustellen. Wir stellen

Fig. 20.

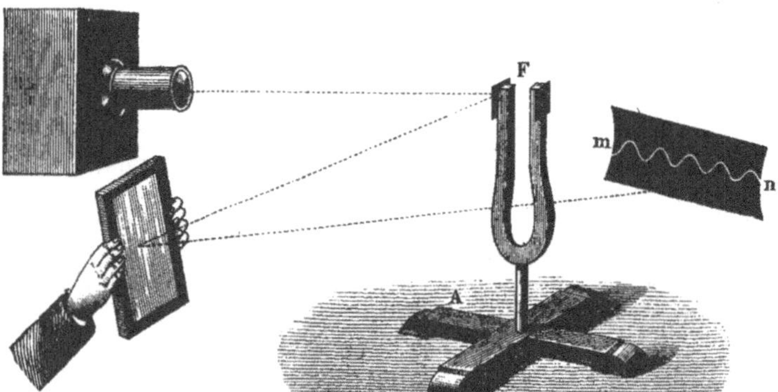

die Stimmgabel vor die elektrische Lampe und lassen einen dünnen Strahl von hellem Licht zuerst durch eine Sammellinse und dann auf den Spiegel fallen. Der Strahl wird an demselben reflectirt. Ich fange denselben durch einen kleinen Handspiegel auf, welcher ihn wiederum auf den Schirm *m n* zurückwirft. Sie sehen das Bild der Oeffnung, aus der der Lichtstrahl kommt, als einen kleinen leuchtenden Kreis auf der weissen Oberfläche. Derselbe ist vollkommen bewegungslos. Sobald aber die Stimmgabel in Schwingungen versetzt wird, wird der reflectirte Strahl schnell auf und nieder bewegt und bildet einen verticalen Streifen von 3 Fuss Länge. Sie hängt von der Weite der Schwingungen ab; bei dem allmählichen Aufhören der Bewegung der Stimmgabel wird er kürzer und kürzer. Er erscheint indess so lange als eine gerade Linie, als der Spiegel in einer festen Lage erhalten wird. Aber jetzt drehe ich denselben plötzlich so, dass der Strahl von links nach rechts über den Schirm hingleitet; augenblicklich geht die gerade Linie in eine schöne leuchtende Wellenlinie *mn* über. Sie können dieselbe auf eine so grosse Länge verfolgen, weil ein Lichteindruck, der eine Stelle der Retina getroffen, daselbst $^1/_{10}$ Secunde verweilt. Wenn daher die Zeit, in der das verlängerte Bild von der einen Seite des Schirmes zur andern geführt wird, kürzer ist, als $^1/_{10}$ Secunde, so bedeckt für einen Augenblick die leuchtende Wellenlinie die ganze Breite des Schirmes. Wir lassen jetzt das Licht der Lampe, statt durch eine, durch zwei, etwa $^1/_2$ Zoll von einander entfernte Oeffnungen austreten und projiciren so über einander zwei Lichtkreise auf den Schirm. Schlagen wir die Stimmgabel an und drehen den Spiegel, so erhalten wir diese glänzende doppelte Wellenlinie auf der dunklen Oberfläche (Fig. 21). Ich

Fig. 21.

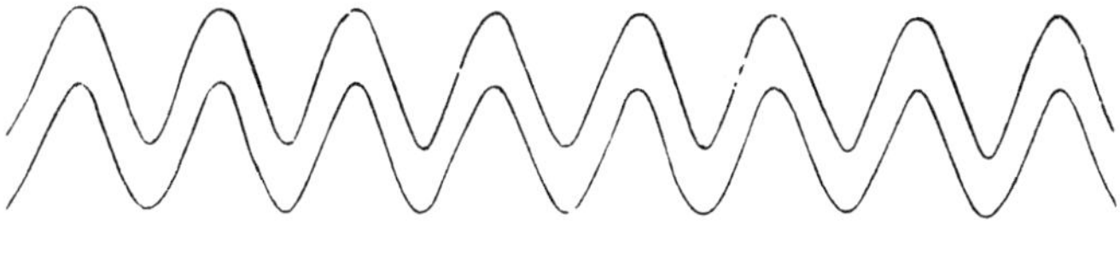

drehe jetzt den Schirm so, dass die beiden Kreise neben einander erscheinen. Wird die Stimmgabel nun in

Schwingungen versetzt und der Spiegel mit geeigneter Geschwindigkeit bewegt, so erhalten wir diese schöne, aus zwei durch einander geschlungenen Wellenlinien gebildete Figur (Fig. 22).

Fig. 22.

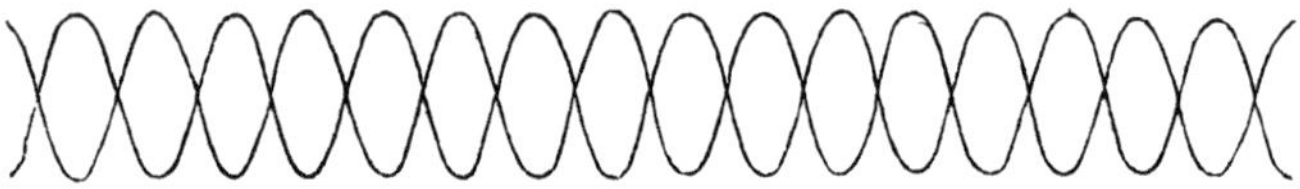

Wie sollen wir uns den Zustand der Luft vorstellen, durch welche der musikalische Ton hindurchgeht? Denken Sie sich, dass die eine Zinke der Stimmgabel schnell vorwärts schwingt; sie verdichtet die Luft dicht vor sich und lässt bei dem Rückgang ein partielles Vacuum hinter sich, und dieser Process wiederholt sich bei jeder folgenden Vor- und Rückschwingung. Die ganze Thätigkeit der Stimmgabel besteht darin, die Luft in solche Verdichtungen und Verdünnungen zu zerlegen, die sich nach ihrer Bildung der Reihe nach durch die Luft fortpflanzen. Eine Verdichtung mit der darauf folgenden Verdünnung bildet, wie wir schon wissen, eine Schallwelle. Im Wasser wird die Länge der Wellen vom Gipfel einer Welle zu dem der andern gemessen; beim Schall entspricht in gleicher Weise die Wellenlänge dem Abstand zwischen zwei aufeinander folgenden Verdichtungen. In der That entspricht die Verdichtung in einer Schallwelle dem Berge, die Verdünnung dem Thal einer Wasserwelle. Bezeichnen die dunklen Räume $a\ b\ c\ d$ (Fig. 23) die Verdichtungen, die hellen $a'\ b'\ c'\ d'$ die Verdünnungen der von der Stimmgabel AB ausgehenden Schallwellen, so wird die Wellenlänge durch die Länge ab oder bc oder cd gemessen.

Wir haben gezeigt, dass die Tonhöhe von der Schnelligkeit der Schwingungen abhängt. Haben zwei Töne von verschiedenen Quellen dieselbe Höhe, so ist ihre

Fig. 23.

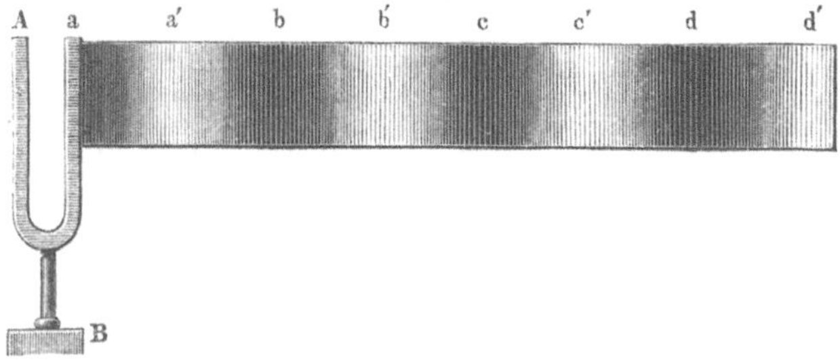

Schwingungsdauer dieselbe. Giebt z. B. eine Saite denselben Ton wie eine Stimmgabel, so ist der Grund der, dass beide mit derselben Geschwindigkeit schwingen, und wenn eine Stimmgabel denselben Ton giebt, wie eine Orgelpfeife oder eine Physharmonica, so ist wiederum der Grund der, dass die Schwingungen des Stahls der ersteren in genau derselben Zeit erfolgen, wie die Schwingungen der Luftsäule in der zweiten und die der Zunge in der dritten. Dasselbe gilt von der menschlichen Stimme. Wenn eine Saite und die Stimme denselben Ton geben, so schwingen die Stimmbänder des Sängers eben so schnell wie die Saite. Haben wir ein Mittel, um die Zahl der Schwingungen zu bestimmen, die einem musikalischen Ton entsprechen? Können wir aus der Tonhöhe einer Saite, einer Orgelpfeife, einer Stimmgabel oder der menschlichen Stimme die Zahl der Wellen ableiten, die sie in einer Secunde aussenden? Diese schöne Aufgabe kann auf das Vollständigste gelöst werden.

Ich habe Ihnen bei der Drehung einer durchlöcherten Pappscheibe gezeigt, dass ein musikalischer Ton durch eine schnelle Aufeinanderfolge von Luftstössen erzeugt wird. Könnten wir auf irgend eine Weise die Zahl der

Umdrehungen verzeichnen, die jene Scheibe in einer Minute macht, so könnten wir dadurch die Zahl der Luftstösse in der Minute bestimmen, die einem Ton von bestimmter Höhe entsprechen. Die Pappscheibe ist indess nur ein billiges Surrogat für einen viel vollkommneren Apparat, den Sie jetzt vor sich sehen, der keine Centrifugalmaschine erfordert und seine eigenen Umdrehungen mit der grössten Genauigkeit verzeichnet. Ich will das Instrument auseinandernehmen, so dass Sie seine einzelnen Theile sehen können. Ein Messingrohr *t* (Fig. 24) führt in diesen Messingcylinder *C*, der oben durch die Messingplatte *ab* geschlossen ist. Diese Platte ist von vier concentrischen Reihen von Löchern durchbohrt. Die innerste Reihe enthält 8, die zweite 10, die dritte 12 und die äusserste 16 Oeffnungen. Blase ich in das Rohr *t*, so entweicht die Luft durch die Oeffnungen, und wir haben nun die Aufgabe, diese continuirlichen Luftströme in unterbrochene Luftstösse zu verwandeln. Dazu dient eine Messingscheibe

Fig. 24.

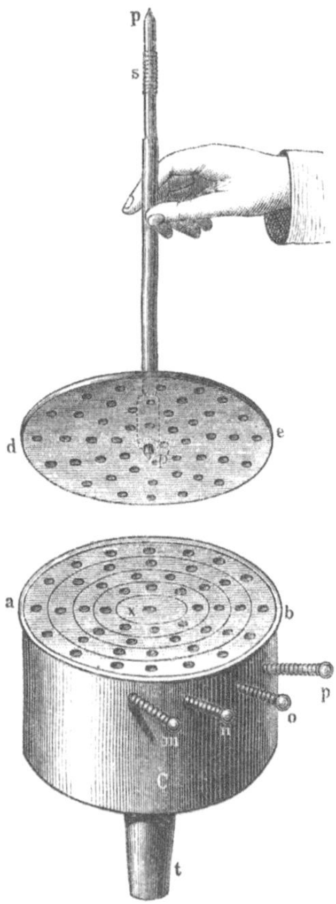

de, die ebenfalls in vier Reihen mit 8, 10, 12 und 16 Löchern durchbohrt ist, so dass diese Lochreihen vom Mittelpunkt in gleichem Abstand sich befinden, wie die Reihen der Scheibe *ab*. Durch den Mittelpunkt der Scheibe *de* geht eine Stahlaxe, deren Enden *p* und *p'* fein zugespitzt sind. Diese durchbohrte Scheibe soll nun über dem durchbohrten Deckel *a b* des Cylinders *C* rotiren.

Fig. 25.

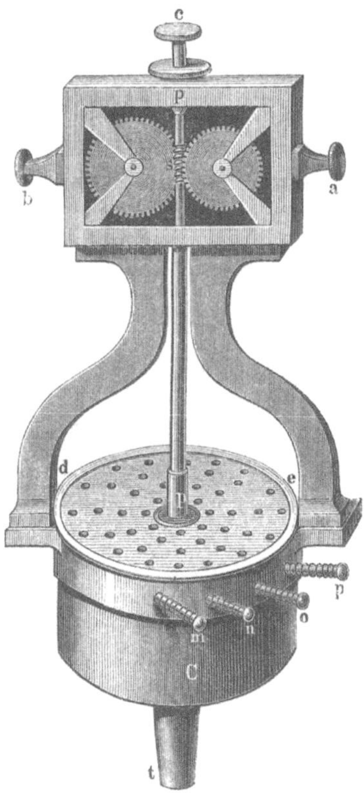

Ich will dazu das Instrument zusammensetzen. In dem Centrum von *a b* befindet sich ein vertieftes, wohl polirtes Stahllager *x*, in welches wir das untere Ende *p* der Axe *p p'* einsetzen. Ueber das obere Ende derselben schrauben wir eine innen gut polirte Stahlhülse *c* (Fig. 25), so dass die Axe oben und unten gehalten wird, aber mit so geringem Druck, dass sie in den feinpolirten Stahllagern sich mit äusserst geringer Reibung drehen kann. In Fig. 25 bedeckt die Scheibe *de* den Deckel des Cylinders *C*. Ich bitte Sie, vorläufig das Uhrwerk des Apparates ausser Acht zu lassen. Drehen wir die Scheibe *de* langsam herum, so gelangen abwechselnd ihre Oeffnungen über die Durchbohrungen des Cylinders oder über die Zwischenräume zwischen denselben. Wird also verdichtete Luft in *C* eingeführt, und setzen wir zugleich die Scheibe *de* in Rotation, so hätten wir unser Ziel erreicht und den Luftstrom in einzelne Stösse zerlegt. Bei diesem schönen Instrument dreht sich nun die Scheibe durch die Luft selbst, deren Strom sie unterbrechen soll. Dazu sind einfach die Löcher in dem Deckel des Cylinders *C* schräg gebohrt, und ebenso, aber mit entgegengesetzter Neigung auch die Löcher in der Scheibe *de*. Die Luft muss deshalb aus dem Cylinder *C* in seitlich gerichteten Strömen austreten, die gegen die Scheibe *de* stossen und sie in Rotation versetzen. So wird durch den Durchgang durch die Sirene die Luft zu Schallwellen geformt. Wenige Worte werden genügen, um Sie auch mit dem Zählapparat des Instrumentes bekannt zu machen. Oben an der Stahlaxe *pp'* sehen Sie die Schraube *s*, die in ein System von zwei Zahnrädern eingreift, welche Sie auf der Rückseite des Instrumentes erkennen können. Dreht sich die Scheibe *de* und ihre Axe, so rotiren auch die Zahnräder. Auf der Vorderseite des Instrumentes sehen Sie einfach zwei getheilte Kreise (Fig. 26), auf denen je ein, mit einem Zahnrad verbundener Zeiger sich befindet. Diese Zeiger geben die Zahl der Umdrehungen der Scheibe *d e* in irgend einer Zeit an. Drücke ich an den Knöpfen *a* oder *b*, so kann ich da-

Fig. 26.

durch das Räderwerk mit der Schraube *s* in Verbindung bringen, oder es davon entfernen, und so in jedem Augenblick den Zählapparat in Thätigkeit setzen oder ausschalten. Endlich sehen Sie die vier Stifte *m n o p*, durch die ich die vier Lochreihen in dem Deckel des Cylinders *C* einzeln nach Belieben öffnen und schliessen kann. Drücke ich *m*, so öffne ich die eine Reihe, drücke ich *n*, eine andere. Drücke ich zwei oder drei Stifte, so öffne ich zwei oder drei Lochreihen, drücke ich alle vier Stifte, so treten Luftstösse aus allen vier Lochreihen gleichzeitig aus. Die Einrichtung des ganzen Instrumentes dürfte Ihnen jetzt klar sein.

Das Instrument erhielt den Namen Sirene von seinem Erfinder Cagniard de la Tour. Der von uns benutzte Apparat ist die von Dove bedeutend verbesserte Sirene. Die Pappscheibensirene, mit der wir schon früher experimentirt haben, wurde von Seebeck angegeben, der an derselben verschiedene interessante Abänderungen vornahm und damit wichtige Versuche anstellte. Wir wollen jetzt unsere Sirene singen lassen. Ich setze die Sirene auf einen Blasetisch, drücke den Schlüssel *m* und öffne dadurch die äusserste Lochreihe des Cylinders *C*. Setzen wir den Blasebalg in Thätigkeit, so stösst die Luft gegen die Scheibe *d e*, welche jetzt zu rotiren beginnt. Sie hören eine Reihe von Stössen, die so langsam aufeinander folgen, dass Sie sie zählen können. So wie aber die Bewegung schneller wird, folgen auch die Stösse einander schneller, und jetzt hören Sie zuerst einen tiefen musikalischen Ton. Nimmt die Umdrehungsgeschwindigkeit zu, so steigt die Höhe des Tones; er ist jetzt klar und voll, und presse ich die Luft stärker, so wird er so schreiend, dass er das Ohr schmerzlich berührt. Hier haben wir einen neuen Beweis für die Abhängigkeit der Tonhöhe von der

Schnelligkeit der Schwingungen. Drücke ich gegen den Rand der Scheibe *de* und vermindere dadurch ihre Geschwindigkeit, so wird der Ton sogleich tiefer. Bei andauerndem Druck wird der Ton immer tiefer und endet zuletzt in den discontinuirlichen Stössen, mit denen er begonnen hatte.

Wäre das Gebläse hinlänglich stark und die Sirene möglichst frei von Reibungshindernissen, so könnten wir ihre Töne mehr und mehr in die Höhe treiben, bis sie endlich nicht mehr gehört werden könnten. Indess würde dies kein Beweis für die Abwesenheit einer Schwingungsbewegung in der Luft sein, sondern vielmehr zeigen, dass unser Gehörorgan unfähig ist, Schwingungen aufzunehmen, deren Schnelligkeit eine gewisse Grenze überschreitet, oder unser Gehirn, dieselben in die Wahrnehmung des Schalles zu übersetzen. In dieser Beziehung ist das Ohr, wie wir sogleich erfahren werden, dem Auge ganz ähnlich.

Mit Hülfe der Sirene können wir mit grösster Genauigkeit die Geschwindigkeit eines tönenden Körpers bestimmen, sei es einer schwingenden Saite, einer Orgelpfeife, einer Flöte oder der menschlichen Stimme. Arbeiten wir genau, so können wir sogar aus dem Summen eines Insects die Zahl seiner Flügelschläge in der Secunde bestimmen. Ich will Ihnen die Methode klar zu machen versuchen, indem ich in Ihrer Gegenwart die Schnelligkeit der Schwingungen dieser Stimmgabel bestimme. Durch den Blasebalg presse ich Luft in die Sirene und ziehe zu gleicher Zeit den Bogen über die Gabel. Beide tönen jetzt zusammen, die Stimmgabel giebt den höheren Ton. Aber die Tonhöhe der Sirene steigt allmählich, und jetzt hören Sie die, den Musikern so wohl bekannten Stösse, welche anzeigen, dass die Höhe der beiden Töne nicht sehr von einander verschieden ist. Diese Stösse werden, wie Sie bemerken, immer langsamer; jetzt hören Sie völlig auf, und beide Töne zerfliessen gewissermaassen in einen Klang. Der Einklang ist jetzt vollständig; ich will mich bemühen, denselben durch Regulirung des Druckes des Blasebalgs zu erhalten. Bis jetzt war das Uhrwerk der Sirene ausser Thätigkeit; ich setze es in Bewegung, indem ich auf den Knopf *a* drücke, sobald der Secundenzeiger meiner Uhr auf der Zahl 60 steht. Wir lassen die Scheibe ihre Rotation eine Minute lang fortsetzen, wobei die Stimmgabel von Zeit zu Zeit angestrichen wird, um uns von dem fortdauernden Einklang zu überzeugen. Der Secundenzeiger meiner Uhr nähert sich jetzt der Zahl 60; so wie er über dieselbe hinweggeht, drücke ich plötzlich auf den Knopf *b* und halte das Uhrwerk an, und jetzt lesen wir die Zahl der Umdrehungen der Scheibe an den Zeigern ab. Sie ist 1440.

Aber in der geöffneten Reihe während des Experiments befanden sich 16 Löcher; bei jeder Umdrehung erhielten wir also 16 Luftstösse oder 16 Schallwellen. Durch Multiplication von 1440 mit 16 erhalten wir 23040 als die Zahl der Schwingungen der Stimmgabel in einer Minute; durch Division dieser Zahl durch 60 finden wir die Zahl ihrer Schwingungen in einer Secunde gleich 384.

Nach der Bestimmung der Zahl der Schwingungen können wir die Länge der entsprechenden Schallwellen sehr leicht finden. Die Stimmgabel schwinge in freier Luft; eine Secunde nach Beginn ihrer Schwingungen würde die zuerst erregte Schallwelle in Luft von 0° C. eine Entfernung von 1090 Fuss erreicht haben. In der Luft dieses Saales, dessen Temperatur etwa 15° C. ist, würde sie einen Weg von 1120 Fuss zurückgelegt haben. Auf diesem Wege sind also 384 Schallwellen ausgebreitet; dividiren wir also 1120 durch 384, so finden wir die Länge jeder Welle nahezu gleich 3 Fuss. Werden in gleicher Weise die Schwingungszahlen der vier vor Ihnen stehenden Stimmgabeln bestimmt, so ergeben sie sich gleich 256, 320, 384 und 512. Diese Zahlen entsprechen Wellenlängen von 4′ 4″, 3′ 6″, 2′ 11″ und 2′ 2″. Die durch die Stimmorgane eines Mannes erzeugten Wellen haben bei dem gewöhnlichen Gespräch eine Länge von 8 bis 12 Fuss, die einer Frau eine Länge von 2 bis 4 Fuss, daher ist die weibliche Stimme in den tieferen Tönen des Gespräches mehr als eine Octave höher als die des Mannes, in den höheren Tönen sogar zwei Octaven.

Es ist wohl zu beachten, dass wir unter der Bezeichnung „Schwingungen", stets ganze Schwingungen verstehen, also wenn wir von einer Schallwelle sprechen, wir die Verdichtung und die dazu gehörige Verdünnung zusammen nehmen. Eine Schwingung begreift für uns einen Hin- und einen Hergang des schwingenden Körpers; jede durch solche Schwingung erzeugte Welle biegt das Trommelfell einmal nach innen und sodann nach aussen. Es sind dies die in England und Deutschland üblichen Definitionen einer Schwingung und einer Schallwelle. In Frankreich dagegen besteht eine Schwingung nur aus einem Hin- oder aus einem Hergang des schwingenden Körpers nach einer Richtung. Die französischen Schwingungen sind also nur die Hälfte der unserigen; wir wollen sie deshalb Halbschwingungen nennen. Ueberall, wo wir in diesen Vorlesungen das Wort Schwingung ohne Weiteres brauchen, bezieht es sich auf ganze Schwingungen.

Während der Zeit, in der eine solche Schallwelle völlig durch ein Lufttheilchen hindurchgeht, macht dieses Theilchen eine ganze Schwingung. Im ersten Augenblick wird es vorwärts getrieben zu einer Verdichtung, im zweiten geht es zurück zu einer Verdünnung. Die Zeit also, in der ein Theilchen eine ganze Schwingung vollführt, ist dieselbe, in der sich die Schallwelle durch einen, ihrer eigenen Länge gleichen Weg fortpflanzt. Es sei z. B. die Länge der Welle 8 Fuss und die Fortpflanzungsgeschwindigkeit in Luft von der Zimmertemperatur 1120 Fuss in der Secunde; dann durchläuft die fragliche Welle einen, ihrer Länge gleichen Weg in der Luft in $^1/_{140}$ Secunde, und in dieser Zeit legt jedes Lufttheilchen, über die sie hinweggeht, eine Schwingung zurück. In Luft von gegebener Dichtigkeit und Elasticität entspricht eine bestimmte Wellenlänge immer derselben Tonhöhe. Würde aber die Dichtigkeit oder Elasticität nicht gleichförmig sein, gingen z. B. die Schallwellen von einer unserer Stimmgabeln aus kalter in warme Luft über, so würde sogleich eine Vergrösserung der Wellenlänge eintreten, ohne dass die Tonhöhe sich änderte, denn die Zahl, in der die Wellen unser Ohr erreichten, würde sich nicht ändern. Umgekehrt würde bei gleicher Wellenlänge die Höhe des Tones höher sein in heisser, als in kalter Luft, denn die Wellen würden schneller auf einander folgen. In einer Atmosphäre von Wasserstoff würden 8 Fuss lange Wellen einen etwa zwei Octaven höhern Ton erzeugen, als in der Luft, denn in Folge der grössern Fortpflanzungsgeschwindigkeit würde die Zahl der in einer bestimmten Zeit zu uns gelangenden Anstösse in dem ersten Fall etwa viermal so gross sein als in dem letztern.

Ich öffne jetzt gleichzeitig die innerste und äusserste Lochreihe unserer Sirene; mögen sie nun gleichzeitig oder nach einander tönen, so bemerken die mit musikalischem Gehör Begabten sogleich die Verwandtschaft beider Töne. Sie bemerken sogleich, dass der von dem Kreise mit 16 Löchern ausgehende Ton die Octave von dem ist, der von dem Kreise mit 8 Löchern ausgeht. Aber für jede Welle, die der letztere aussendet, werden von dem erstern zwei Wellen ausgesendet. So beweisen wir, dass der Begriff „Octave“ in physikalischer Beziehung einen Ton bezeichnet, der durch doppelt so viel Schwingungen hervorgerufen wird, wie sein Grundton. Multipliciren wir die Schwingungen der Octave mit 2, so erhalten wir die nächsthöhere Octave, und durch eine fortgesetzte Multiplication dieser Art erhalten wir eine Reihe von Zahlen, die einer Reihe von Octaven entsprechen. Gehen wir z. B. von einem Grundton von 100 Schwingungen aus, so finden wir durch diese fortgesetzte Multiplication, dass ein fünf Octaven höherer Ton durch 3200 Schwingungen erzeugt würde, nämlich:

100	Grundton
2	
200	erste Octave
2	
400	zweite Octave
2	
800	dritte Octave
2	
1600	vierte Octave
2	
3200	fünfte Octave.

Dieselbe Zahl erhält man schneller durch Multiplication der Schwingungen des Grundtones mit der fünften Potenz von 2. In einer folgenden Vorlesung wollen wir auf diese Frage von den Tonintervallen zurückkommen. Für meinen gegenwärtigen Zweck bedarf ich nur der Erklärung einer Octave.

Ich habe schon gesagt, dass das Gehör eine Grenze hat. Es ist in der That nach beiden Richtungen für die Wahrnehmung musikalischer Töne begrenzt. Savart bestimmte die untere Grenze des menschlichen Gehörs zu acht ganzen Schwingungen in der Secunde, und um diese langsam wiederkehrenden Schwingungen zu einem Ton zu vereinen, musste er sehr kräftige Erschütterungen anwenden. Mittelst eines Zahnrades und eines dazu gehörigen Zählerwerks bestimmte er die obere Grenze des Hörens zu 24000 Schwingungen in der Secunde. Helmholtz hat neuerdings die untere Grenze auf 16, die obere auf 38000 Schwingungen in der Secunde festgestellt. Mit Hülfe sehr kleiner Stimmgabeln zeigte der verstorbene Herr Despretz, dass ein Ton gehört wird, der 38000 Schwingungen in der Secunde entspricht*). Gehen wir von dem Ton 16 aus und multipliciren beständig mit 2, oder kürzer, erheben wir 2 auf die elfte Potenz, so finden wir, dass die Schwingungszahl 32768 elf Octaven über dem Grundton liegt. Nehmen wir also die von Helmholtz angegebenen Grenzen an, so umfasst die ganze Ausdehnung des menschlichen Gehörs ungefähr 11 Octaven. Aber nicht alle zwischen diesen Grenzen liegenden Töne können in der Musik benutzt werden. Die Schwingungszahl der gewöhnlichen musikalischen Töne liegt zwischen 40 und 4000 in der Secunde, die also in runder Zahl sieben Octaven ausmachen**).

---

*) Der Irrthum von Savart besteht nach Helmholtz darin, dass er eine Einrichtung getroffen hatte, in der Obertöne (vergl. die dritte Vorlesung) für den Grundton angesehen wurden. Die Bestimmung der oberen Grenze des Gehörs bedarf noch weiterer Versuche. Auch ist bis jetzt, so weit ich es übersehen kann, noch nicht festgestellt, wie weit eine Vermehrung der Intensität die untere Grenze verändern kann.

**) Der tiefste Ton der Instrumente des Orchesters ist das *E* des Contrebass mit $41\frac{1}{4}$ Schwingungen. Die neueren Pianos und Orgeln

Die Grenzen des Gehörs sind bei verschiedenen Personen verschieden. Dr. Wollaston, der dies zuerst beobachtete, als er die Höhe verschiedener sehr hoher Töne bestimmen wollte, bemerkte an einem Freunde eine vollkommene Unempfindlichkeit für den Ton einer kleinen Orgelpfeife, deren Schärfe noch weit innerhalb der gewöhnlichen Grenzen des Gehörs lag. Der Gehörsinn dieser Person endete bei einem Ton, der vier Octaven höher lag, als das *E* in der Mitte des Klaviers. Das Quieken der Fledermaus, das Zirpen der Grille, selbst das Gezwitscher des gewöhnlichen Sperlings werden von einigen Menschen nicht gehört, die doch für tiefere Töne ein feines Ohr besitzen. Die Erhöhung um einen Ton bewirkt zuweilen den Uebergang vom Klang zum Schweigen. „Die Plötzlichkeit des Uebergangs," schreibt Wollaston, „vom vollkommenen Hören zu einer totalen Abwesenheit der Wahrnehmung überrascht so sehr, dass ein derartiger Versuch mit einer Reihe kleiner Pfeifen unter verschiedenen Personen sehr belustigend ist. Es ist sehr eigenthümlich, wie die verschiedenen Mitglieder der Gesellschaft nach einander ihre Ueberraschung ausdrücken, wenn die Töne sich der Grenze ihres Gehörs

---

gehen gewöhnlich bis C^{I} mit 33 Schwingungen; grosse, neue Flügel können A^{II} mit $27\frac{1}{2}$ Schwingungen erreichen. Man hat in grossen Orgeln noch eine tiefere Octave eingeschaltet, die bis zu C^{II} mit $16\frac{1}{2}$ Schwingungen reicht. Aber alle Töne unterhalb *E* sind musikalisch unvollkommen, da sie der Grenze nahe sind, wo das Ohr die Schwingungen nicht mehr zu einem Ton vereinen kann. In der Höhe erreicht das Pianoforte a^{IV} mit 3520 Schwingungen oder bisweilen c^{V} mit 4224 Schwingungen. Der höchste Ton des Orchesters ist wahrscheinlich das d^{V} der Piccoloflöte mit 4752 Schwingungen." Helmholtz, Tonempfindungen S. 30. Bei dieser Aufzeichnung gehen wir vom *C* mit 66 Schwingungen aus und nennen die erste tiefere Octave C^{I} und die zweite C^{II}, die nächsthöhere Octave aber *c*, die folgende c^{I}, die dritte c^{II}, die vierte c^{III} u. s. f. In England ist, wie mir Herr Macfarren mittheilt, der tiefste Ton nicht *E*, sondern das eine viertel Octave höhere *A*.

nähern und sie überschreiten. Oft sind die, welche sich eines vorübergehenden Triumphes erfreuten, selbst genöthigt anzuerkennen, wie wenig weit sich ihre geringe Ueberlegenheit erstreckte." — „Nichts ist überraschender," schreibt Sir John Herschel in Bezug auf diesen Gegenstand, „als wenn von zwei Personen, welche nichts weniger als taub sind, die eine sich über die durchdringende Schärfe eines Tones beklagt, während die andere behauptet, dass gar kein Ton existire." So konnte eine Person, wie Dr. Wollaston anführt, gerade noch den Ton hören, der vier Octaven über dem mittlern *E* des Pianoforte liegt, andere haben eine bestimmte Wahrnehmung von Tönen, die volle zwei Octaven höher sind. Das Gezwitscher des Sperlings bildet etwa die erstere Grenze, das Geschrei der Fledermäuse liegt etwa eine Octave und das einiger Insecten wahrscheinlich noch eine Octave höher. In den „Glaciers of the Alps" habe ich ein von mir selbst beobachtetes Beispiel einer geringen Ausdehnung des Gehörs erwähnt. Als ich in Begleitung eines Freundes über die Wengernalp ging, waren die Wiesen auf beiden Seiten des Weges voll von Insecten, welche für mich die Luft mit ihrem lauten Gezirpe erfüllten. Mein Freund hörte nichts davon. Das Gesumme der Insecten lag weit jenseit der Grenze seines Gehörs.

Hinter dem Trommelfell befindet sich eine Höhlung — die Trommel des Ohres —, die zum Theil von einer Reihe von Knochen, die sich durch dieselbe hinziehen, zum Theil von Luft erfüllt ist. Diese Höhlung steht mit dem Munde vermittelst eines Ganges in Verbindung, der die Eustachische Röhre genannt wird. Gewöhnlich ist diese Röhre geschlossen, so dass dadurch der Luftraum hinter dem Trommelfell von der äussern Luft abgeschnitten ist. Wird unter diesen Umständen die äussere Luft dichter, so drückt sie das Trommelfell nach innen. Wird andererseits die äussere Luft dünner, während die Eustachische Röhre geschlossen bleibt, so wird die Membrane nach aussen gedrückt. In beiden Fällen fühlt man Schmerz und man leidet unter partieller Taubheit. Als ich einmal den Stelviopass bei Nacht mit einem Freunde überschritt, klagte er über heftigen Schmerz in den Ohren. Ich rieth ihm, seinen Speichel herunter zu schlucken: er that es und der Schmerz hörte augenblicklich auf. Durch das Schlucken wird die Eustachische Röhre geöffnet und so das Gleichgewicht zwischen dem äussern und innern Druck hergestellt.

Man kann den Gehörsinn für schwache Töne aufheben, wenn man Nase und Mund verschliesst und die Brust ausdehnt wie beim Athmen. Diese Anstrengung entleert theilweise den Raum hinter dem Trommelfell, das dann durch den Druck der äussern Luft in Spannung versetzt wird. Eine gleiche Taubheit für schwache Töne wird erzeugt, wenn Mund und Nase zugestopft sind, und man eine grosse Kraftanstrengung zum Athmen macht. In diesem Falle wird Luft durch die Eustachische Röhre in die Trommel des Ohres gepresst, und das Trommelfell wird durch den Druck der innern Luft ausgedehnt. Man kann den Versuch in einem Eisenbahnwagen machen, wo dann das leise Gerumpel verschwinden oder bedeutend geschwächt werden wird, während die schärferen Töne in unveränderter Stärke gehört werden. Dr. Wollaston konnte nach Belieben die Eustachische Röhre schliessen und den Raum hinter dem Trommelfell mit verdichteter und verdünnter Luft füllen. Er konnte auf diese Art seine Taubheit beliebig lange erhalten, ohne dass es ihm beschwerlich wurde; nur musste er sie zuletzt durch Schlucken wieder aufheben. Eine plötzliche

Erschütterung kann Taubheit erzeugen, indem sie Luft entweder in oder aus der Trommel des Ohres presst. Ich waı im Sommer 1858 auf der Feealp in der Schweiz und sprang von einer Klippe auf eine scheinbar tiefe Schneewehe, kam aber dabei in unangenehme Collision mit einem Felsen, den der Schnee kaum bedeckte. Sogleich hörte das Sausen des Windes, das Rauschen der Gletscherströme und alle die anderen Geräusche auf, die man an einem sonnigen Tage in den Bergen vernimmt. Ich konnte kaum die Stimme meines Führers hören. Diese Taubheit dauerte eine halbe Stunde; dann öffnete irgend eine passende Bewegung die Eustachische Röhre und erweckte mit magischer Geschwindigkeit alle die unzähligen Geräusche wieder, die die Luft um mich erfüllten.

Das Licht wird wie der Schall durch Stösse oder Wellen erzeugt, und Licht von verschiedenen Farben wird, wie Töne von verschiedener Höhe, durch verschieden schnelle Schwingungen erzeugt*). Doch übertrifft das Ohr in der Weite der Wahrnehmung das Auge bedeutend; denn während das erstere elf Octaven beherrscht, umfasst das letztere kaum mehr als eine einzige. Die schnellsten Schwingungen, die das Auge als Licht treffen, haben nur ungefähr die doppelte Geschwindigkeit wie die langsamsten; während die schnellsten Schwingungen, die das Ohr als musikalischer Ton treffen, mehr als 2000mal so schnell aufeinander folgen als die langsamsten.

Dove vergrösserte, wie wir gesehen haben, die Brauchbarkeit der Sirene von Cagniard de la Tour, indem er vier Reihen von Löchern statt einer anbrachte. Helmholtz

*) Es ist kaum nöthig zu bemerken, dass die schnellsten Schwingungen und die kürzesten Wellen dem äussersten Violett entsprechen, während die langsamsten Schwingungen und längsten Wellen dem äussersten Roth des Spectrums entsprechen.

hat die Anwendbarkeit des Instrumentes dadurch bedeutend vermehrt, dass er alle seine Theile verdoppelt hat. Die Doppelsirene, wie sie genannt wird, steht jetzt vor Ihnen, Fig. 27. Sie besteht aus zwei Dove'schen Sirenen c und c', von denen die obere nach unten gekehrt ist. In der unteren Sirene erkennen Sie das Ihnen schon bekannte Instrument wieder. Sie sehen die Scheibe mit ihren Löchern und die vier Stifte, die zum Oeffnen der Löcher dienen. Die Scheiben der Sirene haben dieselbe Axe, so dass, wenn die eine rotirt, auch die andere sich mit ihr dreht. Die Zahl der Umdrehungen wird wie früher durch ein Uhrwerk angezeigt (welches in der Figur fortgelassen ist). Wird Luft durch die Röhre t' gepresst, so tönt die obere Sirene allein; wird sie durch t gepresst, so tönt die untere allein; wird sie gleichzeitig durch t' und t gepresst, so tönen beide Sirenen. So können wir mit diesem Instrument weit mehr verschiedene Combinationen erhalten, als mit dem vorigen. Helmholtz hat auch eine Einrichtung angewendet, durch die er nicht nur die Scheibe der obern Sirene, sondern auch den Cylinder c' über der Scheibe zum Rotiren bringen kann. Es geschieht dies durch ein Zahnrad und einen durch einen Griff gedrehten Trieb. Unter dem Griff ist ein Zifferblatt mit einem Zeiger, dessen Zweck nachher beschrieben werden soll.

Wir wollen der obern Sirene zuerst unsere Aufmerksamkeit zuwenden. Vermittelst einer Kautschukröhre verbinde ich die Oeffnung t' mit dem Blasebalg und lasse Luft in c' eintreten. Ihre Scheibe dreht sich, und wir erhalten alle Resultate, die wir schon mit der Dove'schen Sirene erhalten hatten. Die Tonhöhe ist jetzt constant. Ich drehe jetzt den Griff so, dass die Löcher des Cylinders c' denjenigen der Scheibe be-

Fig. 27.

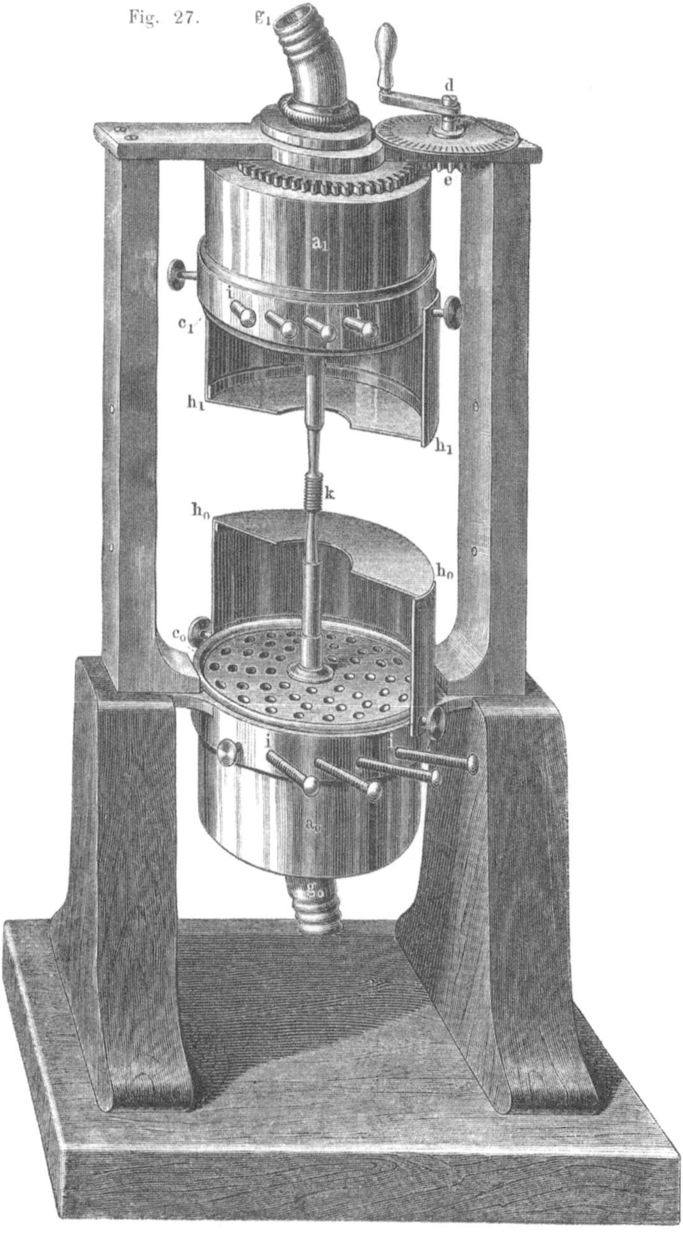

gegnen; es ist klar, dass die beiden Oeffnungsreihen jetzt schneller an einander vorüber gehen müssen als vorher, wo der Cylinder stillstand. Sie sehen das Resultat; es tritt eine plötzliche Zunahme der Tonhöhe ein, wenn der Griff so gedreht wird. Kehren wir die Bewegung des Griffs um, so gehen die Löcher langsamer an einander vorüber, als wenn der Cylinder *c'* stillsteht, und in diesem Falle beobachten Sie beim Drehen des Griffs das augenblickliche Sinken der Tonhöhe. Drehen wir in schnellem Wechsel den Griff nach rechts und nach links, so erhalten wir dies abwechselnde Steigen und Fallen der Tonhöhe. Eine sehr bemerkenswerthe Wirkung dieser Art kann auf jeder Eisenbahnstation beim Durchgange eines Schnellzuges beobachtet werden. Während seiner Annäherung werden die durch den Pfiff ausgestossenen Schallwellen verkürzt und eine grössere Anzahl von ihnen gelangt in gegebener Zeit zu dem Ohr. Während seiner Entfernung haben wir eine Verlängerung der Schallwellen. Die Folge ist, dass, wenn der Zug sich nähert, der Pfiff einen höhern Ton hat, und wenn er sich entfernt, einen niedrigeren, als wenn der Zug stillsteht. Man nimmt daher ein Fallen der Tonhöhe wahr, während der Zug an der Station vorbeifährt*). Es ist dies die Grundlage der Doppler'schen Theorie der farbigen Sterne. Er nimmt an, dass alle Sterne weiss seien, dass aber einige von ihnen sich schnell von uns entfernen, und indem sich dadurch ihre Lichtwellen verlängern, roth erscheinen. Andere nähern sich uns schnell, und indem sich dadurch ihre Lichtwellen verkürzen, werden sie grün oder blau.

---

*) Herr Buys Ballot stellte zuerst Versuche über diesen Gegenstand auf einer holländischen Eisenbahn an und Herr Scott Russell später in England.

Diese Theorie ist äusserst geistreich; ob sie aber richtig ist, ist mehr als zweifelhaft.

Wir haben bisher die Fortpflanzung der Töne durch die Luft betrachtet. Sie werden aber ebenso gut durch flüssige und feste Körper fortgepflanzt. Um dies zu beweisen, setze ich dies Trinkglas auf den Tisch und fülle es mit Wasser. Ich schlage eine Stimmgabel an und lasse sie schwingen; aber nur die Personen in meiner unmittelbaren Nähe bemerken ihre Schwingungen. Die Gabel ist in einen kleinen hölzernen Fuss geschraubt, den ich jetzt ins Wasser tauche, ohne dass er die Seiten des Glases berührt. Sie hören sogleich einen musikalischen Ton. Ich habe hier eine Röhre *MN* (Fig. 28) von drei

Fig. 28.

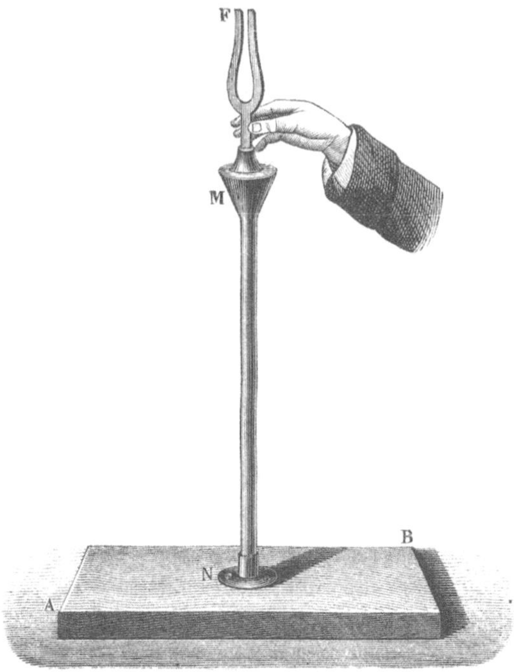

Fuss Länge, die auf einem hölzernen Brette AB aufrecht steht. Die Röhre endet oben in einen Trichter, den ich bis zum Rande mit Wasser fülle. Ich bringe wie vorher die Gabel F in Schwingungen; sowie ich ihren Fuss in den Trichter oben auf der Röhre tauche, erklingt ein Ton. Ich muss indess vorausschicken, dass bei diesem Versuche das Holzbrett der eigentliche tönende Körper ist. Es ist durch die Gabel in Schwingungen versetzt worden, die Schwingungen sind aber dem Brett durch das Wasser mitgetheilt worden. Durch dasselbe Medium werden die Schwingungen dem Gehörnerv mitgetheilt, dessen Endfasern in eine Flüssigkeit eingesenkt sind. Wenn wir Quecksilber statt Wasser nehmen, erhalten wir ein ähnliches Resultat.

Die Sirene verdankt ihren Namen der Fähigkeit, auch unter Wasser zu singen. Das Gefäss vor dem Tische ist halb mit Wasser gefüllt und eine darin befindliche Sirene ganz in das Wasser versenkt. Drehe ich diesen Hahn, so lasse ich Wasser aus den Wasserleitungsröhren in das Instrument treten. Seine Scheibe dreht sich jetzt, und ein Ton von rasch zunehmender Höhe erklingt aus dem Gefäss. Die Höhe steigt schnell, weil das schwere und stark gedrückte Wasser die Scheibe bald bis zum Maximum ihrer Rotationsgeschwindigkeit treibt. Ich verhindere theilweise das Zuströmen; die Bewegung lässt nach und die Höhe fällt. Oeffne und schliesse ich abwechselnd den Hahn, so lasse ich den Gesang der Sirene in einer wilden und melancholischen Weise steigen und fallen. Sie würden schwerlich glauben, dass sich die Seefahrer um eines solchen Gesanges willen dem Tode weihen könnten.

Die Fortpflanzung der Töne durch feste Körper kann ebenfalls leicht nachgewiesen werden. Vor Ihnen steht ein Holzstab von 30 Fuss Länge, der von diesem Tische durch ein Fenster in der Decke nach der freien Luft führt. Das untere Ende dieses Stabes ruht auf einem Holzbrette, auf welches ich die Töne eines, am obern Ende des Stabes befestigten Körpers übertragen kann. Mein Assistent hält oben eine Stimmgabel in der Hand. Er schlägt die Gabel gegen ein Kissen; sie schwingt, aber Sie hören nichts. Er hält nun den Fuss der Gabel gegen das Ende des Stabes, und augenblicklich ertönt das Holzbrett auf dem Tische. Dabei ist die Höhe des Tones genau die der Stimmgabel; das Holz hat sich der Höhe gegenüber vollkommen passiv verhalten, indem es genau, ohne irgend eine Veränderung, die ihm mitgetheilten Schwingungen an die Luft übertragen hat. Ich verwende eine andere Gabel und erhalte einen Ton von einer andern Höhe. Ich könnte so funfzig Gabeln statt zwei verwenden und einen Holzstab von 300 Fuss statt 30; das Holz würde gerade nur die ihm mitgetheilten Schwingungen abgeben und keine anderen.

Wir können jetzt einen sehr schönen Versuch begreifen, den wir Professor Wheatstone verdanken und den ich jetzt vor Ihnen anstellen will. In einem Zimmer, zwei Stockwerke unterhalb dieses Saales, steht ein Piano. Durch die beiden Stockwerke geht eine Zinnröhre von $2^1/_2$ Zoll im Durchmesser, und in der Axe der Röhre ist ein tannener Stab befestigt, dessen Ende aus dem Boden vor diesem Tische hervorragt. Der Stab ist von Kautschukbändern umschlossen, die die Zinnröhre vollständig schliessen. Das untere Ende des Stabes ruht auf dem Resonanzboden des Pianos, das obere sehen Sie vor sich. Ein Künstler spielt in diesem Augenblick das Instrument, aber Sie hören keinen Ton. Ich lege eine Violine auf das Ende des Stabes. Die Violine tönt augenblicklich, indess nicht durch die Schwingungen ihrer eigenen Saiten, sondern durch die des Pianos. Ich nehme die Violine fort, der Ton hört auf; ich lege an ihren Platz eine Guitarre, und die Musik erwacht wieder. Ich ersetze die Violine und die Guitarre durch dieses gewöhnliche Holzbrett; es tönt ebenfalls. Hier ist endlich noch eine Harfe, gegen deren Resonanzboden ich das Ende des Holzstabes drücken lasse; jeder Ton des Pianos erklingt vor Ihnen. Ich hebe die Harfe soweit fort, dass ihre Verbindung mit dem Piano unterbrochen ist, der Schall verschwindet; in dem Augenblick aber, wo der Resonanzboden den Stab berührt, ist die Musik wieder da. Der Ton des Pianos gleicht so sehr dem der Harfe, dass man sich kaum des Eindrucks erwehren kann, dass die Musik, die man hört, nicht dem letzteren Instrument zuzuschreiben sei. Eine ungebildete Person könnte wohl glauben, dass Zauberei bei der Erzeugung dieser Musik im Spiele sei.

Welch merkwürdige Uebertragung der Wirkung bietet sich hier Ihrer Betrachtung dar. Nach dem Willen des Musikers berühren seine Finger die Tasten; der Hammer schlägt gegen die Saiten, und der rohe mechanische Schlag wird in Schwingungen zerlegt. Die Schwingungen theilen sich dem Resonanzboden des Pianos mit. Auf demselben ruht das eine Ende des Holzstabes, welcher zu einer scharfen Schneide zugeschärft worden ist, damit er leichter zwischen die Saiten eingeschoben werden kann. Durch diese Schneide und den Stab entlang werden mit unfehlbarer Genauigkeit die vielfach verschlungenen Stösse getragen, die durch die Aufschläge der zehn flüchtigen Finger erzeugt worden sind. Auf den Resonanzboden der vor Ihnen stehenden Harfe überträgt der Stab genau die Schwingungen, deren Träger er war. Dieser zweite

Resonanzboden pflanzt die Bewegung auf die Luft fort und zerschneidet und zerlegt sie in so äusserst complicirte Gestalten, dass man nur verworrene Eindrücke von dem Stoss und Durcheinanderwirbeln der Schallwellen erwarten sollte. Das wunderbar organisirte menschliche Ohr nimmt aber jede besondere Gestaltung der Bewegung auf, und aller Streit und Kampf und alle Verwirrung verschmilzt zuletzt im Gehirn des Menschen zu Musik *).

*) Eine gewöhnliche Spieldose kann bei diesem Versuch das Piano ersetzen.

Uebersicht der zweiten Vorlesung.

Ein musikalischer Ton wird durch Schallwellen erzeugt, die mit hinlänglicher Schnelligkeit in regelmässigen Intervallen aufeinander folgen.

Geräusch wird durch eine unregelmässige Aufeinanderfolge von Schallwellen erzeugt.

Ein musikalischer Ton kann durch Schläge erzeugt werden, die einander schnell und regelmässig folgen. Man benutzt hierzu gewöhnlich die Schläge einer Karte gegen die Zähne eines sich drehenden Rades.

Ein musikalischer Ton kann auch durch aufeinanderfolgende Luftstösse erzeugt werden. Die Sirene ist ein Instrument, durch das solche Stösse erzeugt werden können.

Die Höhe eines musikalischen Tones hängt ganz allein von der Zahl der Schwingungen in der Zeiteinheit ab, die bei seiner Erzeugung in Betracht kommen. Je schneller die Schwingungen, desto höher der Ton.

Mit Hülfe der Sirene kann die Zahl der Schwingungen jedes tönenden Körpers bestimmt werden. Man braucht nur den Ton der Sirene und den des Körpers auf gleiche Höhe zu bringen, um beide Töne für eine gewisse Zeit im Einklange zu erhalten, und durch das Zählerwerk der Sirene bestimmen zu können, wie viel Stösse von dem Instrument in dieser Zeit ausgegangen sind. Diese Zahl drückt die Zahl der Schwingungen des tönenden Körpers aus.

Wenn ein Körper, der einen musikalischen Ton geben kann, z. B. eine Stimmgabel, schwingt, so theilt sie die umgebende Luft in Schallwellen, von denen eine jede aus einer Verdichtung und einer Verdünnung besteht.

Die Länge der Schallwelle wird von einer Verdichtung bis zur folgenden oder von einer Verdünnung bis zu der folgenden gemessen.

Man findet die Wellenlänge, wenn man die Geschwindigkeit des Schalls in der Secunde durch die Zahl der Schwingungen des tönenden Körpers in einer Secunde dividirt.

So erzeugt eine Stimmgabel, die 256mal in einer Secunde schwingt, in Luft von 15° C., wo die Geschwindigkeit 1120 Fuss beträgt, Wellen von 4 Fuss 4 Zoll Länge. Zwei andere Gabeln, die resp. 320- und 384mal in einer Secunde schwingen, erzeugen entsprechend Wellen von 3 Fuss 6 Zoll und 2 Fuss 11 Zoll Länge.

Unter einer Schwingung versteht man in England und Deutschland eine Bewegung hin und her. Dies ist eine ganze Schwingung. In Frankreich dagegen versteht man unter einer Schwingung eine Bewegung hin oder her. Die französischen Schwingungen sind bei uns halbe Schwingungen.

Die Zeit, in der ein Lufttheilchen, über das eine Schallwelle geht, eine ganze Schwingung zurücklegt, ist dieselbe, in welcher die Welle einen ihrer eigenen Länge gleichen Weg durchläuft.

Je höher die Temperatur der Luft, desto länger sind die Schallwellen, welche jeder besondern Schwingungszahl entsprechen. Ist die Wellenlänge und die Schwingungszahl gegeben, so ist die Temperatur der Luft leicht daraus abzuleiten.

Das menschliche Gehör ist in der Wahrnehmung von Tönen begrenzt. Erfolgen weniger Schwingungen als 16 in einer Secunde, so nehmen wir nur getrennte Stösse wahr. Uebersteigt ihre Zahl 38000 in einer Secunde, so hört die Wahrnehmung des Tones vollständig auf. Das beste Gehör erstreckt sich ungefähr über 11 Octaven; aber ein Gehör, welches auf 6 oder 8 Octaven beschränkt ist, ist nicht ungewöhnlich.

Die in der Musik verwendeten Töne werden durch Schwingungen erzeugt, die zwischen den Grenzen von 40 und 4000 in einer Secunde liegen. Sie umfassen 7 Octaven.

Der Umfang des Gehörs übertrifft bei weitem den des Auges, welcher kaum eine Octave übersteigt.

Mit Hülfe der Eustachischen Röhre, die sich beim Schlucken öffnet, wird der Druck der Luft zu beiden Seiten des Trommelfells ausgeglichen.

Durch die Verdichtung oder Verdünnung der Luft hinter dem Trommelfell kann Taubheit für tiefe Töne erzeugt werden.

Bei der Annäherung eines Eisenbahnzuges wird die Höhe des Pfiffs höher, bei dem Entfernen niedriger, als wenn der Zug in Ruhe ist.

Musikalische Töne werden durch flüssige und feste Körper fortgepflanzt. Solche Töne können von einem Zimmer ins andere übertragen werden, z. B. vom untersten Stock bis zu dem Speicher eines Hauses durch viele Stockwerke hindurch, wo der Schall in den zwischenliegenden Zimmern ungehört bleibt und nur hörbar wird, wenn die Schwingungen einem geeigneten Resonanzboden mitgetheilt werden.

Dritte Vorlesung.

Schwingungen von Saiten. — Ihre Verwendung in der Musik. — Einfluss der Resonanzböden. — Gesetze der schwingenden Saiten. — Versuche in grossem Maassstabe. — Combination directer und reflectirter Anstösse. — Ruhende und fortschreitende Wellenknoten und Bäuche. — Anwendung der Resultate auf die Schwingungen der tönenden Saiten. — Versuche von Melde. — Saiten, die durch Stimmgabeln in Schwingungen versetzt werden. — Die Gesetze der Schwingungen auf diese Weise erklärt. — Harmonische Töne der Saiten. — Erklärung von Timbre oder Qualität, von Obertönen und Klangfarbe. — Aufhebung bestimmter harmonischer Töne. — Bedingungen für die Intensität der harmonischen Töne. — Optische Untersuchung der Schwingungen einer Klaviersaite.

Wir wollen heute unsere Betrachtungen mit den Schwingungen der Saiten oder Dräthe beginnen, um zu erfahren, wie solche Körper als Quellen von musikalischen Tönen zu verwenden sind, und um die Gesetze ihrer Schwingungen zu erforschen.

Eine Saite muss zwischen zwei festen Punkten ausgespannt sein, wenn sie transversal schwingen soll. Vor Ihnen steht ein Instrument (Fig. 29 a. f. S.), auf welchem Drähte so ausgespannt werden können, dass ihre Schwingungen hörbar werden. Von dem Stift *s*, an den das eine Ende einer Saite befestigt ist, geht sie über zwei Stege *B* und *B'*, und dann über die sehr leicht bewegliche Rolle *H*. Zuletzt wird die Saite noch durch ein Gewicht *W* von 28 Pfund, das an ihrem Ende befestigt ist, straff gespannt. Die

Fig. 29.

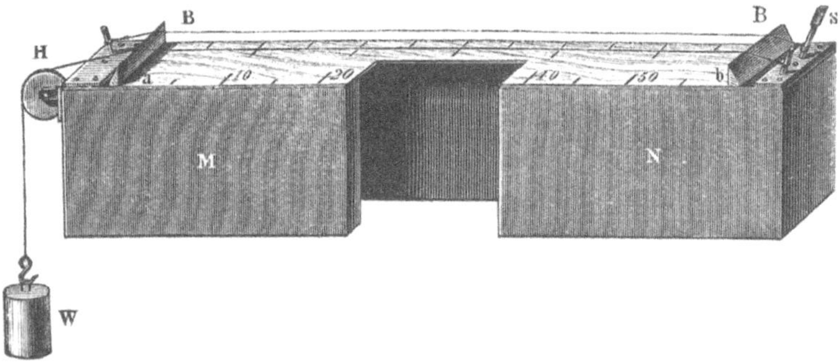

Stege *B* und *B'*, die die eigentlichen Enden der Saite bilden, sind auf einem langen hölzernen Kasten *MN* befestigt. Man nennt das ganze Instrument Monochord oder Sonometer.

Ich fasse die gespannte Metallsaite *BB'* in ihrer Mitte, ziehe sie seitwärts und lasse sie schnell wieder los. Wir wollen von jetzt ab diesen Vorgang den Draht schnellen nennen. Ist der Draht geschnellt worden, so springt er in seine erste Lage zurück, geht darüber hinaus, kehrt zurück und schwingt so eine Zeitlang um seine Gleichgewichtslage hin und her. Sie hören einen Ton und zu gleicher Zeit kann ich deutlich die Grenzen sehen, innerhalb deren die Saite schwingt. Die tönenden Wellen, die jetzt Ihre Ohren treffen, kommen nicht unmittelbar von der Saite. Die Quantität der Bewegung, die ein solcher dünner Körper der Luft mittheilen kann, ist zu gering, um in irgend einer Entfernung gehört werden zu können. Die Saite ist aber straff über die beiden Stege *BB'* gespannt, und wenn sie schwingt, werden ihre Erschütterungen durch die Stege der ganzen Masse des Kastens *MN* und der Luft in demselben mitgetheilt, so dass diese die eigentlichen tönenden Körper werden.

Fig. 30.

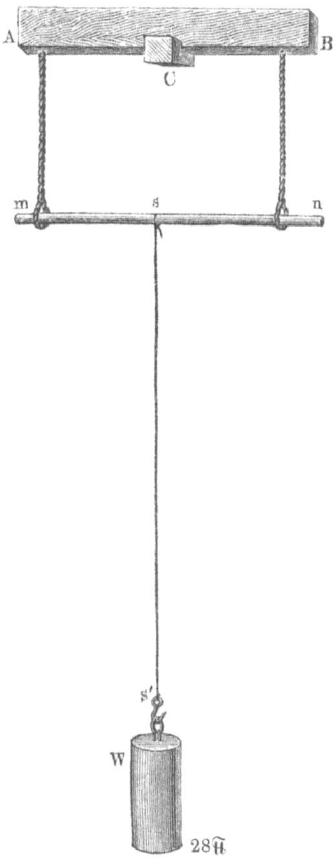

Durch folgende Versuche kann man beweisen, dass die Schwingungen der Saite allein nicht genügen, um den Ton zu erzeugen: *AB* (Fig. 30) ist ein Stück Holz, das über eine eiserne Klammer *C* gelegt worden ist. Von jedem Ende des Stückes Holz hängt eine, in einer Schlinge endende Schnur herab, während durch beide Schlingen ein eiserner Stab *mn* gelegt worden ist. An der Mitte des Eisenstabes ist ein Stahldraht *ss'* befestigt, der durch ein Gewicht *W* von 28 Pfund gespannt wird. Der Draht ist auf diese Weise von allen grossen Oberflächen getrennt, denen er seine Bewegung mittheilen könnte. Hier ist ein zweiter, eben so langer, dicker und aus demselben Stoff wie *ss'* bestehender Draht *tt'* (Fig. 31 a. f. S.), dessen eines Ende an einem Holzbrette *AB* befestigt ist. Auch dieser Draht trägt ein Gewicht *W* von 28 Pfund.

Und endlich haben wir unsern früheren Draht (Fig. 29), der über die Stege $B\,B'$ des Sonometers geht, sonst aber

Fig. 31.

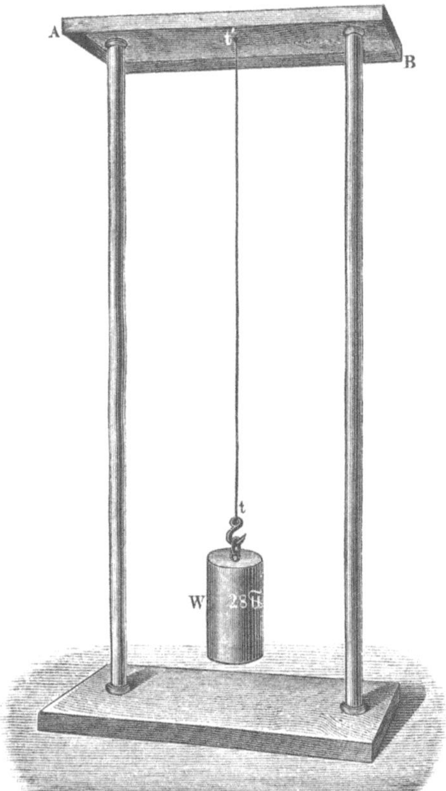

den beiden anderen vollkommen gleich ist und auch wie sie durch das Gewicht W von 28 Pfund gespannt wird. Ich schnelle nun den Draht $s\,s'$ (Fig. 30). Er schwingt heftig, aber selbst die auf den nächsten Bänken Sitzenden hören keinen Ton. Die Bewegung, die er der Luft mittheilt, ist zu unbedeutend, um die Gehörnerven noch in einer merklichen Entfernung zu erregen. Ich lasse den Draht *tt'* (Fig. 31) schwingen, und Sie Alle hören deutlich den Ton. Obgleich nur ein Ende des Drahtes mit dem Brette *AB* verbunden ist, so genügen die ihm mitgetheilten Schwingungen doch, das Brett in einen tönenden Körper zu verwandeln. Ich schnelle endlich den Draht des Sonometers *MN* (Fig. 29); der Ton ist hier laut und voll, denn das Instrument wurde besonders dazu construirt, um die Schwingungen des Drahtes aufzunehmen.

Durch diese Versuche wird bewiesen, wie wichtig es ist, besondere mittönende Apparate bei den Saiteninstrumenten zu verwenden. Es sind nicht die Saiten der Harfe, der Laute, des Klaviers, der Violine, die die Luft in tönende Schwingungen versetzen. Es sind die grossen, mit den Saiten verbundenen Oberflächen und die zwischen denselben eingeschlossene Luft. Die Güte dieser Instrumente hängt fast gänzlich von der Qualität und Anordnung ihrer Resonanzböden ab *).

Wir wollen die Violine als Beispiel nehmen. Sie wird oder soll aus Holz von möglichst grosser Elasticität gemacht werden. Unvollkommen elastisches Holz verbraucht die ihm mitgetheilte Bewegung in der Reibung seiner eigenen Moleküle; die Bewegung wird in Wärme statt in Schall verwandelt. Die Violinsaiten gehen von dem Saitenhalter dieses Instrumentes über den Steg zu den Wirbeln, deren Drehung die Spannung der Saiten regelt. Der Bogen wird über die Saite an einem Punkt

*) Um den Einfluss der Grösse der schwingenden Oberflächen auf die Mittheilung der Schallbewegung an die Luft zu beweisen, schloss Herr Kilburn eine Spieldose in ein Futteral von dickem Filz ein. Aus demselben ragte ein Holzstab hervor, der auf der Dose ruhte. Wenn die Dose spielte, hörte man so lange nichts, als der Stab allein herausragte; so wie aber eine dünne Holzscheibe an dem Stabe befestigt war, wurde die Musik augenblicklich hörbar.

gezogen, der ungefähr $^1/_{10}$ der Länge der Saite von dem Steg entfernt ist. Die beiden Füsse des Steges ruhen auf dem nachgiebigsten Theile der Decke der Violine, nämlich zwischen den beiden *f* Löchern. Ein Fuss ist oben auf einem kurzen Stab, dem Stimmstock, befestigt, der von der Decke zum Boden durch das Innere der Violine geht. Dieser Fuss des Steges wird hierdurch festgestellt, und nur durch den andern Fuss, der nicht so gestützt wird, werden die Schwingungen dem Holz des Instrumentes mitgetheilt und von diesem der innern und äussern Luft. Ganz besonders wichtig sind die molekularen Veränderungen, die das Alter mit sich bringt. Wie der Elektriker findet, dass das Glas, das er heute reibt, nicht dieselbe Elektricität ausgiebt wie vor einem Jahre, und vielleicht nicht dieselbe als im folgenden, da die molekulare Beschaffenheit des Glases und mit ihr seine elektrische Eigenschaft sich mit der Zeit ändert, so finden wir, dass der Klang des Holzes einer Violine durch das Alter weicher wird. Ausserdem übt auch das Spielen selbst einen wohlthätigen Einfluss, indem es augenscheinlich die Anfangs widerspenstigen Moleküle des Holzes zwingt, sich den verschiedenen Schwingungsarten der Saiten anzupassen.

Haben wir so gesehen, wie die Schwingungen der Saiten bei der Musik benutzt werden, so müssen wir nun zunächst die Gesetze dieser Schwingungen erforschen. Ich fasse die Saite *B B'* (Fig. 29) in ihrer Mitte und schnelle sie. Der Ton, den wir jetzt hören, ist der Grundton oder der tiefste Ton der Saite; um diesen zu erzeugen, schwingt sie als Ganzes hin und her. Stelle ich einen beweglichen Steg unter die Mitte der Saite und drücke die Saite gegen den Steg, so theile ich sie in zwei gleiche Theile. Schnellen wir den einen oder andern Theil in seinem Mittelpunkte, so erhalten wir einen musikalischen Ton, den Viele von Ihnen als die Octave des Grundtones erkennen werden. Es wird in allen Fällen und bei allen Instrumenten die Octave des Tones erzeugt, wenn man die Zahl der Schwingungen verdoppelt. Ueberdies kann durch die Theorie sowohl, wie auch experimentell durch die Sirene bewiesen werden, dass die halbe Saite genau doppelt so schnell wie die ganze schwingt. Ebenso kann man beweisen, dass ein Drittel der Saite mit der dreifachen Geschwindigkeit schwingt und einen Ton erzeugt, der eine Quinte über der Octave liegt, während ein Viertel der Saite mit der vierfachen Geschwindigkeit schwingt und die zweite höhere Octave wie die ganze Saite erzeugt. Im Allgemeinen ist die Zahl der Schwingungen der Länge der Saite umgekehrt proportional.

Je straffer die Saite gespannt ist, desto schneller sind ihre Schwingungen. Ich lasse diese verhältnissmässig schlaffe Saite schwingen, und Sie hören ihren tiefen Grundton. Drehe ich den Wirbel, um den das eine Ende geschlungen ist, so spanne ich die Saite; der Ton ist jetzt höher. Ich fasse mit meiner linken Hand das Gewicht W an dem Draht $B B'$ unseres Sonometers, schnelle den Draht mit den Fingern meiner rechten Hand und drücke abwechselnd auf das Gewicht und hebe es. Dieser wechselnde klagende Ton drückt die schnellen Veränderungen der Spannung aus. Die Zahl der Schwingungen in der Zeiteinheit steht in einem bestimmten Verhältniss zu der spannenden Kraft. Befestigen wir verschiedene Gewichte an dem Ende des Drahtes $B B'$ und bestimmen in jedem Falle die Zahl seiner Schwingungen in einer Secunde, so finden wir, dass die so erhaltenen Zahlen den Quadratwurzeln der spannenden Gewichte proportional sind. Eine Saite, die z. B. durch ein Gewicht von einem Pfund gespannt wird, erzeugt eine gewisse Zahl von Schwingungen in der Secunde; wollen wir diese Zahl verdoppeln, so müssen wir sie durch ein Gewicht von vier Pfund spannen; wollen wir die Zahl verdreifachen, so müssen wir ein Gewicht von neun Pfund anwenden u. s. f.

Die Schwingungen einer Saite hängen auch von ihrer Dicke ab; behalten wir das gleiche spannende Gewicht, die gleiche Länge und dasselbe Material der Saite bei, so wird die Zahl der Schwingungen umgekehrt mit der Dicke der Saite sich ändern. Hat daher von zwei Saiten von demselben Stoff, derselben Länge und derselben Spannung die eine den doppelten Durchmesser wie die andere, so wird die dünnere Saite doppelt so viel Schwingungen in derselben Zeit machen. Ist eine Saite drei Mal so dick als eine andere, so wird die letztere die dreifache Zahl der Schwingungen ausführen u. s. f.

Endlich hängen die Schwingungen einer Saite von der Dichtigkeit ihres Stoffes ab. So werden z. B. ein Platin- und ein Eisendraht von derselben Länge und Dicke, welche durch dasselbe Gewicht gespannt sind, nicht mit derselben Geschwindigkeit schwingen. Denn während das specifische Gewicht des Eisens oder auch seine Dichtigkeit 7,8 ist, so ist die des Platins 21,5. Bleiben die übrigen Bedingungen dieselben, so ist die Zahl der Schwingungen der Quadratwurzel der Dichtigkeit der Saite umgekehrt proportional. Ist daher die Dichtigkeit einer Saite ein Viertel von der einer anderen von derselben Länge, Dicke und Spannung, so wird sie ihre Schwingungen doppelt so schnell ausführen; beträgt ihre Dichtigkeit ein Neuntel der andern, so wird sie drei Mal so schnell schwingen u. s. f. Die beiden letzten Gesetze können wir zusammen so ausdrücken: Die Zahl der

Schwingungen ist der Quadratwurzel des Gewichtes der Saite umgekehrt proportional.

Bei der Violine und anderen Saiteninstrumenten verändern wir die Dicke statt der Länge, um die tieferen Töne zu erhalten. Bei dem Klavier vermehren wir nicht nur die Dicke der Drähte, die die Basstöne erzeugen sollen, sondern wir beschweren sie auch noch, indem wir eine fremde Substanz herumwickeln. Sie gleichen schwer beladenen Pferden und schwingen langsamer in Folge des grössern Gewichtes, welches die Spannkraft bewegen muss.

Dieses sind die vier Gesetze, die die transversalen Schwingungen der Saiten regeln. Wir gehen nun zu gewissen damit verwandten Erscheinungen über, die freilich complicirte mechanische Betrachtungen verlangen, aber doch bei erhöhter Aufmerksamkeit vollkommen verstanden werden können. Ihr Verständniss ist indess unumgänglich nöthig, wenn wir die Theorie der Saiteninstrumente vollständig begreifen wollen.

Von der Decke *c* (Fig. 32 a. f. S.) dieses Saales hängt eine 28 Fuss lange Kautschukröhre herab. Ich habe diese Röhre mit Sand gefüllt, damit ihre Bewegungen langsamer und dem Auge leichter sichtbar werden. Ich ergreife das freie Ende *w* und spanne die Röhre ein wenig, und indem ich meine Anstösse rechtzeitig wirken lasse, lasse ich sie als Ganzes hin und her schwingen, wie die Abbildung zeigt. Sie hat ihre bestimmte Schwingungszeit, die von ihrer Länge, Dicke, Spannung und ihrem Gewicht abhängt, und meine Anstösse müssen mit dieser Zeit übereinstimmen.

Ich halte die Bewegung auf und erzeuge jetzt durch einen plötzlichen Ruck eine Ausbiegung auf der Röhre, die wie ein Impuls auf ihr bis zum befestigten Ende entlang läuft, wo sich dann die Ausbiegung umkehrt und zu meiner Hand zurückläuft. An dem befestigten Ende der Röhre kehrte der Impuls nach dem Gesetz der Reflexion sowohl seine Lage als auch die Richtung seiner Bewegung um. *c* (Fig. 33) sei das befestigte Ende der Röhre und *a* das Ende, welches ich in der Hand halte; hat der Impuls, wenn er *c* erreicht, die in (1) gezeichnete Lage, so nimmt er nach der Reflexion die Lage (2) an. Die Pfeile geben die Richtung des Fortschreitens an. Die Zeit, die der Impuls braucht, um von meiner Hand zum befestigten Ende und zurück zu laufen, ist genau dieselbe, in welcher die Röhre als Ganzes eine ganze Schwingung vollführt. In der That versetzt die Addition dieser Impulse die Röhre als ein Ganzes in continuirliche Schwingungen.

Fig. 32.

Fig. 33.

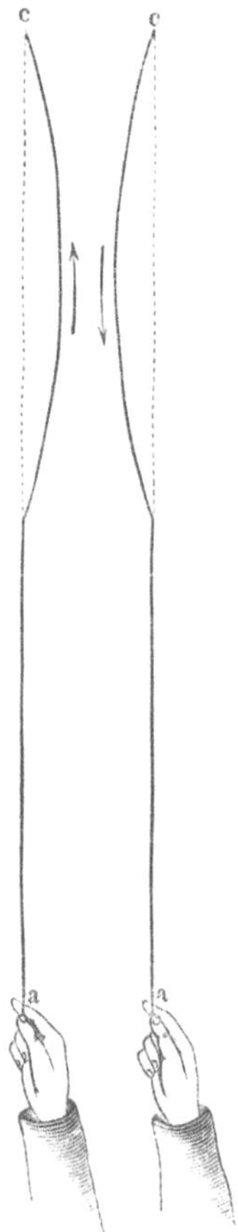

Wenn ich statt eines einzelnen Ruckes dem Ende der Röhre eine Reihe derselben mittheile, und so eine Reihe von Impulsen die Röhre entlang schicke, so wird jeder derselben oben reflectirt, und wir haben nun zu fragen, wie sich die directen und reflectirten Wellenbewegungen zu einander verhalten.

Ich lasse einen Stoss die Röhre entlang gehen. Die Zeit, die er braucht, um von meiner Hand bis zum befestigten Ende zu gehen, möge eine Secunde sein; nach einer halben Secunde nimmt er die Stellung *ab* (1), Fig. 34, ein, wo sein vorderster Punkt die Mitte der Röhre erreicht hat. Am Ende der ganzen Secunde würde er die Stellung *bc* (2) einnehmen, wo sein vorderster Punkt das befestigte Ende *c* der Röhre erreicht hat. In dem Augenblick, wo die Reflexion bei *c* beginnt, mag ein zweiter Ruck bei *a* gegeben werden; da sich der reflectirte Stoss von *c* mit derselben Schnelligkeit bewegt, wie der directe von *a*, so werden die vordersten Punkte beider zur selben Zeit im Mittelpunkt *b* (3) eintreffen. Was muss geschehen? Die Ausbiegung *ab* will vorwärts nach *c*, und dazu muss der Punkt *b* nach rechts gehen. Die Ausbiegung *cb* will vorwärts nach *a* und dazu muss der Punkt *b* nach links gehen. Der Punkt *b*, der von zwei gleichen Kräften zu derselben Zeit nach zwei entgegengesetzten Richtungen gedrängt wird, wird sich nach keiner derselben bewegen. Unter diesen Verhältnissen werden die

Fig. 34.

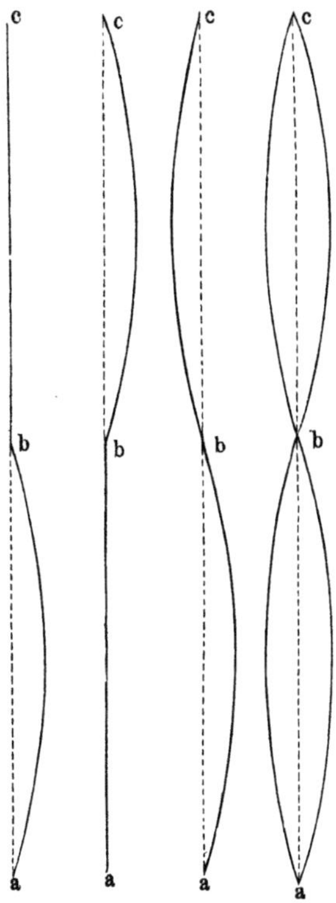

beiden Hälften *ab* und *bc* der Röhre schwingen, wie wenn sie von einander unabhängig wären (4). Wir erzeugen so durch die Verbindung zweier fortschreitender Impulse, von denen der eine direct, der andere reflectirt ist, zwei stehende Impulse auf der Röhre *c*.

Die schwingenden Theile *ab* und *bc* werden Bäuche genannt; der Ruhepunkt *b* wird Knoten genannt.

Ich gebrauche hier den Ausdruck „Impuls" absichtlich, damit ich Sie nicht durch den gebräuchlichern Ausdruck Welle verwirre. Eine Welle umschliesst zwei von diesen Stössen. Sie umfasst sowohl die Ausbiegung als auch die Einbiegung, die der Ausbiegung folgt. Die Länge einer Welle ist daher die doppelte eines Bauches.

Die Rucke mögen so eingetheilt werden, dass jede Ausbiegung ein Drittel der Länge der Röhre beträgt. Am Ende einer drittel Secunde nach dem Abgang wird der Impuls in der Stellung *ab* (1) (Fig. 35) sein. In zweidrittel Secunden wird er die Lage *bb'* (2) (Fig. 35) erreicht haben. In diesem Augenblick mag ein neuer Stoss von *a* ausgehen; nach Verlauf einer ganzen Secunde vom Beginn der Bewegung an werden wir zwei Ausbiegungen auf der Röhre haben, von denen die eine die Lage *ab* (3), die andere die Lage *b'c* (3) einnimmt. Es ist klar, dass das Ende des von *c* reflectirten Stosses und das Ende des directen, von *a* ausgehenden, den Punkt *b'* in demselben Augenblick erreichen werden. Wir haben die Sachlage in (4) dargestellt, wo *bb'* aufwärts und *cb'* abwärts schreitet. Da die Wirkung beider auf den Punkt *b'* in entgegengesetzten Richtungen geschieht, so bleibt der Punkt in Ruhe, und es hat den Anschein, als würde von ihm, wie von einem befestigten Punkte, der Stoss *bb'* reflectirt, während die Abtheilung *b'c* wie eine unabhängige Saite schwingen wird. Lassen wir in dem Augenblick, wo *bb'* (4) bei *b'* reflectirt wird, einen neuen Stoss von *a* ausgehen, so wird er *b* (5) in demselben Augenblick erreichen, wo der von *b'* reflectirte Stoss *b* erreicht. Die Stösse werden sich bei *b* neutralisiren, und wir

Fig. 35.

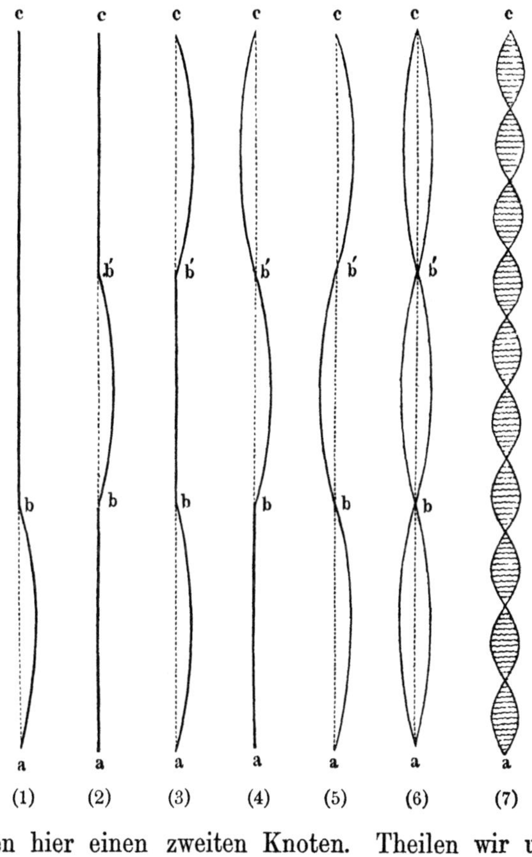

haben hier einen zweiten Knoten. Theilen wir unsere Anstösse geschickt ein, so können wir die Röhre in drei Bäuche theilen, die durch zwei Knotenpunkte von einander getrennt sind. So lange die Bewegung dauert, wird die Röhre wie in Fig. 6 schwingen *).

Die Zahl der so erzeugten Knoten und Bäuche ist der Theorie nach unbegrenzt. Beschleunige ich die Anstösse, so kann ich die Röhre in vier Bäuche theilen, die durch drei Knoten von einander getrennt sind; hier habe ich wieder fünf Bäuche und vier Knoten. Bei dieser Röhre kann die Hand genügend schnell schwingen, um, wie in Fig. 35 (7), zehn Bäuche hervorzurufen. Ist die Spannung constant, so ist die Zahl der Bäuche der Geschwindigkeit der Schwingungen der Hand proportional. Um 2, 3, 4, 10 Bäuche zu erzeugen, bedarf es einer 2-, 3-, 4-, 10mal so grossen Geschwindigkeit der Schwingungen, als wenn die Röhre als Ganzes Schwingungen macht. Erfolgen die Schwingungen sehr schnell, so erscheinen die Bäuche wie eine Reihe von grauen Spindeln, die von einander durch dunkle bewegungslose Knoten getrennt sind. Der Versuch ist sehr schön und leicht anzustellen.

Es ist klar, dass jeder andere schwingende Körper, dessen Schwingungen stark genug sind und in richtigen Zeiten erfolgen, die Hand ersetzen kann. Befestigen wir z. B. das eine Ende eines ziemlich schweren

---

*) Wenn man, statt die Hand hin und her zu bewegen, sie einen kleinen Kreis beschreiben lässt, so werden die Bäuche Rotationsoberflächen. Statt der Hand können wir einen durch ein Rad gedrehten Haken oder eine Drehbank, und eine Saite von Bindfaden von 10 bis 12 Fuss Länge, auf welche versilberte Perlen gereiht sind, statt der schwingenden Saite verwenden. Befestigt man ein Ende des Fadens an dem Haken, das andere an einem leicht beweglichen, auf einem feststehenden Ständer befestigten Wirbel, so kann man, wenn man das Rad dreht und entsprechend die Spannung und die Schnelligkeit der Rotation regulirt, die mit Perlen bezogene Saite als Ganzes rotiren und sich nach einander in 2, 3, 4 oder 5 Bäuche theilen lassen. Ist die ganze Saite in einen Lichtcylinder von der elektrischen Lampe eingehüllt, so beschreibt jede Perle einen glänzenden Kreis; ein prachtvoller Versuch.

Stabes in einem Schraubstock oder noch besser, schrauben wir das Ende an einen Amboss oder an einen schweren Block an und befestigen an dem freien Ende des Stabes das Ende unserer Kautschukröhre, so können wir durch Veränderung der Länge des Stabes seine Schwingungen mit den verschiedenen Schwingungen der Röhre gleichzeitig machen, und so kann die letztere als Ganzes schwingen oder sich in irgend eine Anzahl von schwingenden Theilchen theilen.

Die stehenden Wellen wurden zuerst von den Herren Weber bei ihren ausgezeichneten Untersuchungen über die Wellenbewegung studirt. Es ist ein Thema, das Ihre Aufmerksamkeit reichlich belohnen wird, indem es Ihnen viele der schwierigsten Erscheinungen der Saitenbewegung vollkommen erklärt. Um die Beziehung zwischen den beiden Arten von Schwingungen einleuchtender zu machen, will ich unsere letzten Versuche abändern. Eine Kautschukröhre von 10 oder 12 Fuss Länge ist von *a* nach *c* (Fig. 36) gezogen und an zwei Stiften bei *c* und *a* befestigt. Die Röhre ist geschwärzt, und hinter ihr ein Streifen von weissem Papier aufgestellt, um ihre Bewegungen sichtbarer zu machen. Ich umschliesse zuerst die Röhre an ihrem Mittelpunkte *b* (1) mit dem Daumen und Zeigefinger meiner linken Hand, ergreife die Mitte der untern Hälfte der Röhre *b a* mit meiner rechten Hand und ziehe sie seitwärts. Die untere Hälfte schwingt nicht allein, auch die obere wird in Schwingungen versetzt. Nehme ich meine Hände von der Röhre ganz fort, so fahren ihre beiden Hälften *a b* und *b c* fort zu schwingen, und beide sind durch einen Knoten in der Mitte von einander getrennt.

Ich umschliesse jetzt die Röhre beim Punkt *b* (3) ein

Drittel ihrer Länge vom untern Ende *a*, fasse *ab* in der Mitte und ziehe es seitwärts; die Länge *bc* über meiner Hand theilt sich sogleich in zwei schwingende Bäuche. Nehme ich meine Hände ganz fort, so sehen Sie die ganze

Fig. 36.

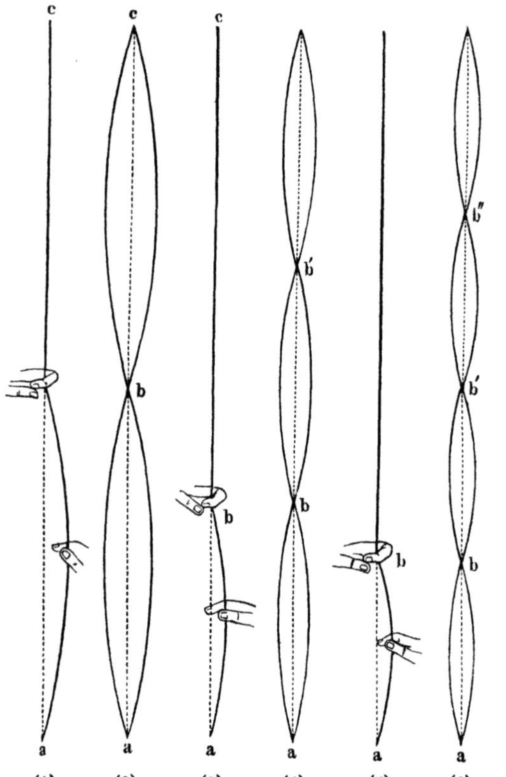

Röhre in drei Bäuche getheilt, die von einander durch zwei bewegungslose Knoten *b b′* (4) getrennt sind. Ich gehe auf den Punkt *b* (5) über, der ein Viertel der Länge der Röhre bezeichnet, umschliesse ihn und ziehe den kürzeren Theil seitlich. Der längere Theil über meiner

Hand theilt sich sogleich in drei schwingende Theile, so dass, wenn ich meine Hand fortziehe, die ganze Röhre vor Ihnen in vier Bäuche getheilt erscheint, die von einander durch drei Knoten $b\,b'\,b''$ (6) getrennt sind. Ebenso zerlege ich die Röhre in fünf schwingende Theile mit vier Knoten.

Diese plötzliche Zerlegung des langen oberen Theiles der Röhre, ohne irgend einen augenscheinlichen Grund, ist sehr überraschend; gönnen Sie mir aber Ihre Aufmerksamkeit für einen Augenblick, so werden Sie finden, dass diese Versuche denen über die Vereinigung der directen und reflectirten Wellenbewegungen sehr ähnlich sind. Sie beobachteten bei den letzteren Versuchen, dass die Hin- und Herbewegung meiner Hand um einen einzigen Zoll genügte, um die mittleren Punkte der Bäuche in Schwingungen von einem Fuss oder 18 Zoll Weite zu versetzen. Wurden die Anstösse richtig eingetheilt, so nahmen sie zu, bis dass die Amplitude der schwingenden Theile bei weitem die der Hand übertraf, die sie erzeugte. Meine Hand bildete in der That einen Knotenpunkt, so gering war verhältnissmässig ihre Bewegung. So verhält es sich auch wirklich, wenn man die Enden der Röhre als Knotenpunkte betrachtet.

Betrachten Sie nun den Fall, wie er sich uns in (1) (Fig. 36) darstellt, wo die Röhre in der Mitte umschlossen war, und der untere Theil $a\,b$ in Schwingungen versetzt wurde, die seiner Länge und Spannung entsprachen. Der Kreis, den ich mit meinem Zeigefinger und Daumen beschrieb, liess die Röhre beim Punkte b durch den Raum eines Zolls schwingen, und die Schwingungen hatten auf das obere Ende $b\,c$ genau denselben Einfluss, wie meine Hand, als sie die hängende Röhre an der Decke als Ganzes (Fig. 32) in Schwingungen versetzte. Statt der periodischen Schwingungen meiner Hand haben wir jetzt die periodischen Schwingungen der obern Hälfte der Röhre; und obgleich dieselben an der Stelle bei meinem Zeigefinger und Daumen auf die Weite eines Zolls beschränkt sind, häufen sie sich schnell an und erzeugen zuletzt eine Amplitude, die die ihrige bei weitem übertrifft. Dieselbe Erklärung gilt für alle anderen Fälle von Zwischentheilung. Würde, statt dass wir einen Punkt mit dem Zeigefinger und Daumen umschliessen und den untern Theil der Röhre seitlich ziehen, derselbe Punkt von der Hand gefasst und in der der Schwingungsdauer des untern Theils der Röhre entsprechenden Zeit bewegt, so würde entschieden dieselbe Wirkung hervorgerufen. So führen wir beide Wirkungen auf dieselbe Ursache zurück; nämlich auf die Vereinigung der directen und reflectirten Wellenbewegungen.

Es ist hier wohl zu beachten, dass, als ich die Röhre durch die periodischen Stösse meiner Hand theilte, keiner ihrer Knoten ganz ohne Bewegung war; denn könnten die Knoten nicht durch eine kleine Amplitude schwingen, so könnte sich die Bewegung nicht auf die verschiedenen Theile der Röhre übertragen.

Was für die Wellenbewegungen einer Kautschukröhre zutrifft, gilt auch für alle übrigen Schwingungen. So gehorchen z. B. Wasserwellen denselben Gesetzen und zeigen durch die Interferenz von directen und reflectirten Wellen dieselben Erscheinungen. Ich habe hier ein langes und schmales Gefäss mit gläsernen Seitenwänden: die Wellenrinne der Gebrüder Weber. Es wird bis zur Höhe AB (Fig. 37) mit gefärbtem Wasser angefüllt. Stosse ich plötzlich das Ende A an, so erzeuge ich eine Welle, die sich nach B fortbewegt und dort reflectirt wird. Entsende ich in den geeigneten Intervallen weitere Wellen, so theile ich die Oberfläche in zwei stehende Wellen. Lasse ich die Anstösse schneller aufeinander folgen, so kann

Fig. 37.

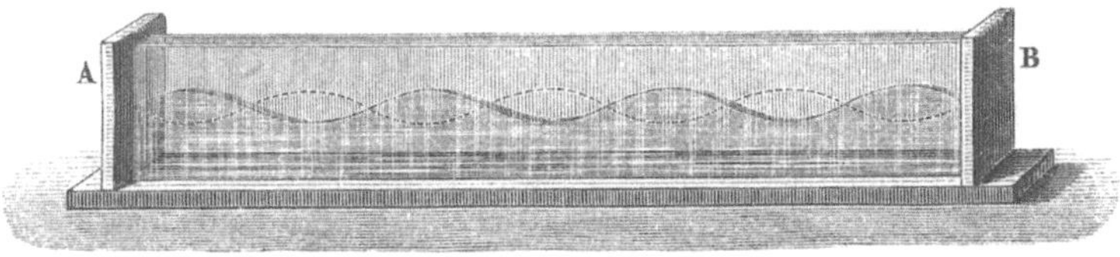

ich die Oberfläche in drei, vier (s. die Figur) oder noch mehr stehende Wellen zerlegen, die durch Knoten von einander getrennt sind. Der Wasserträger geht bisweilen so, dass das Wasser in seinem Gefäss stehende Wellen bildet, deren Höhe sich vermehrt, bis dass das Wasser über den Rand schlägt. Die Uebung hat den Wasserträger gelehrt, was er zu thun hat; er wechselt den Schritt, ändert die Periode seiner Anstösse und hält so die Anhäufung der Bewegung auf*).

Lassen Sie mich jetzt von diesen gröberen, aber darum nicht minder schönen, mechanischen Schwingungen zu denen einer tönenden Saite übergehen. Hier ist unser Monochord mit seinem Stahldraht, den ich schon in verschiedenen Län-

---

*) Als ich vor Kurzem in einem Coupé eines französischen Eisenbahnwaggons fuhr, stellte ich eine halb mit Wasser gefüllte Flasche auf einen der kleinen Tische. Es war interessant, zu beobachten, wie das Wasser zuweilen ganz stillstand, zuweilen heftig schwankte. Für die Reisenden im Waggon war kein Wechsel der Bewegung merkbar, dem der Unterschied zugeschrieben werden konnte. Doch enthielt in dem einen Falle das Zittern des Waggons keine Schwingungen, die mit den Schwingungsperioden des Wassers gleichzeitig waren, während in dem andern Falle solche Schwingungen eintraten. Aus dem Gewirre der Erschütterungen sucht sich das Wasser die richtigen aus und zeigt ihre Gegenwart an, während sie sich für den Reisenden selbst gar nicht bemerkbar machen.

In einer späteren Vorlesung werde ich von dem Tanzen der Flammen in den Waggons der Metropolitan-Eisenbahn bei gleichzeitigen Schwingungen reden.

gen vor Ihnen zum Tönen gebracht habe. Um bei diesen Versuchen den Draht zu verkürzen, benutzte ich einen beweglichen Steg, gegen den der Draht gedrückt wurde, um so dem gedrückten Punkt jede Möglichkeit einer Bewegung zu rauben. Ein so starker Druck ist indess nicht erforderlich. Ich halte den Bart einer Gänsefeder leicht gegen die Mitte der Saite und streiche dann mit dem Violinbogen über die eine ihrer Hälften; die Saite giebt jetzt die Octave des Tones an, den die ganze Saite angeben würde. Das Dämpfen der Saite in der Mitte durch die leichte Berührung mit der Feder genügte schon, um sie in zwei schwingende Theile zu zerlegen. Ich brauche auch die Feder nicht während des Versuches ununterbrochen dort zu halten; wenn ich mit dem Bogen gestrichen habe, kann ich die Feder fortnehmen, die Saite wird weiter schwingen und denselben Ton, wie vorher, angeben. Das Verhalten der Saite ist hier dem unserer gespannten Kautschukröhre ganz analog, als ich sie vorher in ihrem Mittelpunkte durch Umschliessen mit dem Zeigefinger und Daumen dämpfte [Fig. 36 (1)]. Nicht nur die seitwärts gezogene untere Hälfte, sondern auch die obere gerieth in Schwingungen. Wir können in der That mit der schwingenden Saite dieselben Wirkungen wieder erhalten, wie mit der Röhre. Indess ist dies ein so wichtiger Punkt, dass ich ihn durch Versuche näher erläutern muss.

Um Ihnen zu beweisen, dass, wenn ich die Mitte der Saite berühre und mit meinem Bogen über die eine ihrer Hälften streiche, auch die andere Hälfte schwingt, lege ich auf die letztere einen kleinen Reiter von rothem Papier. Ich berühre die Mitte und streiche mit dem Bogen; die Saite erzittert, und der Reiter wird abgeworfen (Fig. 38).

Ich berühre jetzt die Saite an einer Stelle, die ein Drittel ihrer Länge abschneidet, und streiche dann mit

Fig. 38.

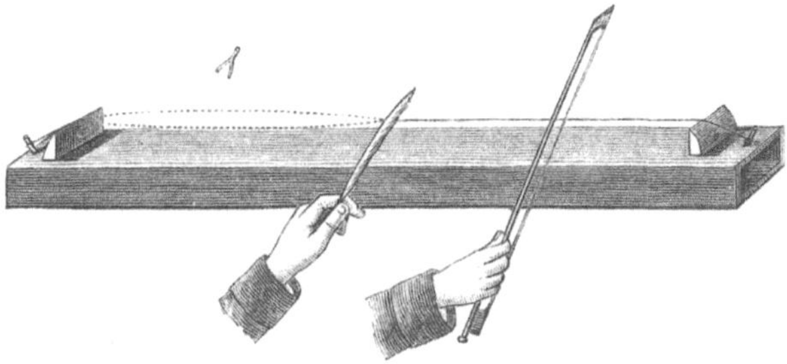

dem Bogen über den kürzern Theil. Nicht nur dieser Theil kommt in Schwingungen, sondern auch der grössere theilt sich in zwei Bäuche, die durch einen Knoten von einander getrennt sind. Zum Beweise setze ich zwei kleine Reiter von rothem Papier auf die Bäuche und einen Reiter von blauem Papier auf den Knoten. Streiche ich mit dem Bogen über den kurzen Theil, so beobachten Sie ein Schwanken der rothen Reiter, und jetzt sind sie vollkommen abgeworfen, während der blaue Reiter, auf dem Knoten ruhig sitzen bleibt (Fig. 39).

Fig. 39.

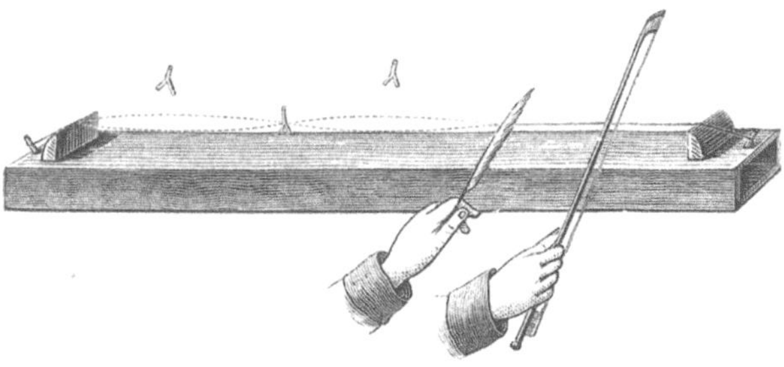

Und wieder berühre ich die Saite auf einem Viertel ihrer Länge. Wenn der Bogen über den kürzeren Theil geführt wird, so werden jetzt die übrigen drei Viertel sich in drei, durch zwei Knoten von einander getrennte Bäuche theilen. Ich beweise diese Behauptung dadurch, dass die drei auf den Bäuchen sitzenden Reiter abgeworfen werden, während die zwei auf den Knoten ungestört auf ihrem Platze bleiben (Fig. 40).

Ich berühre zuletzt die Saite an dem Ende eines Fünftels ihrer Länge. Setze ich, wie vorher, die rothen

Fig. 40.

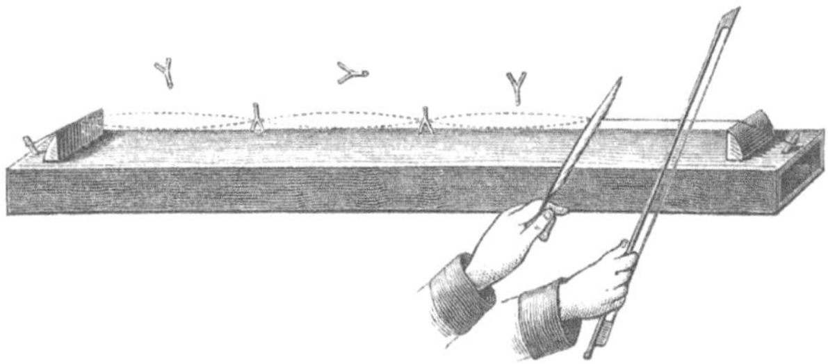

Reiter auf die Bäuche, die blauen auf die Knoten, so werfe ich durch einen einzigen Bogenstrich die vier rothen Reiter ab, während die drei blauen ungestört bleiben (Fig. 41). So führen wir mit einer tönenden Saite dieselbe Reihe von Versuchen aus, wie vorher mit einer gespannten Kautschukröhre; in beiden Fällen sind die Versuche mit einander identisch*).

*) Chladni bemerkt (Akustik S. 55), dass man gewöhnlich Sauveur im Jahre 1701 die Entdeckung der Schwingungsarten zuschriebe, die den höheren Tönen der Saiten entsprächen; dass aber Noble und Pigott die Erscheinung im Jahre 1676 in Oxford entdeckt hätten, und dass Sauveur die Ehre der Entdeckung ablehnte, als er fand, dass Andere vor ihm die Beobachtung gemacht hätten.

Um Ihnen diese Uebereinstimmung noch augenscheinlicher zu machen, habe ich hinter dem Tisch von einer Seite des Zimmers zur andern einen starken Stahldraht

Fig. 41.

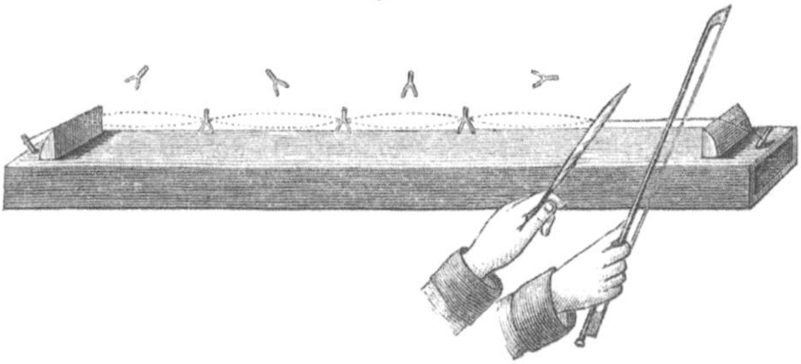

von 28 Fuss Länge ausgespannt. Ich nehme den Mittelpunkt dieses Drahtes zwischen meinen Zeigefinger und Daumen und lasse meinen Assistenten die eine Hälfte seitwärts ziehen und dann schnell loslassen. Sie schwingt, und die der andern Hälfte mitgetheilten Schwingungen reichen hin, um ein grosses, über den Draht gelegtes Stück Papier in die Luft zu schleudern. Mit diesem langen Draht und mit Reitern, die nicht nur $1/8$ Quadratzoll, sondern 30, 40 oder 50 Quadratzoll Oberfläche haben, wiederhole ich alle die Versuche, die Sie vorher mit der tönenden Saite gesehen haben. Die über die Knoten gelegten Papierstücke bleiben immer an ihrem Platz, während die auf den Bäuchen sitzenden in die Luft geworfen werden, sobald der kürzere Theil des Drahtes in Bewegung gesetzt wird. Aus unmittelbarer Nähe können Sie sogar in diesem Falle die Theilung des Drahtes sehen.

Es wird Sie interessiren, wenn ich Ihnen jetzt einige neuere Versuche mit schwingenden Drähten zeige, deren Schönheit und Eleganz Alles übertrifft, was unser

Sonometer leistet. Herrn Melde in Marburg verdanken wir diese neue Methode die Schwingungen der Drähte zu zeigen. Ich will seine Versuche in so grossem Maassstabe und mit solchen Abänderungen anstellen, wie es die Verhältnisse hier gestatten.

Sie sehen hier eine grosse Stimmgabel *T* (Fig. 42); an dem Ende einer ihrer Zinken ist eine Schraube befestigt, durch welche ein Seidenfaden fest an der Zinke angeklemmt werden kann. Von der Gabel geht der Faden

Fig. 42.

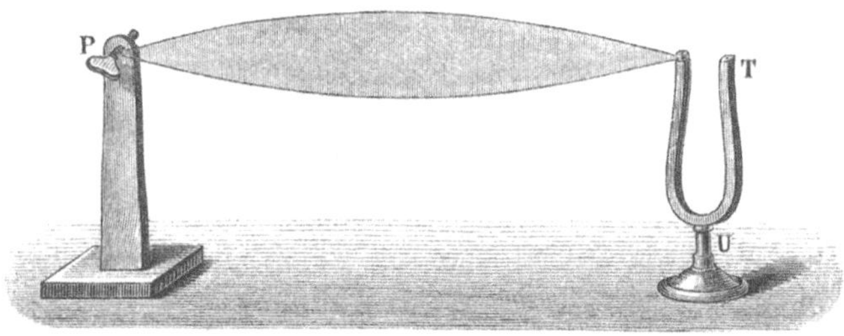

um einen entfernten Wirbel *P*, durch den er beliebig stark gespannt werden kann. Ich streiche die Gabel mit meinem Bogen; ein unregelmässiges Zittern des Fadens ist die einzige Wirkung. Ich spanne ihn jetzt fester, und nachdem ich die richtige Spannung erreicht habe, breitet er sich endlich zu einer wunderbar schönen, luftigen Spindel aus, die mehr als 6 Zoll an ihrer breitesten Stelle breit ist und mit perlartigem Glanz leuchtet. Die Spannkraft ist im Augenblick eine solche, dass der Faden als ein Ganzes hin und her schwingt, während seine Schwingungen in einer verticalen Ebene ausgeführt werden.

Ich vermindere jetzt die Spannung des Fadens. Wenn ich die geeignete Spannung erreicht habe, theilt er sich plötzlich in zwei Bäuche, die durch einen scharf gezeichneten und scheinbar unbeweglichen Knoten von einander getrennt sind.

Während die Gabel fortfährt zu schwingen, lasse ich die Spannung noch mehr nach; der Faden zerlegt sich jetzt in drei schwingende Theile. Wird er noch schlaffer, so zerlegt er sich in vier schwingende Theile. Und so könnte ich fortfahren und den Faden in 10, ja selbst in 20 Bäuche theilen, die von einander durch die entsprechende Zahl von Knoten getrennt wären.

Schwingen weiss seidene Fäden auf diese Art, so ist die Erscheinung von ausgezeichneter Schönheit. Die Knoten erscheinen fest, und die Bäuche bilden so zarte Spindeln, dass sie aus schillernder Luft gewoben zu sein scheinen; jede hervorragende Stelle an dem gedrehten Faden verzeichnet überdies ihre Bewegung in einer mehr oder weniger leuchtenden Linie auf der Oberfläche der luftigen Spindel. Die vier eben beschriebenen Schwingungsarten sind in Fig. 43 (a. f. S.) 1, 2, 3, 4 abgebildet*).

---

*) Der erste Versuch wurde in der Vorlesung mit einem, in Form einer Stimmgabel gebogenen, auf einem schweren Ständer aufgestellten Stahlstab von 62 Zoll Länge, $1\frac{1}{2}$ Zoll Breite und $\frac{1}{2}$ Zoll Dicke angestellt. Die Zinken dieser Gabel waren 2 Zoll von einander entfernt. Die an ihnen befestigte Schnur war 9 Fuss lang und $\frac{1}{4}$ Zoll dick. Die Zinken wurden in Schwingungen versetzt, indem man sie schnell mit zwei überpolsterten Stücken Blei, von denen man jedes in einer Hand hielt, schlug. Die Zinken schwangen transversal gegen die Schnur. Die Schwingungen durch einen einzigen Schlag genügten, um die Schnur durch verschiedene Unterabtheilungen hindurch und wieder zu einem einzigen Bauche zurückzuführen; d. h., wenn man gegen die Zinken schlug und die Schnur dann als Ganzes schwang, so konnte man sie durch Verminderung der Spannung in zwei, drei oder vier schwingende Theile zerlegen, und darauf durch Vermehrung der Spannung wieder durch vier, drei und zwei Theile zu einem zurückkehren, ohne dass man die Zinken von Neuem anzuschlagen brauchte. Die Schnur war so gewählt, dass, statt in derselben Ebene hin und her zu schwingen, ihre Punkte Kreise beschrieben. Daher waren die Bäuche nicht mehr Ebenen, sondern

Schwingt der Faden und die Stimmgabel ganz gleichzeitig, so sind die Schwingungen des Fadens ruhig und

Fig. 43.

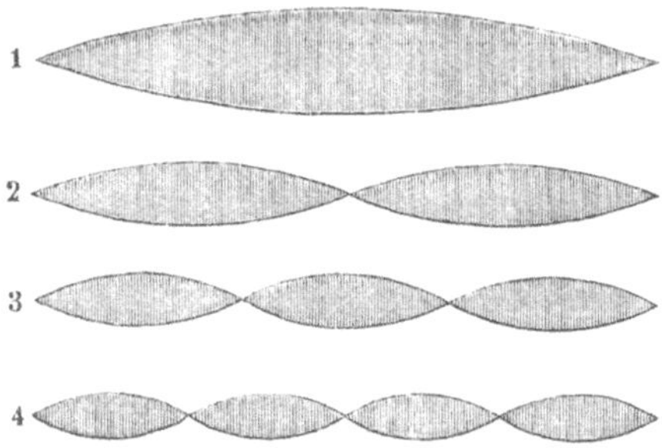

dauern lange an. Eine kleine Abweichung von der Gleichzeitigkeit erzeugt sogleich Unruhe, und wenn auch die Bäuche sich für kurze Zeit zeigen können, so verschwinden sie doch sehr schnell.

Bei dem jetzt vor Ihnen stehenden Apparat (Fig. 42) schwingt die Gabel in der Richtung der Länge der Schnur. Jeder vorwärts gehende Stoss der Gabel erzeugt eine Ausbiegung, die bis an das befestigte Ende der Schnur läuft und dort reflectirt wird, so dass, wenn die longitudinalen Anstösse rechtzeitig erfolgen, sie eine transversale Schwingung hervorrufen. Zur genaueren Erläuterung befestige ich das eine Ende einer schweren Schnur oder Kette an einem Haken *A* (Fig. 44), der in die Wand eingelassen ist, ergreife das andere Ende mit meiner Hand und spanne die Schnur ho-

---

Umdrehungsflächen und wurden von allen Theilen des Zimmers aus gleich gut gesehen. Die bei den folgenden Versuchen benutzten Stimmgabeln wurden für mich von dem vortrefflichen Akustiker König in Paris angefertigt; es waren dieselben, die gewöhnlich bei der Projection der Lissajous'schen Versuche verwendet werden.

rizontal. Jetzt bewege ich meine Hand in der Richtung der Schnur hin und her. Sie schwingt als Ganzes und Sie können beobachten, dass jedesmal, wenn die Schnur die Grenze ihrer Ausschwingung erreicht hat,

Fig. 44.

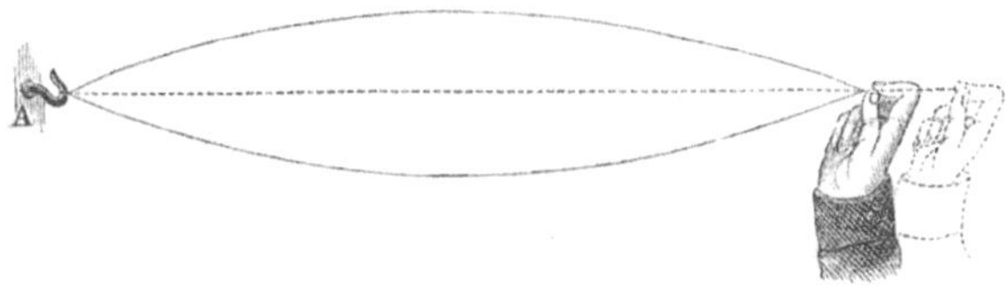

meine Hand am meisten vorwärts gegangen ist. Wenn sie in einer verticalen Ebene schwingt, so muss meine Hand, um die Anstösse richtig einzutheilen, in dem Augenblick am meisten vorwärts gegangen sein, wo die Schnur die obere Grenze erreicht, und ebenso in dem Augenblick, wo sie die untere Grenze ihrer Ausschwingung erreicht. Etwas Nachdenken wird Ihnen klar machen, dass meine Hand hierzu eine ganze Schwingung machen muss, während die Schnur nur eine halbe Schwingung macht; oder die Schwingungen meiner Hand müssen noch einmal so schnell erfolgen, als die der Schnur.

Genau dasselbe gilt für unsere Stimmgabel. Schwingt die Gabel in der Richtung der Schnur, so beträgt die Zahl der ganzen, von ihr gemachten Schwingungen das doppelte von denen der Schnur. Und wenn bei richtiger Einstellung eine Gabel und eine Saite genügend schnell schwingen, um musikalische Töne zu erzeugen, so wird der Ton der Gabel eine Octave höher sein, als der der Saite.

Wenn ich aber meine Hand, statt sie in der Richtung dieser schweren Schnur hin und her zu führen, in rechten

Winkeln gegen diese Richtung bewege, so muss jede Bewegung meiner Hand aufwärts mit der Bewegung der Schnur aufwärts übereinstimmen; jede Bewegung meiner Hand abwärts mit jeder Bewegung der Schnur abwärts. Die Schwingungen der Hand und der Schnur sind in der That in diesem Falle vollkommen gleichzeitig; und wenn die Hand einen musikalischen Ton von sich geben könnte, so würde die Schnur einen Ton von derselben Höhe angeben. Dies trifft auch zu, wenn man statt der schwingenden Hand eine schwingende Gabel nimmt.

Schwingt daher die Schnur als Ganzes, während die Schwingungen der Gabel in der Richtung ihrer Länge erfolgen, so wird sie sich dagegen in zwei Bäuche theilen, wenn die Schwingungen auf ihrer Längsrichtung senkrecht stehen; oder, allgemeiner gesagt, bei constanter Spannung werden wir immer, welches auch die Anzahl der Bäuche sei, die die Gabel erzeugte, wenn ihre Schwingungen in der Richtung der Schnur erfolgten, doppelt so viel Schwingungen haben, wie wenn dieselben die Schnur kreuzen. Hier ist z. B. eine Schnur *A B* (Fig. 45 und Fig. 46), die über eine Rolle *B* geht und durch ein bestimmtes (in der Zeichnung nicht angegebenes) Gewicht gespannt wird. Schwingt die Stimmgabel ihrer Länge nach, wie in Fig. 45, so theilt sich die Schnur in zwei gleiche Bäuche. Ich drehe die Gabel so, dass

Fig. 45.

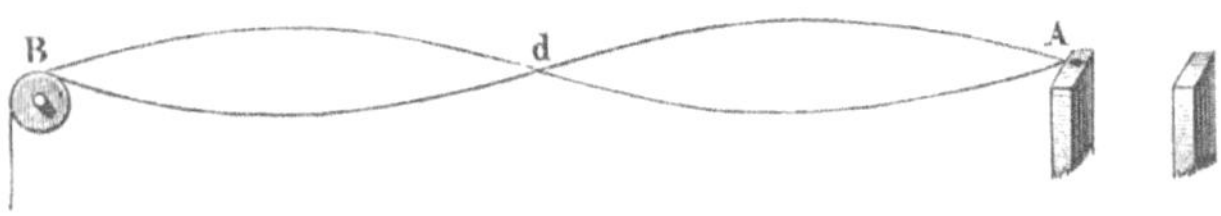

sie im rechten Winkel zur Schnur schwingt. Der Bäuche sind jetzt vier (Fig. 46), oder doppelt so viel als vorher.

Befestige ich zwei Schnüre von gleicher Länge an derselben Gabel, die eine der Richtung der Schwingungen parallel, die andere auf dieselbe senkrecht, und spanne

Fig. 46.

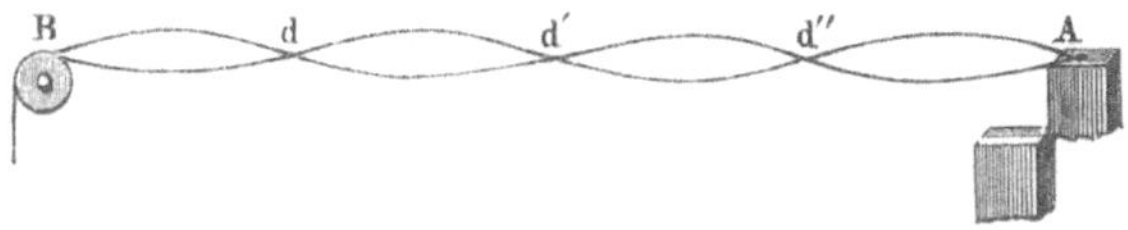

beide durch gleiche Gewichte; so wird, wenn die Gabel schwingt, die eine Schnur sich in doppelt so viel Bäuche theilen, wie die andere.

Viele schöne Versuche können mit diesen schwingenden Schnüren angestellt werden. Der Weg, den ihre einzelnen Punkte beschreiben, kann nach Angabe von Dr. Young verfolgt werden, wenn man diese Punkte erleuchtet und die von ihnen beschriebene Lichtlinie beobachtet. Dies kann sehr gut mit einer Spiralfeder von flachem polirten Silberdraht gezeigt werden, von der das Licht in regelmässigen Intervallen ausstrahlt, wenn sie beleuchtet wird. Eine solche Feder ist jetzt an einer geeigneten Stimmgabel befestigt und vom elektrischen Licht beleuchtet; sie schwingt jetzt regelmässig vor Ihnen, und ihre leuchtenden Punkte beschreiben gerade Linien von sonnengleichem Glanze. Ich halte die Bewegung der Feder etwas auf, aber nicht so viel, um die nächste Untertheilung zu erzeugen. Ueber die Bewegung der Feder als Ganzes legt sich jetzt eine Zahl kleinerer Bewegungen, deren Vereinigung wunderbare und unbeschreiblich glänzende Erscheinungen hervorruft *).

*) Ich versuche nicht, diese schönen Erscheinungen durch Abbildungen darzustellen. Der schnelle Wechsel der Gestalten von einem schönen Bilde zum anderen kann nicht wiedergegeben werden.

Als ich überlegte, wie ich diese schönen Erscheinungen einer grossen Versammlung sichtbar machen könnte, kam ich auf den Gedanken, einen dünnen Platindraht, der durch den elektrischen Strom rothglühend gemacht worden wäre, zu benutzen. Solch ein Draht zieht sich jetzt von dieser Stimmgabel aus über einen kupfernen Steg und geht dann über eine Rolle. Der kupferne Steg einerseits und die Stimmgabel andererseits sind mit den Polen einer Volta'schen Säule verbunden, von der ein Strom durch den Draht geht und ihn zum Glühen bringt. Ich streiche mit meinem Bogen über die Gabel, der Draht schwingt als Ganzes; seine beiden Enden leuchten, während seine Mitte dunkel ist, da sie durch seinen schnellen Durchgang durch die Luft abgekühlt wird. So haben Sie eine Abschattirung der Rothglühhitze von den Enden zur Mitte des Drahtes. Ich vermindere die Spannung, der Draht theilt sich jetzt in zwei Bäuche; ich lasse weiter nach und habe drei; noch weiter, und jetzt theilt sich der Draht in vier Bäuche, die durch diese drei glänzenden Knoten von einander getrennt sind. Rechts und links von jedem Knoten schattirt sich die Rothglühhitze ab, bis sie verschwindet. Sie beobachten auch, dass wenn der Draht in stehende Schwingungen kommt, die Knoten mit grösserem Glanze leuchten, als vorher der Draht, ehe die Schwingungen begannen. Der Grund ist folgender. Die Elektricität geht leichter durch einen kalten Draht als durch einen heissen. Wenn daher die schwingenden Theilchen durch ihren schnellen Durchgang durch die Luft abgekühlt werden, so nimmt ihre Leitungsfähigkeit zu; es geht mehr Elektricität durch den schwingenden, als durch den ruhenden Draht, und daher kommt die grössere Helligkeit der Knoten. Ist vor der Bewegung der Gabel der Draht rothglühend, so werden seine Knoten, wenn er schwingt, bis zum Schmelzpunkt erhitzt*).

Ich will jetzt schnell die Versuche von Melde über die Bestimmung der Gesetze der schwingenden Drähte besprechen. Hier sind vier Stimmgabeln *a*, *b*, *c*, *d*, deren Schwingungszahlen sich zu einander wie 1, 2, 4, 8 verhalten. Ich befestige eine Schnur an die längste Gabel *a*, und spanne sie durch ein Gewicht, dass sie als Ganzes schwingt. Behalte ich das gleiche spannende Gewicht bei, und bestimme ich die Längen derselben Schnur, welche, an die drei anderen Gabeln *b*, *c*, *d* befestigt, als Ganzes schwingen, so verhalten sich die Längen bei den vier entsprechenden Fällen wie die Zahlen 8, 4, 2, 1.

Hieraus folgt das erste Schwingungsgesetz, das wir schon auf andere Weise nachgewiesen haben: Die Länge der Schnur ist der Geschwindigkeit der Schwingungen umgekehrt proportional.

In diesem Falle schwingt die längste Schnur als Ganzes, wenn sie an der Gabel *a* befestigt wird. Ich übertrage sie jetzt auf *b*, spanne sie aber durch das gleiche Gewicht. Sie schwingt auch, wenn *b* schwingt, theilt sich aber in zwei gleiche Bäuche. Nur so kann sie sich den schnelleren Schwingungen von *b* anpassen. An *c* befestigt, zerlegt sich dieselbe Schnur in vier, an *d* befestigt, in acht Bäuche. Die Zahl der Bäuche ist der Geschwindigkeit der Schwingungen proportional. Augenscheinlich haben wir hier in feinerer Form dasselbe Resultat, das wir schon bei der, durch die Hand in Bewegung gesetzten Kautschuk-

*) Wird eine Schnur mit einer Lösung von schwefelsaurem Chinin getränkt und durch die violetten Strahlen des elektrischen Lichtes beleuchtet, so zeigt sie glänzende Fluorescenz. Schwingt die Gabel, an der sie befestigt ist, so theilt sich die Schnur in eine Reihe von Spindeln, welche von einander durch glänzendere leuchtende Knoten getrennt sind, die ein Licht vom zartesten Blaugrün ausstrahlen.

röhre beobachteten. Klar ist es auch, dass dieses Resultat aus unserm ersten Gesetze theoretisch abgeleitet werden könnte.

Wir können den Versuch weiter ausdehnen. Hier sind zwei Stimmgabeln, deren Töne von einander durch das musikalische Intervall, die Quinte genannt, getrennt sind. Ich befestige eine Schnur an eine der Gabeln und spanne sie, bis sie sich in zwei Bäuche theilt; wird sie an der andern Gabel befestigt und durch dasselbe Gewicht gespannt, so theilt sie sich augenblicklich, sowie die Gabel in Schwingungen versetzt wird, in drei Bäuche. Um nun das Intervall einer Quinte herzustellen, müssen sich die Schwingungen der einen Gabel zu denen der andern wie 2 : 3 verhalten. Die Theilung der Schnur zeigt das Intervall an. Hier sind zwei, durch das Intervall einer Quarte getrennte Gabeln. Bei einer gewissen Spannung theilt die eine Gabel unsere Schnur in drei Bäuche; bei derselben Spannung theilt die andere sie in vier; und diese beiden Zahlen drücken das Verhältniss der Schwingungen aus. So kann die Theilung der Schnur in Bezug auf alle anderen musikalischen Intervalle erklärt werden*).

Hier sind ferner zwei Stimmgabeln a und b, von denen die eine (a) doppelt so schnell als die andere schwingt. Ich befestige diese seidene Schnur an a und spanne sie, bis sie mit der Gabel gleichzeitig und als Ganzes schwingt. Ich bilde nun eine zweite Schnur von derselben Länge, indem ich vier Fäden der ersten an einander lege. Ich befestige diese zusammengesetzte Schnur an b, behalte dieselbe Spannung wie beim letzten Versuch bei und versetze b in Schwingungen. Die

*) Die musikalischen Intervalle werden in einer spätern Vorlesung genauer besprochen werden.

zusammengesetzte Schnur stimmt mit *b* überein und schwingt als Ganzes. Wenn ich also, da die Gabel *b* mit der halben Geschwindigkeit von *a* schwingt, das Gewicht der Schnur vervierfachte, so halbirte ich ihre Schwingungsgeschwindigkeit. Auf dieselbe einfache Weise kann man zeigen, dass bei neunfacher Vermehrung des Gewichts der Schnur die Zahl der Schwingungen auf ein Drittel vermindert werden kann. Wir sprechen das Gesetz folgendermaassen aus:

Die Geschwindigkeit der Schwingungen ist der Quadratwurzel des Gewichts der Schnur umgekehrt proportional.

Eine sehr schöne Bestätigung dieses Gesetzes erhalten wir, wie folgt: An dieser Stimmgabel ist eine Seidenschnur von sechs Fuss Länge befestigt. Zwei Fuss dieser Schnur bestehen aus vier neben einander liegenden Fäden, die übrigen vier Fuss sind ein einzelner Faden. Ich wende eine Spannung an, bei der die Schnur in zwei Bäuche zerfällt. Wo theilt sie sich aber? Nicht in der Mitte, wie es der Fall war, als die Schnur durchweg von gleicher Dicke war, sondern an dem Punkt, wo die dicke Schnur aufhört. Dieser dicke Theil von zwei Fuss Länge schwingt jetzt ebenso, wie der dünne von vier Fuss Länge, ein Resultat, das sich als unmittelbare Folgerung aus den beiden schon feststehenden Gesetzen ergiebt. Das Resultat ist daher eine Bestätigung dieser Gesetze. Ich brauche kaum zu bemerken, dass, wenn die Längen in einem andern Verhältniss als 1:2 ständen, der Knoten sich nicht an dem Vereinigungspunkte der beiden Schnüre bilden würde.

Hier sind wieder zwei Schnüre von derselben Länge und Dicke. Die eine ist an der Gabel *b*, die andere an der Gabel *a* befestigt, die mit der doppelten Schnelligkeit von *b* schwingt.

Durch ein Gewicht von 20 Gran gespannt, schwingt die an *b* befestigte Schnur als Ganzes. Nehmen wir die Gabel *a* statt *b*, so bedürfen wir eines Gewichtes von 80 Gran, damit die Schnur als Ganzes schwingt. Wir müssen also, um die Geschwindigkeit der Schwingungen zu verdoppeln, das spannende Gewicht vervierfachen. Es kann ebenso bewiesen werden, dass wir, um die Geschwindigkeit der Schwingungen zu verdreifachen, das spannende Gewicht verneunfachen müssen. Daher heisst unser drittes Gesetz:

Die Geschwindigkeit der Schwingungen ist der Quadratwurzel der Spannung proportional.

Ich will meinen Versuch verändern. Ich ziehe diese seidene Schnur von der Stimmgabel über die Rolle und spanne sie durch ein Gewicht von 80 Gran. Die Schnur schwingt als Ganzes wie bei *A* (Fig. 47). Vermindere ich das Gewicht, so lässt die Spannung der Schnur nach, die sich endlich in zwei Bäuche wie bei *B* theilt. Welches ist nun das spannende Gewicht? 20 Gran, der vierte Theil des ersten. Durch ein spannendes Gewicht von fast genau 9 Gran theilt sie sich, wie bei *C*, in drei Bäuche, und durch ein spannendes Gewicht von 5 Gran in vier Bäuche, wie bei *D*. So verdoppelt die viertel Spannung, verdreifacht die neuntel Spannung, vervierfacht die sechszehntel Spannung die Zahl der Bäuche. Allgemein ausgedrückt ist also die Zahl der Bäuche der Quadratwurzel der Spannung umgekehrt proportional. Dieses Resultat könnte auch ohne Weiteres aus unserm ersten und dritten Gesetze abgeleitet werden, und seine hier gegebene Bestätigung zeugt für die Richtigkeit derselben.

Endlich sind hier noch drei Drähte von derselben Länge und Dicke, aber von verschiedener Dichtigkeit; einer ist vom leichten Metall Aluminium, einer von Silber und einer vom schweren Metall Platin. Ich befestige die Drähte nach einander an dieser Stimmgabel und bestimme die Gewichte, unter deren Einfluss sie als Ganzes schwingen

Fig. 47.

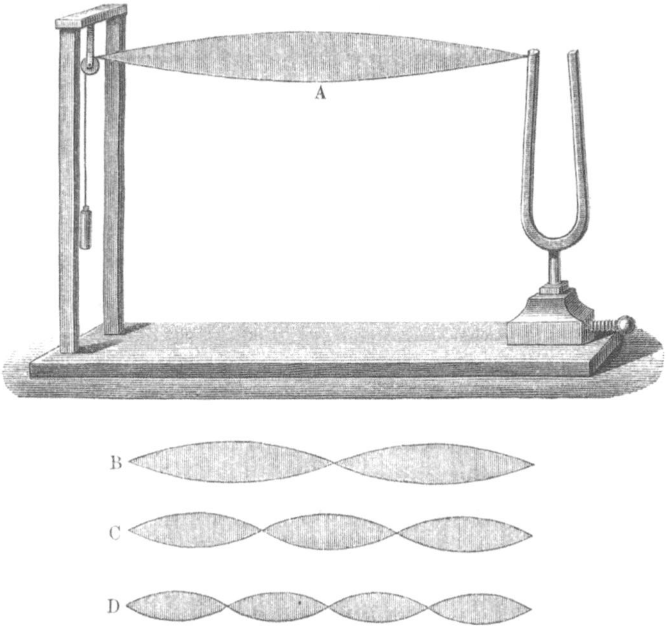

oder sich in eine gleiche Zahl von Bäuchen theilen können. Ich finde, dass das specifische Gewicht oder die Dichtigkeit der Drähte den spannenden Gewichten direct proportional ist. Aber es hat sich ergeben, dass unter sonst gleichen Bedingungen die Geschwindigkeit der Schwingungen den Quadratwurzeln der spannenden Gewichte umgekehrt proportional ist. Daraus ergiebt sich unser viertes Gesetz, nämlich:

Die Geschwindigkeit der Schwingungen von verschiedenen Drähten von derselben Länge und

Dicke ist den Quadratwurzeln ihrer Dichtigkeit umgekehrt proportional.

Es unterliegt keinem Zweifel, dass man mittelst einer Stimmgabel das specifische Gewicht aller Metalle bestimmen kann, die zu Drähten von genügender Feinheit und Festigkeit verarbeitet werden können*).

So kommen wir durch eine Reihe von Schlussfolgerungen und Versuchen, die von den früheren ganz verschieden sind, zu denselben Gesetzen. Oft führen in der Wissenschaft verschiedene Wege zu derselben Wahrheit, und verfolgen wir sie nur gewissenhaft, so können wir überzeugt sein, dass wir zuletzt die Wahrheit erreichen. Wir kommen oft mit einem Widerspruch aus unseren Schlussfolgerungen heraus; kehren wir dann aber wieder zurück, so finden wir sicherlich, dass der Widerspruch nicht in dem Mangel an Beständigkeit in der Natur, sondern in dem Mangel an Sorgfalt im Menschen gelegen hat. Die Millionen Erfahrungen dieser Art, die die Wissenschaft uns gelehrt hat, giebt uns unser jetziges Vertrauen zu der Beständigkeit der Natur.

*) Mittelst geeigneter Schnüre und Stimmgabeln können alle hier beschriebenen Wirkungen einer Versammlung von 1000 Personen sichtbar gemacht werden. Der Versuch wird noch anschaulicher, wenn man die schwingenden Schnüre mit elektrischem Licht beleuchtet. Sie können entweder direct gesehen werden, wo sich ihre Schönheit am besten zeigt, oder man kann ihre Schatten auf eine weisse Oberfläche werfen. Auf diese Weise kann die Theilung von kurzen dünnen Schnüren sichtbar gemacht werden.

Harmonische Töne oder Obertöne.

Wir kommen jetzt zu einem Theil unserer Aufgabe, der sich in der Folge als besonders wichtig herausstellen wird. Durch die verschiedensten Versuche habe ich gezeigt, dass ein gespannter Draht entweder als Ganzes schwingen, oder sich in eine Anzahl gleicher Theile theilen kann, von denen jeder wie ein unabhängiger Draht schwingt. Nun ist es aber nicht möglich, dass der Draht als Ganzes tönen kann, ohne zu gleicher Zeit eine kleinere oder grössere Theilung zu erfahren; d. h. es legen sich immer mehr oder weniger über die Schwingungen des ganzen Drahtes die Schwingungen seiner aliquoten Theile. Die durch diese letzteren Schwingungen erzeugten höheren Töne werden die harmonischen Töne des Drahtes genannt. Ebenso verhält es sich mit anderen tönenden Körpern; wir beobachten immer gleichzeitig verschiedene Schwingungen. Es mischen sich höhere Töne mit dem Grundton, und ihre Mischung bestimmt das, was wir in Ermangelung eines bessern Ausdrucks die Qualität des Tones nennen. Die Franzosen nennen sie timbre, die Deutschen Klangfarbe. Vermöge dieser Mischung von hohen und tiefen Tönen können wir ein musikalisches Instrument von dem andern unterscheiden. Eine Klarinette und eine Violine z. B. können, obgleich sie auf denselben Grundton abgestimmt sind, doch nicht mit einander verwechselt werden; die Nebentöne der einen sind verschieden von denen der anderen, und indem sich diese letzteren Töne mit den Grundtönen der beiden Instrumente vereinen, vernichten sie die Identität des Klanges. Man addirt hierbei Ungleiches zu Gleichem; die Summen sind also ungleich.

Alle Körper und Instrumente also, durch welche man musikalische Töne erzeugt, geben ausser ihren Grundtönen auch Töne an, die einer höhern Ordnung von Schwingungen angehören. Die Deutschen fassen alle diese Töne unter dem allgemeinen Namen Obertöne zusammen. Ich glaube, es würde zweckmässig sein, wenn man auch im Englischen den Ausdruck Overtones als gleichbedeutend mit dem deutschen Worte anwendete. Man könnte die deutsche Sprache um ihre Gewandtheit beneiden, mit der sie sich den Erfordernissen der Natur anzufügen weiss. Der Ausdruck Klangfarbe z. B., den auch Helmholtz benutzt, ist ausserordentlich ausdrucksvoll, und wir haben keinen gleichwerthigen im Englischen. Sie wissen, dass die Farbe von der Geschwindigkeit der Schwingungen abhängt, dass blaues Licht in demselben Verhältniss zum rothen steht, wie ein hoher Ton zu einem tiefen. Eine einfache Farbe hat nur eine Schwingungszahl und sie kann als dem einfachen Ton in der Musik analog angesehen werden. Ein Ton kann also als das Resultat einer Schwingung erklärt werden, die in keine einfacheren zerlegt werden kann. Eine gemischte Farbe dagegen entsteht durch eine Mischung von zwei oder mehreren verschiedenen, und eine Tonmenge, wie wir sie erhalten, wenn der Grundton und die harmonischen Töne einer Saite zusammenklingen, nennen die Deutschen einen Klang. Könnten wir nicht im Englischen das Wort clang brauchen, um dieselbe Sache zu bezeichnen, und so dem Ausdruck eine bestimmte wissenschaftliche Bedeutung geben, die der populären verwandt wäre; und könnten wir nicht, wie Helmholtz, das Wort colour oder tint hinzusetzen, um den Charakter des Klanges zu bezeichnen, und so den Ausdruck clang-tint als gleichbedeutend mit Klangfarbe anwenden?

So werde ich denn von jetzt ab diese Ausdrücke brauchen, und nun müssen wir, genauer als wir es bisher gethan, die Unterabtheilung einer Saite in harmonische Theile betrachten. Unser Monochord mit seinem gespannten Draht steht vor Ihnen. Die Scala des Instrumentes ist in 100 gleiche Theile getheilt. An dem Mittelpunkte unseres Drahtes steht die Zahl 50; an einem Punkte, der fast genau ein Drittel vom Ende entfernt ist, steht die Zahl 33, während in Entfernungen, die ein Viertel und ein Fünftel seiner Länge von seinem Ende betragen, die entsprechenden Zahlen 25 und 20 stehen. Diese Zahlen genügen für unsere jetzige Absicht. Ich schnelle den Draht bei 50; Sie hören seinen Klang hohl und dumpf. Ich schnelle ihn bei 33, der Klang hat sich geändert. Ich schnelle ihn bei 25, und der Klang ist wiederum von den beiden früheren verschieden. So wie ich mich von der Mitte des Drahtes entferne, wird die Klangfarbe brillanter, der Ton lebhafter und schärfer. Welches ist nun die Ursache dieser Verschiedenheiten beim Tönen desselben Drahtes?

Der berühmte Thomas Young, einstmals Professor an der Royal Institution, hat uns gelehrt, diese Frage zu lösen. Er bewies, dass, wenn ein Punkt eines Drahtes geschnellt wird, alle höheren Töne, die diesen Punkt als Knoten brauchen, aus dem Klang verschwinden. Ich will dies durch einen Versuch erklären. Ich schnelle den Punkt 50 und lasse den Draht tönen. Und jetzt kann ich beobachten, dass der erste Oberton, der einer Theilung der Saite in zwei schwingende Theile entspricht, aus dem Klang entfernt ist. Wäre er vorhanden, so könnte das Berühren des Punktes 50 ihn nicht stören, denn dieser Punkt würde für ihn ein Knoten sein. Ich berühre jetzt den Punkt 50; der Grundton wird vernichtet, und man hört keine höhere Octave dieses Tones.

Mit der Octave verschwindet die ganze Reihe von Obertönen, deren Schwingungszahlen das Vier-, Sechs-, Achtfache (gerade Vielfache) von der Schwingungszahl des Grundtones sind. Alle diese Töne beanspruchen in der Mitte einen Knoten, wo er nach dem Gesetz von Young sich nicht bilden kann. Ich schnelle jetzt einen andern Punkt, z. B. 25, und berühre 50 wie vorher. Der Grundton ist verschwunden, aber seine Octave klingt voll und rein in Ihr Ohr. Da der Punkt 50 dies Mal nicht geschnellt worden ist, so kann sich dort ein Knoten bilden; er hat sich gebildet und die beiden Hälften des Drahtes schwingen fort, nachdem die Schwingungen des Drahtes als Ganzes aufgehoben worden sind. Ich schnelle jetzt den Punkt 33, und ich bin sicher, dass der zweite harmonische oder Oberton im Klange fehlt. Ich beweise es, indem ich den Punkt 33 berühre. Wäre der zweite harmonische Ton vorhanden, so würde die Berührung ihn nicht stören; denn 33 ist der Knoten des harmonischen Tones. Wir hören aber keinen Ton, der der Theilung des Drahtes in drei schwingende Theile entspricht. Der Ton wird nicht gehört, da er nie existirte.

Alle Obertöne, die von dieser Theilung abhängen, deren Schwingungszahl die sechsfache, neunfache, zwölffache des Grundtones ist, werden ebenfalls dem Klang entzogen. Ich schnelle jetzt 20 und dämpfe 33 wie vorher; diese Berührung vernichtet den zweiten harmonischen Ton nicht, der nach dem Aufhören des Grundtones klar und voll zu klingen fortfährt. Da in diesem Falle der Punkt 33 nicht geschnellt wird, so kann sich dort ein Knoten bilden, und die Saite kann sich demnach in drei Theile theilen. Ebenso wird, wenn ich 25 schnelle und 25 dämpfe, der dritte harmonische Ton nicht gehört; schnelle ich aber einen Punkt zwischen 25 und dem Ende des

Drahtes und dämpfe dann 25, so wird der dritte harmonische Ton deutlich gehört. Und so könnten wir fortfahren, denn die allgemeine Regel, die von Young ausgesprochen und durch diese Versuche bewiesen worden ist, lautet, dass, wenn irgend ein Punkt eines Drahtes geschnellt oder geschlagen wird, oder, wie Helmholtz hinzufügt, mit dem Bogen gestrichen wird, der harmonische Ton, der diesen Punkt als Knoten beansprucht, aus dem allgemeinen Klang des Drahtes verschwindet.

Alles dieses zeigt Ihnen, welch grossen Einfluss die secundären Schwingungen auf die Eigenschaften des Tones haben müssen, den die Saite ausgiebt. Die Töne, die so voll in Ihrem Ohre erklangen, als der Grundton zerstört war, mischten sich mit diesem Tone, ehe er vernichtet wurde. Es erscheint sonderbar, dass so laute Töne so vollständig von dem Grundton bedeckt werden können, dass sie selbst das geschulte Ohr eines Musikers nicht von einander zu trennen vermag. Doch hat Helmholtz nachgewiesen, dass dies nur dem Mangel an Uebung und Aufmerksamkeit zuzuschreiben sei. Die Talente des Musikers wurden nie in dieser Richtung geübt. Es giebt viele Wirkungen,. die der Musiker unterscheiden kann, weil seine Kunst die Gewohnheit der Unterscheidung von ihm verlangt. Seine Kunst verlangt aber nicht von ihm, dass er den Klang eines Instrumentes in seine wesentlichen Töne zerlegt. Indess kann selbst das ungeübte Ohr dieses thun, besonders wenn der Geist vorher weiss, was das Ohr finden soll.

Dabei erinnere ich mich eines Vorfalles, der sich in diesem Zimmer beim Beginn meiner Bekanntschaft mit Herrn Faraday zutrug. Ich wünschte ihm eine eigenthümliche Wirkung eines Elektromagnetes auf einen Krystall zu zeigen. Ich hatte Alles dazu vorbereitet, als er gerade in dem Augenblick, ehe ich den Magneten erregte, seine Hand auf meinen Arm legte und mich fragte: „Worauf soll ich achten?“ Inmitten der Fülle von Eindrücken, die mit einem Versuch verbunden sind, erkannte selbst dieser erste aller Experimentatoren, wie nöthig es wäre, dass er wüsste, auf welchen besondern Punkt er seine Aufmerksamkeit lenken solle. Und dies ist besonders da nothwendig, wo die Wirkungen so verwickelt und so innig mit einander verwoben sind, wie bei den zusammengesetzten Tönen eines Klanges. Wir können unserer Aufmerksamkeit nachhelfen, wenn wir irgend einen Ton zu isoliren wünschen, indem wir diesen Ton auf einer besondern Saite schwach anklingen lassen. Hat das Ohr so den Ton kennen gelernt, so geht es leicht von ihm zu dem Ton von derselben Höhe im zusammengesetzten Klang über und trennt ihn leichter von seinen Gefährten. Bei den vorher angestellten Versuchen, wo es unsere Absicht war, jedesmal den höhern Ton der Saite in all seiner Kraft hervortreten zu lassen, vernichteten wir den Grundton vollständig. Wir können ihn indess auch schwächen, ohne ihn zu vernichten. Ich schnelle diese Saite bei 33 und lege meine Feder für einen Augenblick leicht auf die Saite bei 50. Dadurch schwäche ich den Grundton so sehr, dass man seine Octave deutlich hören kann. Berühre ich die Saite bei 50 noch einmal, so schwäche ich den Grundton noch mehr, so dass jetzt sein erster harmonischer Ton stärker ist, als er selbst. Sie hören also jetzt beide Töne und hätten sie bei genügend angestrengter Aufmerksamkeit von Anfang an hören können.

Die harmonischen Töne einer Saite können innerhalb weiter Grenzen verstärkt oder geschwächt werden. Sie können, wie wir gesehen haben, von dem Grundton bedeckt werden und können ihn eben so wirksam decken.

Ein Schlag mit einem harten Körper ist ihrer Entwicklung günstig, während ein Schlag mit einem weichen Körper derselben ungünstig ist. Sie hängen ausserdem noch von der Geschwindigkeit ab, mit welcher der die Saite schlagende Körper sich nach dem Schlage zurückzieht. So werden sie von dem Gewicht und der Elasticität der Hämmer im Piano beeinflusst. Sie hängen auch von der Stelle ab, die von dem Schlage getroffen wurde. Wenn die Saite z. B. in der Mitte angeschlagen wird, so sind ihre harmonischen Töne weniger stark, als wenn sie nahe am einen Ende getroffen wird. Die Instrumentenmacher haben gefunden, dass die lieblichsten Töne entstehen, wenn der Punkt, gegen den der Hammer schlägt, $^1/_7$ bis $^1/_9$ der Länge der Saite von ihrem Ende entfernt ist. Helmholtz, eben so gross als Mathematiker, wie als Experimentator, hat die theoretische Intensität der auf verschiedene Art erzeugten harmonischen Töne berechnet; d. h. die wirkliche lebendige Kraft oder Energie der Schwingungen, unabhängig von ihrer Wirkung auf das Ohr. Ein einziges, von ihm gegebenes Beispiel mag genügen, um diesen Gegenstand zu erläutern. Nennen wir die Intensität des Grundtones 100, so ergiebt sich die des zweiten harmonischen Tones gleich 56,1, oder etwas grösser als die Hälfte, wenn man die Saite an einem Punkte, der um $^1/_7$ ihrer Länge von ihrem Ende entfernt ist, einfach nach der Seite zieht. Wurde die Saite von dem Hammer eines Klaviers getroffen, dessen Berührung mit der Saite nur $^3/_7$ von der Schwingungszeit des Grundtones betrug, so war die Intensität dieses Tones 9. Hier war der zweite harmonische Ton fast ganz vernichtet. Wurde indess die Dauer der Berührung auf $^3/_{20}$ der Schwingungszeit des Grundtones vermindert, so stieg die Intensität des harmonischen Tones auf 357; während, wenn die Saite mit einem sehr harten Hammer scharf angeschlagen wurde, die Intensität auf 505 stieg, oder auf mehr als das Fünffache des Grundtones*).

Doch weshalb lassen die Instrumentenmacher die mittleren Saiten ihrer Instrumente an einem Punkte anschlagen, der $^1/_7$ bis $^1/_9$ ihrer Länge von ihrem Ende entfernt ist? Sie haben keinen andern Grund dafür, als dass das Anschlagen an diesem Punkte ihr Ohr am meisten befriedigte. Die Praxis ist indess nicht ohne Grund. Bis zu den Tönen, bei denen sich an diesen Punkten Knoten bilden, sind, wie Helmholtz gezeigt hat, alle Obertöne in Einklang mit den Grundtönen; die sechsten und achten Obertöne der Saiten besitzen indess diesen Einklang nicht mehr; sie sind Dissonanzen, und daher ist es wünschenswerth, sie zu beseitigen. Dies geschieht, wenn man auf den Punkt, wo sich für sie ein Knoten bilden würde, den Hammer fallen lässt. Dadurch wird die Möglichkeit ausgeschlossen, dass der Ton sich bilden kann, und seine schädliche Wirkung wird vermieden.

Die Töne der Aeolsharfe werden durch eine Theilung von hinlänglich gespannten Saiten in eine grössere oder kleinere Anzahl von harmonischen Abtheilungen durch einen darüber hingehenden Luftstrom erzeugt. Das Instrument wird gewöhnlich in ein Fenster zwischen den Rahmen und Flügel gestellt, so dass die Luft über die Saiten streichen muss. Herr Wheatstone empfiehlt als gutes Beispiel hierfür, eine Violinsaite unten an einer nicht gut schliessenden Thür auszuspannen. Ist die Thür geschlossen, so versetzt der unten eintretende Luftstrom die Saite in Schwingungen, und ist Feuer im Zimmer, so werden die Schwingungen so heftig, dass eine grosse

*) Lehre von den Tonempfindungen S. 135.

Mannigfaltigkeit von Tönen gleichzeitig erzeugt wird*). Ein Herr in Basel construirte aus Eisendrähten ein grosses Instrument, das er Wetterharfe oder Riesenharfe nannte, und das, wie der Verfertiger behauptete, bei jeder Witterungsänderung tönte. Seine Töne sollten auch durch die Aenderungen des Erdmagnetismus hervorgerufen werden. Chladni bewies das Irrige dieser Ansicht und führte die Wirkung des Instrumentes auf den Wind zurück, der die Saiten bewegte.

Zuletzt müssen wir noch die Versuche von Dr. Young anführen, der zuerst optische Methoden zum Studium der Schwingungen von Drähten anwendete. Er liess einen Sonnenstrahl auf einen Klavierdraht fallen und erhielt so einen glänzenden Punkt. Als er dann den Draht durch Anschlagen in Schwingungen versetzte, beschrieb der Punkt eine leuchtende Linie, wie die durch das Wirbeln einer brennenden Kohle in der Luft gebildete, und die Form dieser Linie entsprach der Art der Schwingungen. Es wurde durch diese Versuche gezeigt, dass die Schwingungen des Drahtes nicht auf eine einzige Ebene beschränkt sind, sondern dass er in seinen Schwingungen mehr oder weniger complicirte Curven beschreibt. Ueber die Schwingungen der ganzen Saite legten sich partielle Schwingungen, die sich als Schleifen oder Einbiegungen offenbarten. Einige der von Dr. Young beobachteten Linien sind in Fig. 48 a. f. S. abgebildet. Jede dieser Abbildungen entspricht einem bestimmten Schwingungszustande, in den der Draht die umgebende Luft versetzt. Die Gestalt der Schallwelle wird von diesen über ein-

*) Eine solche Saite wirkt ebenso, wie die Sirene. Die Saite unterbricht den Strom der Luft. Ihre Wirkung gleicht auch der eines Rohres. Siehe fünfte Vorlesung.

ander gelagerten Schwingungen beeinflusst, und so wirken sie auf die Klangfarbe oder Qualität des Schalles.

Fig. 48.

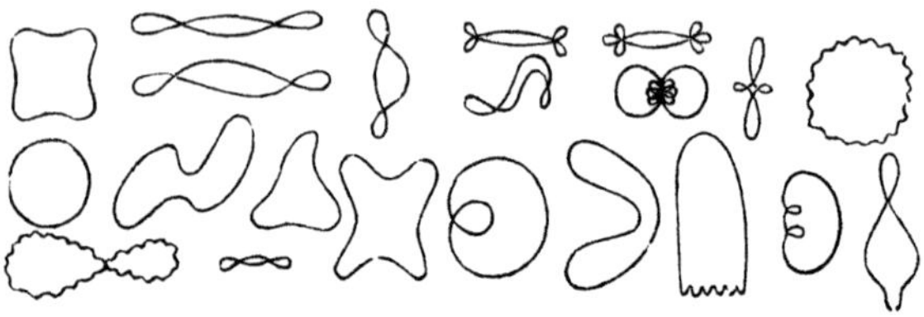

Uebersicht der dritten Vorlesung.

Die Quantität der Bewegung, die durch eine schwingende Saite der Luft mitgetheilt wird, ist zu gering, um selbst in der Nähe der Saite als Schall beobachtet werden zu können.

Daher müssen die Saiten, wenn sie als Tonquellen benutzt werden sollen, mit Körpern von grösserer Oberfläche verbunden sein, die ihre Schwingungen aufnehmen und sie der umgebenden Luft mittheilen.

Daher hängt der Ton der Harfe, des Klaviers, der Guitarre oder der Violine hauptsächlich von dem Resonanzboden des Instrumentes ab.

Die folgenden vier Gesetze beherrschen die Schwingungen der Saiten: Die Schwingungszahl ist der Länge umgekehrt proportional; sie ist dem Durchmesser umgekehrt proportional; sie ist der Quadratwurzel des spannenden Gewichts oder der Spannung direct proportional, und sie ist der Quadratwurzel der Dichtigkeit der Saite umgekehrt proportional.

Bei Saiten von verschiedenen Durchmessern und Dichtigkeiten gilt das Gesetz, dass die Schwingungszahl der Quadratwurzel des Gewichts der Saite umgekehrt proportional ist.

Wird ein gespanntes Seil oder eine mit Sand gefüllte Kautschukröhre mit dem einen Ende an einem feststehenden

Gegenstande befestigt und erhält am andern Ende einen Anstoss, so läuft die auf der Röhre erzeugte Erhöhung die Röhre bis zum befestigten Ende entlang, wird dort reflectirt und kehrt zu der Hand zurück, die den Anstoss gab.

Die Zeit, in der der Anstoss von der Hand bis zum befestigten Ende der Röhre und wieder zurückläuft, ist dieselbe, welche die ganze Röhre für eine ganze Schwingung braucht.

Wird eine Reihe von Anstössen nach einander die Röhre entlang geschickt, so begegnen sich die directen und reflectirten Anstösse und theilen bei ihrem Zusammentreffen die Röhre in eine Reihe von schwingenden Theilen, die man Bäuche nennt, und die von einander durch Punkte von scheinbarer Ruhe, Knoten genannt, getrennt sind.

Die Zahl der Bäuche ist der Schwingungszahl am freien Ende der Röhre direct proportional.

Die Hand, die diese Schwingungen erzeugt, kann weniger als einen Zoll weit hin und her bewegt werden, während die Summirung ihrer Anstösse die Amplitude der Bäuche bis auf einige Zoll, ja selbst bis auf einige Fuss erhöhen kann.

Wird eine an beiden Enden befestigte Kautschukröhre in der Mitte vom Finger und Daumen umschlossen, so werden beide Hälften, wenn die eine von ihnen seitlich gezogen und wieder losgelassen wird, in Schwingungen versetzt.

Wird die Röhre an einem Punkte, der ein Drittel, ein Viertel oder ein Fünftel ihrer Länge von dem einen ihrer Enden entfernt ist, umschlossen, und zieht man dann den kürzeren Theil seitlich und lässt ihn wieder los, so theilt sich der längere Theil in zwei, drei oder vier schwingende Abschnitte, die durch Knoten von einander getrennt sind.

Die Zahl der schwingenden Theile hängt von der Schwingungszahl an dem Punkte ab, der vom Finger und Daumen umschlossen wird.

Auch hier könnte die Amplitude der Schwingungen an dem vom Finger und vom Daumen umschlossenen Punkte nur einen kleinen Theil eines Zolles betragen, während die Amplitude der Bäuche zu mehreren Zollen anwachsen kann. Eine Klaviersaite, die mit einer Feder an einem Punkte berührt wird, der um die Hälfte, ein Drittel, ein Viertel, ein Fünftel u. s. f. der Länge der Saite von dem einen ihrer Enden entfernt ist, theilt sich, wenn der kürzere Theil bewegt wird, ebenso wie die Kautschukröhre. Die Theilung kann sichtbar gemacht werden, indem man kleine Papierreiter auf die Saite setzt. Die auf den Bäuchen sitzenden Reiter werden abgeworfen, die auf den Knoten sitzenden behalten ihre Plätze.

Die Töne, die der Theilung einer Saite in ihre aliquoten Theile entsprechen, nennt man die harmonischen Töne der Saite.

Schwingt eine Saite als Ganzes, so theilt sie sich gewöhnlich gleichzeitig in ihre aliquoten Theile. Kleinere Schwingungen liegen über den grösseren; die Töne, die diesen kleineren Schwingungen entsprechen, und die wir Obertöne nennen wollen, mischen sich zu gleicher Zeit mit dem Grundton der Saite.

Die Hinzufügung dieser Obertöne zum Grundton bestimmt das Timbre oder die Qualität des Tones, oder, wie wir es nennen wollen, die Klangfarbe.

Die Hinzufügung dieser Obertöne zu denselben Grundtönen lässt uns den Ton der Klarinette von dem der Flöte und den der Violine von den beiden ersteren unterscheiden. Könnten die reinen Grundtöne dieser Instrumente isolirt werden, so würden sie nicht von einander zu unterscheiden sein; aber die verschiedene Beimischung der Obertöne bei den verschiedenen Instrumenten macht ihre Klangfarbe verschieden, und man kann sie daher unterscheiden.

Statt der schweren Kautschukröhre bei den obigen Versuchen können wir dünne seidene Fäden verwenden, und statt der schwingenden Hand schwingende Stimmgabeln, und die Saiten als Ganzes schwingen oder sich in eine beliebige Zahl von Bäuchen theilen lassen. Es sind dies sehr schöne Versuche, durch welche wir alle Gesetze der schwingenden Saiten darlegen können.

Wird eine gespannte Saite seitwärts gezogen oder mit einem Bogen gestrichen, so verschwinden alle Obertöne, für die der bewegte Punkt ein Knoten wäre, aus dem Klang der Saite.

Der Punkt, den der Hammer des Klaviers trifft, liegt um ein Siebentel bis ein Neuntel der Länge der Saite von ihrem Ende entfernt; schlägt man diesen Punkt an, so können die Töne, für die er ein Knoten wäre, nicht erzeugt werden, und die Entstehung einer Dissonanz wird so vermieden.

Vierte Vorlesung.

Schwingungen eines an beiden Enden befestigten Stabes, seine Unterabtheilungen und die entsprechenden Obertöne. — Schwingungen eines an einem Ende befestigten Stabes. — Das Kaleidophon. — Die Eisenvioline und die Spieldose. — Schwingungen eines an beiden Enden freien Stabes. — Das Holzinstrument und die Glasharmonika. — Schwingungen einer Stimmgabel, ihre Unterabtheilung und ihre Obertöne. — Schwingungen von quadratischen Platten. — Chladni's Entdeckungen. — Wheatstone's Analyse der Schwingungen der Platten. — Chladni's Figuren. — Schwingungen von Scheiben und Glocken. — Versuche von Faraday und Strehlke.

In unserer letzten Vorlesung haben wir die Transversalschwingungen der Saiten behandelt. Ich will mich in der heutigen Vorlesung mit den Transversalschwingungen von Stäben, Platten und Glocken beschäftigen und werde mit einem, an beiden Enden befestigten Stabe beginnen. Seine Schwingungsart ist dieselbe, wie die der Saite. Er schwingt als Ganzes und kann sich auch in zwei, drei, vier oder mehr schwingende Theile zerlegen. In Folge eines sogleich anzugebenden Grundes sind die Gesetze, die die Höhe der aufeinander folgenden Töne beherrschen, in beiden Fällen vollkommen verschieden. Wenn eine Saite in zwei gleichen Theilen schwingt, so schwingt jede der Hälften mit der doppelten Geschwindigkeit, wie die ganze; während beim Stab jede seiner Hälften fast mit dreifacher Geschwindigkeit wie der ganze schwingt.

Bestimmter ausgesprochen, ist das Verhältniss der beiden Schwingungszahlen wie 9 : 25, d. h. wie das Quadrat von 3 zu dem Quadrat von 5. In Fig. 49, *a a'*, *c c'*, *b b'*, *d d'*, habe ich die ersten vier Schwingungsarten eines Stabes gezeichnet, der an seinen beiden Enden befestigt ist; die

Fig. 49.

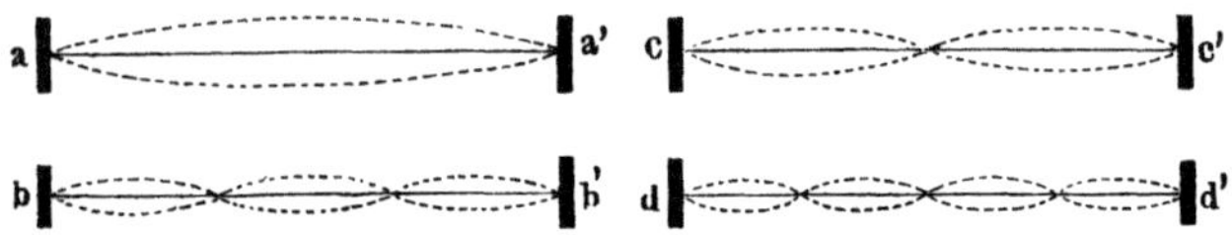

aufeinander folgenden Schwingungszahlen stehen in den vier Fällen in folgendem Verhältniss zu einander:

Zahl der Knoten	0	1	2	3
Zahl der Schwingungen . .	9	25	49	81

Die letzte Zahlenreihe enthält die Quadrate der ungeraden Zahlen 3, 5, 7, 9.

Bei der Saite wurden die Schwingungen durch eine von aussen angebrachte Spannung erhalten; beim Stabe werden die Schwingungen durch die Elasticität des Stabes selbst erhalten. Die Schwingungsart ist in beiden Fällen dieselbe, aber die dabei angewendeten Kräfte sind verschieden, und entsprechend auch die aufeinander folgenden Schwingungszahlen.

Wir gehen jetzt zu einem Stab über, der an einem Ende befestigt, am anderen frei ist. Auch hier erhält die Elasticität des Stoffes und nicht eine äussere Spannung die Schwingungen. Ich gehe wie gewöhnlich von den gröberen, mechanischen Schwingungen zu den tönenden über, und befestige diesen langen Eisenstab *no* (Fig. 50) in einem Schraubstock, ziehe den Stab seitwärts und lasse ihn wieder los. Um seine Schwingungen deutlicher hervortreten zu lassen, werfe ich durch das elektrische Licht seinen Schatten auf einen Schirm. Er schwingt als Ganzes zwischen den Punkten *pp'* hin und her. Der Stab ist aber noch anderer Schwingungsarten fähig. Ich dämpfe ihn bei dem Punkte *a*, indem ich ihn dort leise zwischen Finger und Daumen halte, und schlage zwischen *a* und *o* heftig gegen ihn. Der Stab theilt sich in zwei schwingende Theile, die durch einen Knoten (Fig. 51) von einander getrennt sind.

Sie sehen auf dem Schirm zwischen *a* und dem Schraubstock unten diesen spindelförmigen und über *a* diesen fächer-

Fig. 50.

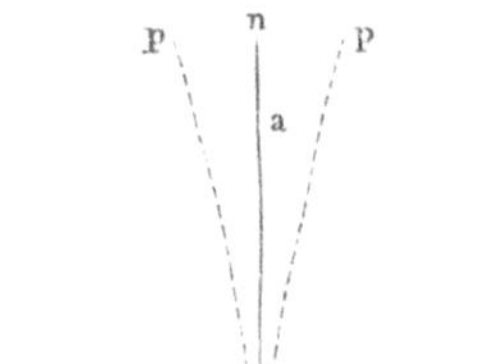

Fig. 51.

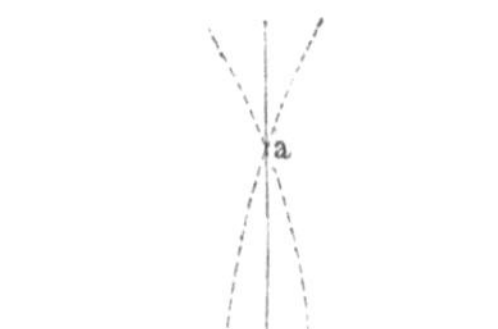

artigen Schatten und den schwarzen Knoten zwischen beiden. Die Theilung kann auch geschehen, ohne dass man *a* berührt, indem man dem Stab zwischen *a* und *o* einen plötzlichen starken Stoss giebt. Hier schwingt indess der

Stab nicht nur in Theilen, sondern auch als Ganzes, und die Theilschwingungen legen sich über die ganze. Sie werden ausserdem beobachten, dass die Amplitude der Theilschwingungen von der Plötzlichkeit meines Schlages abhängt. Erfolgt der Schlag langsam, so ist auch die Theilung des Stabes nur schwach ausgesprochen, während die ganze Schwingung sehr klar hervortritt. Ist aber der Schlag stark und schnell, so wird die ganze Schwingung schwach, aber die partiellen Schwingungen werden kräftig ausgeführt. Wären die Schwingungen dieses Stabes schnell genug, um einen musikalischen Ton zu geben, so würde die Schwingung des Stabes als Ganzes seinem Grundton entsprechen, während die Theilung des Stabes in zwei Abschnitte seinem ersten Oberton entspräche. Wenn nun noch ausserdem der Stab als Ganzes und als getheilter Stab zu gleicher Zeit schwingen würde, so würde der Grundton gleichzeitig mit dem Oberton gehört werden. Wenn ich den richtigen Punkt berühre und den entsprechenden Schlag gebe, kann ich den Stab noch weiter theilen, wie in Fig. 52.

Fig. 52.

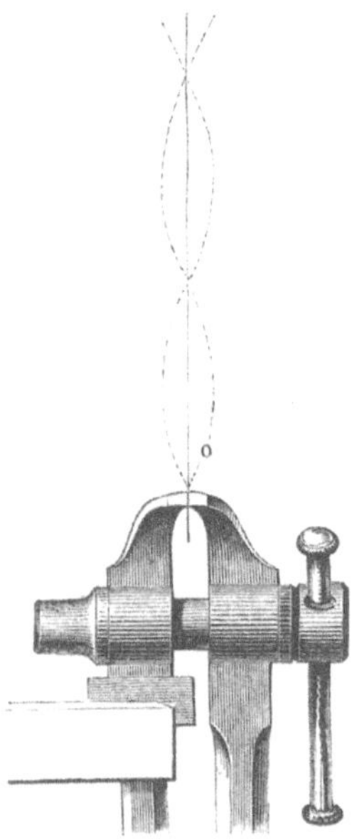

Wir wollen jetzt den Stab so weit kürzen, dass seine Schwingungen unsere Gehörnerven erregen können. Er ist jetzt ungefähr vier Zoll lang; ich streiche über das obere Ende mit dem Bogen, und Sie hören einen tiefen musikalischen Ton. Ich kürze den Stab noch mehr;

der Ton wird höher, und indem ich so durch Kürzen fortfahre, die Geschwindigkeit der Schwingungen zu vermehren, wird der Ton zuletzt ziemlich schreiend. Diese musikalischen Schwingungen unterscheiden sich nur durch ihre Geschwindigkeit von den gröberen Schwingungen, die Sie vorher sehen konnten.

Die Zunahme der Zahl der hier beobachteten Schwingungen folgt einem bestimmten Gesetz; die Zahl der Schwingungen in einer bestimmten Zeit ist dem Quadrat der Länge des schwingenden Stabes umgekehrt proportional. Sie hören den Ton dieses zwei Zoll langen Messingstreifens, wenn ich mit dem Violinbogen über sein Ende streiche. Der Streifen ist jetzt einen Zoll lang; der Ton ist die zweit höhere Octave des letztern; seine Schwingungszahl ist die vierfache. So vermindern wir die Schwingungszahl auf ein Viertel, wenn wir die Länge des schwingenden Stabes verdoppeln; verdreifachen wir seine Länge, so vermindern wir die Schwingungszahl auf ein Neuntel; vervierfachen wir die Länge, so vermindern wir die Schwingungen auf ein Sechzehntel u. s. f. Es ist klar, dass, wenn wir so fortfahren, wir zuletzt eine Länge erreichen, wo die Schwingungen so langsam werden, dass wir sie mit dem Auge zählen könnten. Umgekehrt könnten wir, wenn wir mit einem langen Streifen anfangen, dessen Schwingungen gezählt werden können, durch Kürzen nicht nur den Streifen zum Tönen bringen, sondern auch die den verschiedenen Tönen entsprechende Schwingungszahl bestimmen. Gehen wir von einem 36 Zoll langen Streifen aus, der einmal in der Secunde schwingt, so würde der Streifen, wenn er nur noch 12 Zoll Länge hätte, nach dem obigen Gesetz neun Schwingungen in der Secunde ausführen. Bis auf 6 Zoll verkürzt, würde er 36, bis auf 3 Zoll, 144, und wenn er nur noch einen Zoll Länge hätte, würde er 1296 Mal in der Secunde schwingen. Man kann leicht die Zwischenstufen zwischen den hier gegebenen Längen ausfüllen und so die Schwingungszahl bestimmen, die jedem einzelnen Ton entspricht. Chladni schlug diese Methode vor und führte sie durch.

Man kann ein musikalisches Instrument aus kurzen Stäben herstellen. In dieses Holzbrett ist eine Reihe von verschieden langen, dicken Eisendrähten befestigt, die in einem Halbkreis angeordnet sind. Ich streiche mit dem Violinbogen über die Reihe und erhalte eine Scala von sehr angenehm klingenden Tönen. Ein geschickter Spieler könnte auf einer genügenden Anzahl dieser eisernen Stifte sicher eine ganz erträgliche Musik spielen. Die Eisenvioline hat diese Gestalt. Auch die Töne der gewöhnlichen Spieldose werden durch Schwingungen von Metallzungen erzeugt, die an dem einen Ende befestigt sind. In einer sich drehenden Walze sind Stifte befestigt, durch welche die freien Enden der Zungen gehoben und dann plötzlich losgelassen werden. Die Zungen haben eine solche Länge und Dicke, dass eine jede von ihnen mit ihrer besonderen Geschwindigkeit schwingt.

Wheatstone hat eine einfache und sinnreiche optische Methode erfunden, um die Schwingungen der an einem Ende befestigten, schwingenden Stäbe zu beobachten. Er befestigte leichte, innen versilberte Glaskugeln an dem Ende eines Metallstabes, liess das Licht einer Lampe oder einer Kerze auf die Kugel fallen, und erhielt so einen kleinen, hellerleuchteten Punkt. Schwang der Stab, so beschrieb der Punkt eine glänzende Lichtlinie, die den Charakter der Schwingungen bezeichnete. Eine an einem Schraubstock befestigte Stricknadel, an welcher oben eine kleine Siegellackugel angeschmolzen ist, genügt vollkommen für den Versuch. In dem complicirteren Instrument, das Wheatstone Kaleidophon nennt, sind die schwingenden Stäbe fest in einen massiven Ständer geschraubt. Man erhält durch diese einfache Vorrichtung sehr schöne Figuren, von denen ich einige im vergrösserten Maassstabe auf den vor Ihnen stehenden Schirm projiciren will.

Ich befestige den Stab horizontal im Schraubstock und lasse die convergirenden Strahlen der elektrischen Lampe auf die versilberte Kugel fallen; ich erhalte so einen Punkt von sonnengleichem Glanz. Stelle ich eine Linse vor die Kugel, so werfe ich ein glänzendes Bild des Punktes auf den Schirm. Ich ziehe nun die Nadel seitwärts und lasse sie schnell los. Der Punkt beschreibt zuerst ein gerades Lichtband, dann öffnet es sich plötzlich zu einer Ellipse, geht in einen Kreis über, und dann wieder durch eine zweite Ellipse zur geraden Linie zurück. Dies kommt daher, dass der in dem Schraubstock befestigte Stab nicht nur in der Richtung schwingt, in der er fortgezogen wird, sondern auch im rechten Winkel zu dieser Richtung. Die Curve rührt von der Vereinigung der beiden aufeinander rechtwinkligen Schwingungen her *). Ich möchte Ihnen nun zeigen, dass, während der Stab so als Ganzes schwingt, er sich auch in schwingende Theile theilen kann. Ziehe ich einen Violinbogen richtig über die Nadel, so erhalte ich diesen zackigen Kreis, Fig. 53 a. f. S., da eine Anzahl kleiner Wellenbewegungen über der grösseren liegt. Ueberdies hören Sie noch einen Ton, den Sie

*) Auch Chladni beobachtete diese Vereinigung der Schwingungen und stellte eine Reihe von Versuchen an, die in ihrer weiteren Ausführung zu dem Kaleidophon führten. Wir werden die Zusammensetzung der Schwingungen in einer spätern Vorlesung genauer betrachten.

nicht vernahmen, als der Stab als Ganzes schwang; seine Schwingungen waren damals zu langsam, um einen solchen Ton zu erzeugen. Die Schwingungen, die diese schlangenförmigen Krümmungen bilden, und die der ersten Theilung des Stabes entsprechen, erfolgen ungefähr $6^{1}/_{4}$ Mal so schnell, wie die Schwingungen des Stabes als Ganzes. Und wieder streiche ich mit dem Bogen; der Ton wird höher, die Zacken laufen dichter zusammen und bilden eine feinere und wo möglich noch schönere leuchtende Wellenlinie, als die letzte (Fig. 54). Hier haben wir die zweite Theilung des Stabes; die Einbiegungen entsprechen jetzt einer $17^{13}/_{36}$ Mal kleinern Schwingungsdauer, als wie der Stab als Ganzes oscillirte. So wird jede Aenderung im Ton des Stabes von einem Wechsel der Figuren auf dem Schirm begleitet.

Fig. 53.

Fig. 54.

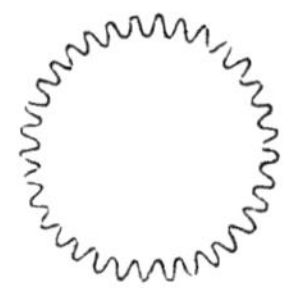

Die Schwingungszahl des Stabes als Ganzes verhält sich zu der Zahl, die seiner ersten Theilung entspricht, ungefähr wie das Quadrat von 2 zu dem Quadrat von 5, oder wie 4 : 25. Von der ersten Theilung aufwärts sind die Schwingungszahlen den Quadraten der Reihe der ungeraden Zahlen 3, 5, 7, 9, 11 u. s. f. annähernd proportional. Nehmen wir an, dass die Schwingungen des Stabes als Ganzes 36 seien, so würden die Schwingungen, die dieser und den folgenden Theilungen entsprächen, annähernd durch folgende Zahlenreihe ausgedrückt werden:

36, 225, 625, 1225, 2025 u. s. f.

In Fig. 55, *a*, *b*, *c*, *d*, *e*, sind die dieser Zahlenreihe entsprechenden Theilungsarten gezeichnet. Sie beobachten, dass die Tonhöhe dieser Obertöne eines schwingenden Stabes schneller steigt, als die der harmonischen Töne einer Saite.

Man kann andere Schwingungsarten erhalten, wenn man den Stab plötzlich mit dem Finger in der Nähe des

Fig. 55.

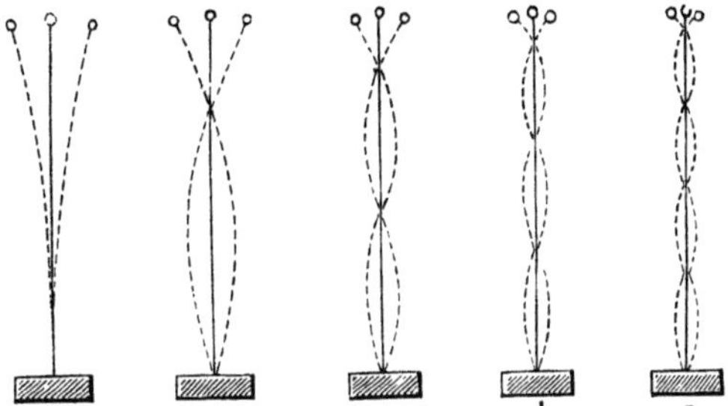

befestigten Endes schlägt. Man kann so eine fast unendliche Anzahl von verschiedenen leuchtenden Ringen darstellen, von deren Schönheit man sich ein Bild nach den beifolgenden, von Wheatstone zuerst beobachteten Figuren machen kann (Fig. 56 a. f. S.). Man kann sie herstellen, indem man die Kugel durch Sonnenlicht oder durch das Licht einer Lampe erleuchtet. Man kann auch die Ringe verdoppeln, wenn man statt eines Lichtes zwei nimmt. Es erscheinen dann zwei Lichtpunkte, von denen jeder seine eigene leuchtende Linie beschreibt, wenn die Stricknadel in Schwingungen versetzt wird. Wir werden in einer spätern Vorlesung die Anwendung von Wheatstone's Methode auf die Untersuchung der Combination zweier aufeinander rechtwinkliger Schwingungen kennen lernen.

Wir wollen jetzt von dem, an einem Ende befestigten Stabe zu dem an beiden Enden befestigten übergehen; denn auch diese Anordnung ist bei musikalischen Instrumenten in Anwendung gekommen. Nach einer später zu beschreibenden Methode bestimmte Chladni, der Vater der ganzen neueren Akustik, durch Versuche die verschiedenen Schwingungsarten solcher Stäbe. Die einfachste Theilungsart tritt hier ein, wenn der Stab durch zwei Knoten in drei schwingende Theile getheilt wird. Diese Art wird leicht durch dieses

Fig. 56.

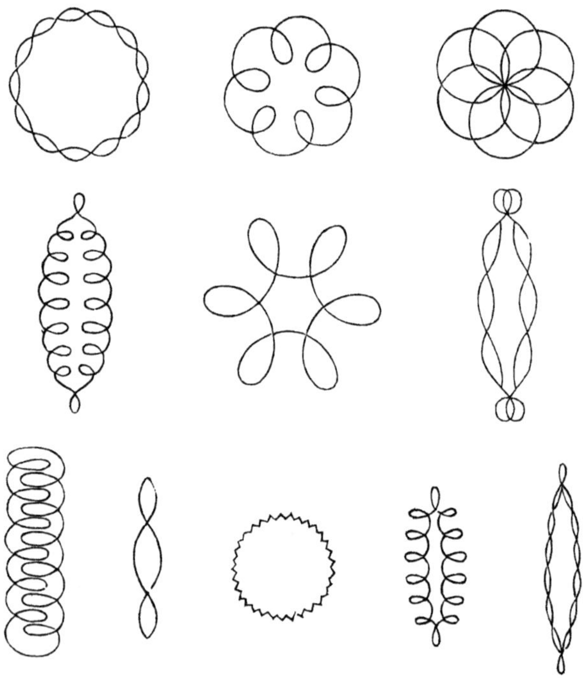

biegsame, 6 Fuss lange Lineal erklärt. Halte ich es ungefähr 12 Zoll von jedem seiner Enden entfernt, zwischen dem Zeigefinger und Daumen meiner Hände, und schüttele es oder lasse gegen seinen Mittelpunkt schlagen, so schwingt es, indem der mittlere Bauch einen spindel- und die beiden Enden fächerartige Schatten bilden. Der Schatten des Lineals auf dem Schirm macht die Schwingungsart noch deutlicher. In diesem Fall beträgt die Entfernung der Knoten von dem Ende des Lineals ungefähr ein Viertel von dem Abstande beider Knoten. Bei der zweiten Schwingungsart wird der Stab oder das Lineal in vier schwingende Theile durch drei Knoten getheilt. In Fig. 57, 1 und 2, sind diese Theilungsarten abgebildet. Sehen wir die Kante des Stabes 1 an, so zeigen

Fig. 57.

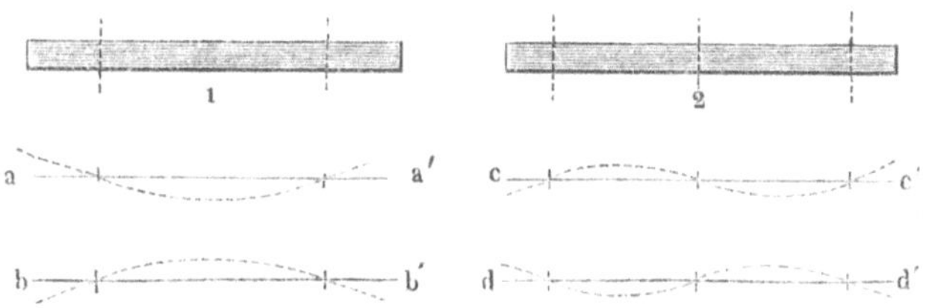

die punktirten Linien *aa'*, *bb'* die Art, in der die Abschnitte sich auf- und niederbiegen, wenn die erste Theilung eintritt, während *cc'*, *dd'* die Schwingungsart anzeigen, die der zweiten Theilung entspricht. Der tiefste Ton eines an beiden Enden freien Stabes ist höher als der tiefste Ton eines an einem Ende befestigten Stabes. Ihre Schwingungszahlen verhalten sich wie 4 : 25. Mit zunehmender Zahl der Knoten steigen die Schwingungszahlen des freien Stabes in folgendem Verhältniss:

Zahl der Knoten	2, 3, 4, 5, 6, 7
Zahlen, deren Quadraten die Schwingungszahl annähernd proportional ist . .	3, 5, 7, 9, 11, 13

Auch hier haben wir ein ähnliches schnelles Steigen der Tonhöhe, wie in den beiden letzten Fällen.

Für musikalische Zwecke ist nur die erste Theilung eines freien Stabes benutzt worden. In dem Holzinstrument der Franzosen werden z. B. Holzstäbe von verschiedener Länge, Breite und Dicke auf eine Schnur gezogen, die durch die Knoten geht (*AB*, Fig. 58). An einem Ende hänge ich die Schnur an dem Haken *K* auf, halte das andere in meiner linken Hand und schlage der Reihe nach die Stäbe mit dem Hammer an, wodurch ich

Fig. 58.

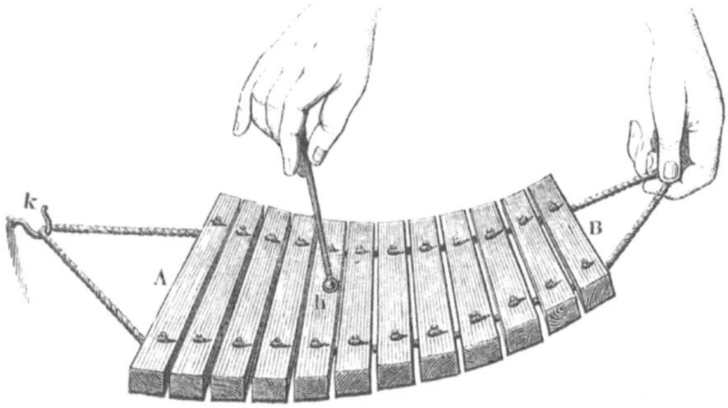

diese wohlklingende Tonleiter erzeuge. Man kann auch die Stäbe, statt sie auf eine Schnur zu ziehen, auf Seilen von gedrehtem Stroh ruhen lassen; daher kommt der für das Instrument bisweilen angewendete Namen Strohvioline. Chladni erzählt uns, dass es an Stelle eines Glockenspieles in der Zauberflöte von Mozart angewendet wurde. In der Glasharmonika verwenden wir Glasstreifen statt der Holzstäbe.

Von den Schwingungen eines an beiden Enden freien Stabes können wir leicht zu den Schwingungen einer Stimmgabel übergehen, wie sie Chladni analysirt hat. *aa* (Fig. 59) mag ein gerader Stab sein, dessen Knotenpunkte seiner ersten Theilungsart, die durch punktirte Linien bezeichnet ist, entsprechen. Der Stab mag in die

Form *bb* gebogen sein; die beiden Knotenpunkte bleiben noch bestehen, aber sie haben sich einander genähert. Der Ton des gebogenen Stabes ist auch etwas tiefer, als der des geraden. Gehen wir durch verschiedene Biegungen *cc*, *dd* hindurch, so verwandeln wir zuletzt den Stab in eine Stimmgabel *ee* mit parallelen Zinken; er behält noch seine zwei Knotenpunkte, die indess viel näher an einander stehen als vorher, wo der Stab noch gerade war. Giebt eine solche Gabel ihren tiefsten Ton an, so schwingt ihr freies Ende, wie in Fig. 60, wo die Zinken zwischen den Grenzen *bn* und *fm* schwingen, und wo *p* und *q* die Knoten

Fig. 59.

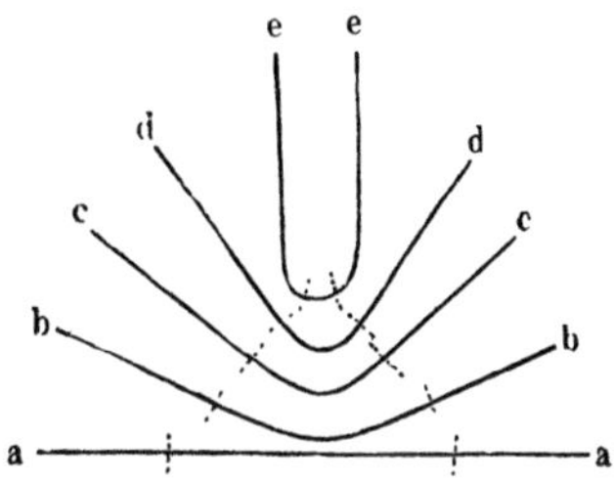

Fig. 60.

sind. Es giebt keine Theilung der Stimmgabel, die der Theilung eines geraden Stabes durch drei Knoten entspräche. Bei der zweiten Theilungsart, welche dem ersten Oberton der Gabel entspricht, haben wir einen Knoten auf jeder Zinke und zwei an der Biegung. Das auf Seite 139 besprochene Gesetz von Young bezieht sich auch auf die Stimmgabeln. Wollen Sie den Grundton frei von den Obertönen erhalten, so ziehen Sie den Bogen an einer Stelle über die Gabel, wo sich für die letztern ein Knoten bildet. Bei der dritten Theilungsart sind zwei Knoten auf jeder Zinke und einer an der Biegung; bei der vierten zwei Knoten auf jeder Zinke und zwei an der Biegung; bei der fünften drei Knoten auf jeder Zinke und einer an der Biegung. Der erste Oberton der Gabel verlangt nach Chladni eine $6^1/_4$ Mal so grosse Schwingungszahl wie der Grundton. Es ist leicht, einer Stimmgabel ihre Obertöne zu entlocken. Hier ist z. B. unsere alte Reihe von Gabeln, die resp. 556, 320, 384 und 512 Mal in der Secunde schwingen. Ich gehe bei Allen vom Grundton zum ersten Oberton über; Sie beobachten, dass das Intervall bei weitem grösser ist, als das Intervall zwischen dem Grundton und dem ersten Oberton einer gespannten Saite. Wir springen von den eben genannten Zahlen plötzlich auf 1600, 2000, 2400 und 3200 Schwingungen in der Secunde.

Obgleich Chladni's Zahlen annähernd richtig sind, so werden sie doch nicht immer vollkommen durch die Versuche bestätigt. So können z. B. ein Paar Gabeln vollkommen gleiche Grundtöne haben, aber ihre Obertöne stimmen nicht überein. Zwei solche Gabeln stehen jetzt vor Ihnen. Ich lasse die Grundtöne beider anklingen; sie stimmen vollkommen überein. Ich lasse den ersten Oberton beider anklingen; sie stimmen nicht: Sie hören schnelle „Stösse", die das Ohr beleidigen. Beschwere ich die eine dieser Gabeln mit Wachs, so kann ich die beiden Obertöne in Einklang bringen; jetzt aber erzeugen die Grundtöne laute Stösse, wenn sie zusammen angeschlagen werden. Es könnte dies nicht eintreten, wenn der erste Oberton jeder Gabel eine Schwingungszahl besässe, die genau das $6^1/_4$fache von der des Grundtones wäre. Bei einer Reihe von Gabeln war nach Helmholtz die Schwingungszahl des ersten Obertones die 5,8 bis 6,6fache von der des Grundtones. Gehen wir von dem ersten Oberton aus, so verhält sich die ganze Reihe der Obertöne wie die Quadrate der Zahlen 3, 5, 7, 9 u. s. f. Das heisst, in der Zeit, die der erste Oberton braucht, um neun Schwingungen auszuführen, führt der zweite 25, der dritte 49, der vierte 81 Schwingungen aus u. s. f. So steigen die Obertöne der Gabel bei weitem schneller, als die einer Saite. Sie verschwinden auch schneller, und verfälschen daher den Grundton durch ihre Beimischung weniger.

Die Erfindung Chladni's, diese tönenden Schwingungen sichtbar zu machen, ist für die Akustik von sehr grosser Wichtigkeit gewesen. Lichtenberg hatte den Versuch gemacht, elektrisches Pulver auf einen elektrisirten Harzkuchen zu streuen; die Lagerung des Pulvers zeigte die elektrische Beschaffenheit der Oberfläche an. Dieser Versuch führte Chladni zu dem Gedanken, Tonschwingungen durch Sand sichtbar zu machen, den er auf die Oberfläche des schwingenden Körpers streute. Chladni's eigener Bericht über seine Entdeckung ist so interessant, dass wir ihn hier wohl mit Recht einschalten können *).

„Ziemlich spät, nämlich erst im 19. Jahre, hatte ich angefangen, etwas Klavierspielen zu erlernen, und las nachher verschiedene Schriften über die Tonkunst, wobei ich fand, dass die physisch mathematischen Voraussetzungen derselben weit mangelhafter waren bearbeitet worden, als manche andere Fächer der Naturkunde, weshalb ich glaubte, dass darin am meisten würde zu entdecken sein. Bei einigen Versuchen, die ich über die bekannten Schwingungen der Saiten und über die von Daniel Bernouilli und L. Euler zuerst bestimmten Schwingungen eines Stabes anstellte, stimmte die Erfahrung mit der Theorie völlig überein; bei manchen klingenden Körpern ward das nicht von der Erfahrung bestätigt, was darüber gesagt war, und über die Schwingungsarten und Tonver-

*) Chladni, Akustik, Vorrede S. XVI.

hältnisse verschiedener Arten von klingenden Körpern fand ich nirgends Belehrung. Unter anderen hatte ich bemerkt, dass eine jede nicht gar zu kleine Glas- oder Metallscheibe mannigfaltige Töne gab, wenn ich sie an verschiedenen Stellen hielt und anschlug, und wünschte den Grund dieser noch von Niemanden untersuchten Verschiedenheit der Töne zu wissen. Ich spannte eine messingene Scheibe, die zu einer Schleifmaschine gehörte, an einem in ihrer Mitte befindlichen Zapfen in einen Schraubenstock und bemerkte, dass durch Streichen mit dem Violinbogen sich darauf verschiedene Töne hervorbringen liessen, die stärker und anhaltender waren, als man sie durch Anschlagen erhalten kann. Dass nicht nur Saiten, sondern auch andere elastische Körper durch Streichen mit dem Violinbogen zum Klingen können gebracht werden, ist keine Erfindung von mir, indem die Eisenvioline längst bekannt war, und ich auch Nachrichten von einem in Italien vom Abbate Mazzachi verfertigten Instrumente, wo Glocken mit zwei oder mehreren Violinbogen gestrichen werden, gelesen hatte; aber die Idee, den Violinbogen zur Untersuchung klingender Körper anzuwenden, habe ich zuerst gehabt. Die Beobachtungen von Lichtenberg über die Figuren, welche sich bei dem Aufstreuen des Harzstaubes auf Glas- oder Harzscheiben bei verschiedener Elektricität zeigen (in den Commentarien der Göttingischen Societät der Wissenschaften), worüber ich auch verschiedene Versuche anstellte, erregten in mir den Gedanken, dass vielleicht die mannigfaltigen schwingenden Bewegungen einer Scheibe sich ebenfalls durch eine Verschiedenheit der Erscheinungen verrathen würden, wenn ich Sand oder etwas Aehnliches aufstreute. Es erschien auch bei diesem Verfahren auf der vorher erwähnten Scheibe eine sternförmige Figur; es folgte nun immer eine Beobachtung auf die andere, deren ich viele sowohl über die Schwingungen der Scheiben als auch über andere akustische Gegenstände in einer Schrift: Entdeckungen über die Theorie des Klanges (Leipzig 1787, 4.) bekannt machte."

Ich will die Versuche von Chladni zeigen und beginne mit einer quadratischen Glasplatte, die durch eine geeignete Klemme in ihrem Mittelpunkte gehalten wird. Ich könnte auch die Platte mit meinem Zeigefinger und Daumen halten, wenn diese so weit reichten. Ich streue feinen Sand auf die Platte, dämpfe den Punkt in der Mitte eines ihrer Ränder, indem ich ihn mit meinem Nagel berühre, und streiche mit dem Bogen über den Rand der Platte nahe an einer ihrer Ecken. Der Sand wird von einzelnen Theilen der Oberfläche fortgeschleudert und legt sich in zwei Knotenlinien (Fig. 61 a. f. S.), die das grössere Quadrat in vier kleinere theilen. Diese Theilung der Platte entspricht ihrem tiefsten Ton.

Die in der Figur angewendeten Zeichen + und — zeigen an, dass die beiden so bezeichneten Quadrate, sich immer in entgegengesetzter Richtung bewegen. Sind die mit + bezeichneten Quadrate über der mittlern Ebene der Platte, so sind die mit — bezeichneten darunter, und sind die mit — bezeichneten über der Ebene der Platte, so sind die mit + bezeichneten darunter. Die Knotenlinien geben die Grenzen dieser entgegengesetzten Bewegungen an. Sie bilden den Ort des Ueberganges von einer Bewegung zur andern und werden daher von keiner berührt.

Ich streue noch einmal Sand auf die Oberfläche, dämpfe eine der Ecken der Platte und errege sie, indem ich mit dem Bogen über die Mitte einer ihrer Seiten streiche. Der Sand tanzt auf der Oberfläche der Platte und ordnet sich zuletzt in zwei scharf gezeichneten Streifen nach ihren Diagonalen (Fig. 62) an. Der hier erzeugte Ton liegt eine Quinte über dem letzten. Dämpfe ich jetzt die Punkte *a* und *b* (Fig. 63) und ziehe den Bogen über die Mitte der entgegengesetzten Seite der Platte,

Fig. 61.

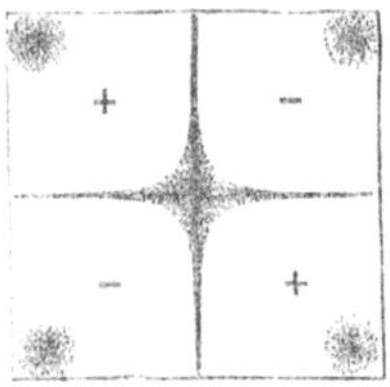

Fig. 62.

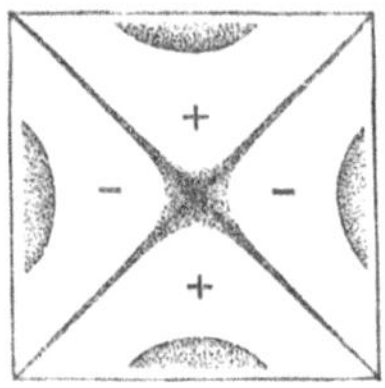

Fig. 63.

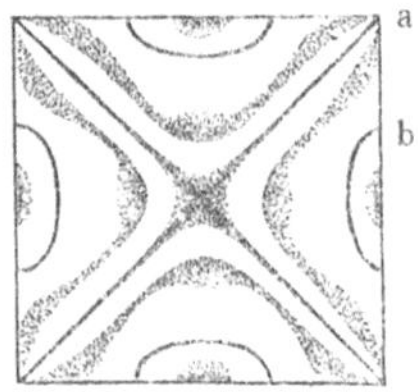

so erhalten wir einen bei weitem höheren Ton als vorher; die Art, wie die Platte schwingt, um diesen Ton zu erzeugen, ist in der Abbildung gezeichnet.

Bis jetzt habe ich Glasplatten verwendet, die durch eine Klemme in der Mitte gehalten wurden. Metallplatten eignen sich ebenfalls für diese Versuche. Fig. 64

Fig. 64.

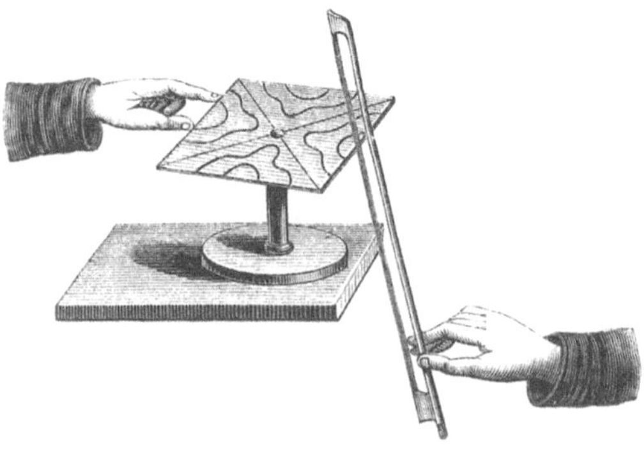

Fig. 65.

stellt eine Messingplatte von 12 Zoll im Quadrat dar, die von einem entsprechenden Ständer getragen wird. Dämpfe ich sie mit dem Zeigefinger und Daumen meiner linken Hand an zwei Punkten an ihrem Rande und ziehe den Bogen mit meiner rechten über einen schwingenden Theil am entgegengesetzten Rande, so erhalte ich diese zusammengesetzte Figur.

Fig. 65 (a. v. S.) stellt eine Reihe schöner Klangfiguren dar, die Chladni durch verschiedenartiges Dämpfen und Anstreichen von viereckigen Platten erhielt. Die Schnelligkeit, mit der sich diese scharf gezeichneten Figuren durch einen Bogenstrich eines geübten Experimentators bilden, ist nicht nur interessant, sondern überraschend.

Wir wollen jetzt den Mechanismus dieser Schwingungen etwas näher betrachten. Sie kennen die Art und Weise, in der sich ein an beiden Enden freier Stab theilt, wenn er transversal schwingt. Ein rechteckiges Stück Glas oder Metallblech, z. B. die Glasstreifen der Harmonika, gehorchen ebenfalls den Gesetzen der Stäbe und Stangen, die mit freien Enden schwingen. In Fig. 66 ist ein Rechteck *a* mit den Knotenlinien gezeichnet, die der ersten Theilung entsprechen, und darunter die Auf- und Abbiegung des seitwärts gesehenen Rechtecks bei seinen Schwingungen *). Die Biegung ist der Deutlichkeit halber sehr übertrieben. Die Figuren *b*

Fig. 66.

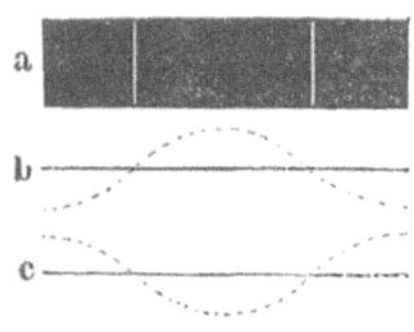

*) Ich zeichne diese Figur der Abhandlung des Hrn. Wheatstone nach, indess müssten die Knoten den Enden näher sein und die freien Endtheile der punktirten Linien müssten nicht auf- und abwärts gebogen sein. Die Knotenlinien in den beiden folgenden Figuren liegen ebenfalls zu weit von den Rändern der Platte ab.

und *c* zeigen an, dass die schwingenden Theile der Platte abwechselnd über die mittlere Ebene der Platte steigen und unter dieselbe fallen. In einem Augenblick ist z. B. die Mitte der Platte über der Ebene und ihre Enden sind unter ihr, wie bei *b*; während im nächsten Augenblick ihre Mitte unter und ihre beiden Enden über der mittleren Ebene der Platte sind, wie bei *c*. Die Schwingungen der Platte bestehen in dem schnell auf einander folgenden Uebergang aus einer dieser beiden Stellungen in die andere. Aehnliche Bemerkungen lassen sich für alle anderen Theilungsarten machen.

Denken Sie sich jetzt, dass das Rechteck sich allmählich verbreitert, bis es ein Quadrat wird. Dann wäre kein Grund vorhanden, warum sich die Knotenlinien eher dem einen Seitenpaare parallel bilden sollten, als dem anderen. Wir wollen jetzt untersuchen, was die Wirkung einer Vereinigung zweier solcher Schwingungssysteme sein würde.

Der klaren Vorstellung wegen nehmen Sie zwei quadratische Glasplatten und ziehen auf jede die Knotenlinien, die einem Rechteck zukommen. Ziehen Sie die Linien auf der einen Platte weiss, auf der andern schwarz, so können Sie die Platten deutlich von einander unterscheiden. Legen Sie jetzt das eine Quadrat so auf das andere, dass ihre Knotenlinien zusammenfallen, und dann überlegen Sie sich, wie beide Platten in Schwingungen gerathen.

Wir wollen zuerst annehmen, dass die Schwingungen der beiden Platten übereinstimmen, dass der mittlere und die Endtheile einer jeden zugleich steigen und fallen; und nun denken Sie sich, dass die Schwingungen der einen Platte auf die andere übertragen würden. Welches würde das Resultat sein? Augenscheinlich würde die Platte, welche diesen Zuwachs erhalten hat, Schwingungen von der doppelten Amplitude machen. Nehmen wir aber an, dass die Schwingungen der beiden Platten, statt übereinzustimmen, einander gerade entgegengesetzt sind — dass, wenn der mittlere Theil der einen steigt, der mittlere Theil der anderen fällt — was würde aus der Addition beider Schwingungen folgen? Augenscheinlich eine Neutralisation aller Schwingungen.

Statt die Platten so zu legen, dass ihre Knotenlinien übereinstimmen, wollen wir diese Linien sich jetzt in rechten Winkeln kreuzen lassen, d. h., wir wollen *A* über *A'* (Fig. 67) legen. In diesen Abbildungen heisst der Buchstabe *P* positiv; er zeigt in dem Theile, wo er steht, eine Bewegung der Platte nach aufwärts an, während *N* negativ heisst und da, wo er steht, eine Bewegung

Fig. 67.

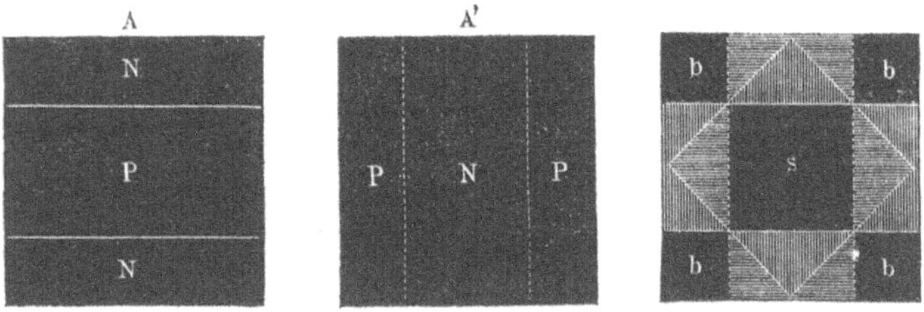

nach abwärts anzeigt. Sie haben jetzt im dritten Quadrat eine Art von Muster vor sich, dass aus einem Quadrat *S* in der Mitte, einem kleinern Quadrat *b* in jeder Ecke und vier rechteckigen Figuren an den mittleren Theilen der vier Seiten besteht. Wir wollen die Platten schwingen lassen; die Schwingungen der entsprechenden Theile mögen in der Art erfolgen, wie es durch die Buchstaben *P* und *N* angezeigt ist, und nun wollen wir annehmen, dass die Schwingungen der einen Platte auf die andere übertragen seien. Was muss eintreten? Nach kurzem Nachdenken werden Sie finden, dass das grosse mittlere Quadrat mit der doppelten Kraft wie vorher schwingen muss; dasselbe gilt auch für die vier kleineren Quadrate in den vier Ecken; Sie werden sich aber sogleich überzeugen, dass die Schwingungen der vier Rechtecke einander entgegengesetzt sind, und dass sie sich an den Stellen gegenseitig vernichten werden, wo ihre Amplituden gleich sind. Der Mittelpunkt einer jeden Seite der Glasplatte ist daher ein Ruhepunkt; die Punkte, wo sich die Knotenlinien der beiden Platten kreuzen, sind daher ebenfalls Ruhepunkte. Ziehen Sie eine Linie durch je drei von diesen Punkten, so erhalten Sie ein zweites, in das erste eingeschriebene Quadrat. Die Seiten dieses Quadrates sind Linien ohne Bewegung.

Bis jetzt haben wir uns nur in der Theorie bewegt; doch jetzt klemme ich diese quadratische Glasplatte an einem Punkte nahe dem Mittelpunkte eines ihrer Ränder fest, und ziehe den Bogen über die zunächstliegende Ecke der Platte. So erhalte ich, wenn das Glas homogen ist, eine Figur, die diesem eingeschriebenen Quadrat sehr ähnlich ist. Die Ursache ist die, dass in der so bewegten Platte die beiden von uns betrachteten Schwingungsarten wirklich zu gleicher Zeit existiren und die ihrer Vereinigung entsprechende Figur erzeugen.

Legen wir nochmals die quadratischen Glasplatten, wie vorher, genau auf einander; aber statt dass ihre Schwingungen übereinstimmen, mögen jetzt ihre correspondirenden Abschnitte einander entgegenschwingen; also A soll A' (Fig. 68 a. f. S.) decken. Dann ist es klar, dass bei Uebereinanderlagerung der Schwingungen der Mittelpunkt unseres mittlern Quadrates ein Ruhepunkt sein muss, denn hier sind die Schwingungen gleich und entgegengesetzt. Die Durchschnittspunkte der Knotenlinien sind ebenfalls Ruhepunkte, und so

Fig. 68.

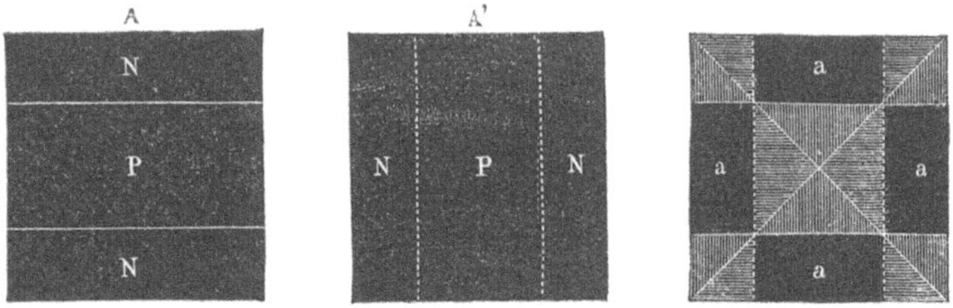

auch jede Ecke der Platte selbst, denn auch hier sind die zu einander addirten Schwingungen gleich und entgegengesetzt. So haben wir vier Ruhepunkte auf jeder Diagonale des Quadrates. Ziehen Sie die Diagonalen, so werden dieselben die Knotenlinien geben, die aus der Uebereinanderlagerung der beiden Schwingungen folgen.

Diese beiden Systeme bestehen wirklich neben einander in derselben Platte, wenn der Mittelpunkt und eine der Ecken berührt wird, während man mit dem Violinbogen über die Mitte einer ihrer Seiten streicht. In diesem Falle legt sich auch der Sand, der die Ruhelinien angiebt, in Diagonalen. So habe ich versucht, Ihnen nach Herrn Wheatstone in der einfachsten Weise ein Beispiel der Analyse dieser über einander gelagerten Schwingungen zu geben.

Gehen wir von den quadratischen Platten zu den kreisförmigen über, so erhalten wir gleichfalls verschiedene schöne Wirkungen. Hier ist z. B. eine Messingscheibe, die horizontal von diesem aufrecht stehenden Ständer getragen wird. Die Scheibe ist schwarz, und ich streue feinen weissen Sand leicht darauf. Sie kann sich in verschiedener Weise theilen und kann Töne von verschiedener Höhe geben. Ich will zuerst den tiefsten Grundton der Scheibe anklingen lassen; ich thue es, indem ich den Rand an einem bestimmten Punkte berühre, und mit dem Bogen über einen, 45 Grad von dem gedämpften Punkte entfernten Punkt des Randes streiche. Sie hören den Ton und Sie sehen den Sand. Er verlässt die vier Quadranten der Scheibe und legt sich auf die beiden Durchmesser (Fig. 69 *A*). Theilt sich eine Scheibe so in vier schwingende Theile, so erklingt ihr tiefster Ton. Ich halte jetzt die Schwingungen auf, reinige

Fig. 69.

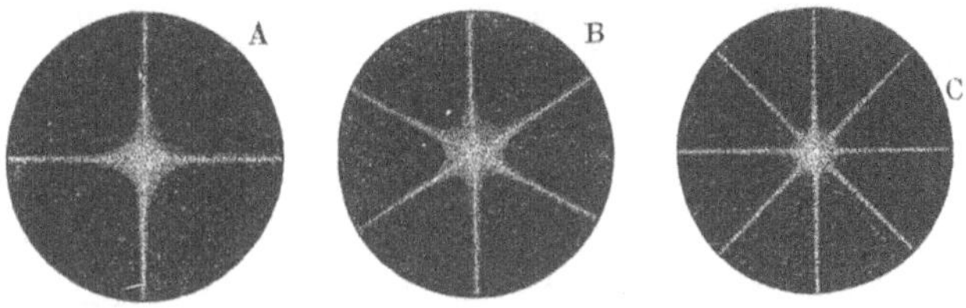

die Scheibe und streue noch einmal Sand darauf. Berühre ich ihren Rand und streiche mit dem Bogen den Punkt, der 30 Grad vom berührten entfernt ist, so legt sich der Sand sogleich in Form eines Sternes. Wir haben hier sechs schwingende Theile, die von einander durch radiale Knotenlinien getrennt sind (Fig. 69 *B*). Ich berühre wieder einen Punkt und errege einen anderen, der dem berührten etwas näher ist, als im letzten Falle; die Scheibe theilt sich in acht schwingende Theile mit den Sandlinien dazwischen (Fig. 69 *C*). Auf diese Weise fahre ich fort, die Scheibe in zehn, zwölf, vierzehn, sechszehn Sectoren zu theilen; die Zahl der Sectoren bleibt immer eine gerade. Wie die Theile zahlreicher werden, werden die Schwingungen schneller und die Tonhöhe folglich höher. Der bei der Theilung der Scheibe in sechszehn Theile gehörte Ton ist so scharf, dass er dem Ohr wehe thut. Dies ist Chladni's erste Entdeckung. Sie werden seine Aufregung begreifen können, als er die wunderbare Wirkung sah, „die vor ihm noch kein Sterblicher gesehen hatte". Lässt man den Mittelpunkt der Scheibe frei schwingen und berührt geeignete Punkte ihrer Oberfläche, so kann man Knotenkreise und andere gebogene Linien erhalten.

Die Schwingungszahl einer Scheibe ist ihrer Dicke direct und dem Quadrat ihres Durchmessers umgekehrt proportional. Ich habe hier drei Scheiben; zwei von ihnen haben denselben Durchmesser, aber die eine ist noch einmal so dick als die andere; zwei von ihnen haben dieselbe Dicke, aber die eine hat den doppelten Durchmesser als die andere. Nach dem eben ausgesprochenen Gesetz verhalten sich die Schwingungszahlen dieser drei Scheiben wie 1, 2, 4. Ich lasse sie der Reihe nach tönen, und ein geübtes Ohr wird bestätigen, dass ihre Töne wirklich zu einander im Verhältniss eines Tones zu seiner Octave und seiner doppelten Octave stehen.

Man kann die Fortbewegung des Sandes nach den Knotenlinien hin am besten beobachten, wenn man den Sand mit einer dickflüssigen Substanz mengt. Auf diesen Scheiben wurde z. B. durch Gummi die Bewegung der Sandtheilchen verzögert. Die Curven, die sie beschreiben, sind sehr deutlich auf den Platten gezogen. Die Abbildungen A, B, C (Fig. 70) sind den von Herrn Strehlke gegebenen Zeichnungen dieser Erscheinungen entnommen.

Eine eigenthümliche Erscheinung bei den schwingenden Platten, die den Experimentatoren lange Zeit Schwierigkeiten bereitete, muss hier noch erwähnt werden. Mit dem auf diese Platte gestreuten Sand ist etwas feiner Staub vermischt; ich habe, um Ihnen die Wirkung augenscheinlicher zu machen, den Sand mit feinem Lycopodiumsamen gemischt. Diese

Fig. 70.

A B C

leichte Substanz bildet, statt sich den Knotenlinien entlang zu legen, an den bewegtesten Stellen kleine Häufchen. Sie sehen diese Häufchen an den vier Ecken der Platte (Fig. 71), an den vier Seiten der Platte (Fig. 72), und zwischen den Knotenlinien der Platte (Fig. 73), welche resp. die in den Figuren 61, 62 und 63 abgebildeten Schwingungszustände besitzen. Der Staub wählt sich immer den Ort der heftigsten Bewegung. Man hatte verschiedene Erklärungen

Fig. 71.

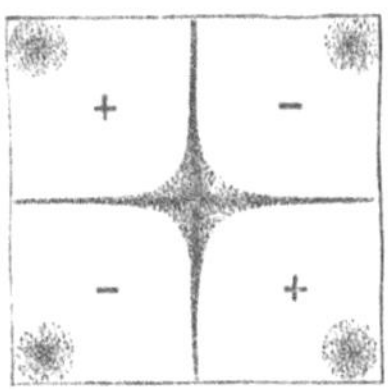

Fig. 72.

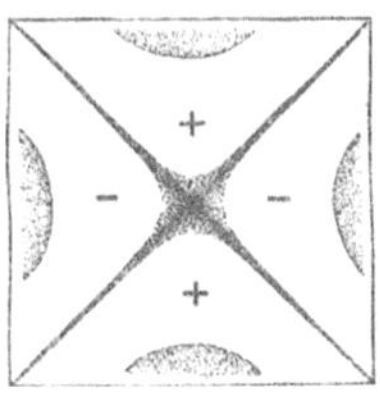

Fig. 73.

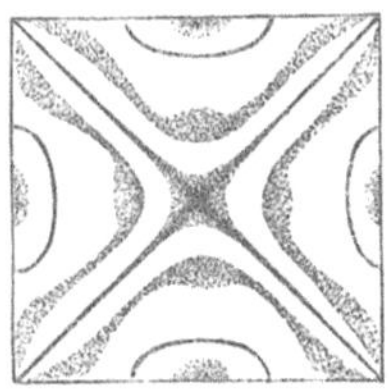

für diese Erscheinung gegeben; Hrn. Faraday war es aber vorbehalten, die äusserst einfache Ursache zu finden. Das leichte Pulver wird von den kleinen

Luftwirbeln, die die Schwingungen der Platte erzeugen, mitgerissen; es kann diesen kleinen Wirbelstürmen nicht entschlüpfen, obgleich die schwereren Sandtheilchen leicht hindurchgehen. Hört daher die Bewegung auf, so sammelt sich das leichte Pulver in Häufchen an den Orten an, wo die Schwingung am stärksten war. Im luftleeren Raume wird diese Erscheinung nicht beobachtet; hier bewegen sich alle Pulver, die leichten wie die schweren, zu den Knotenlinien hin.

Die schwingenden Theile und Knoten einer Glocke verhalten sich wie die der Scheibe. Lässt eine Glocke ihren tiefsten Ton erklingen, so theilt sie sich durch die Interferenz ihrer Anstösse in vier schwingende Theile, die durch vier von dem Rande zum Knopfe der Glocke aufwärts gehende Knotenlinien von einander getrennt sind. Die Stelle, wo der Hammer anschlägt, ist immer die Mitte eines schwingenden Theiles; der gegenüberliegende Punkt befindet sich ebenfalls in der Mitte eines solchen Theiles. Neunzig Grade von diesen Punkten haben wir auch schwingende Theile, während wir bei 45 Grad rechts und links von ihnen zu den Knotenlinien gelangen. Wenn wir annehmen, dass der starke dunkle Kreis in Fig. 74 den Umkreis einer Glocke im Zustande der Ruhe darstellt, so geht der Rand derselben, wenn der Hammer auf einen der Theile *a*, *c*, *b* oder *d* fällt, periodisch durch die mit punktirten Linien angegebenen Veränderungen. Einmal bildet die Glocke ein Oval mit *ab* als längstem Durchmesser; im nächsten Augenblicke ein Oval mit *cd* als längstem Durchmesser. Die

Fig. 74.

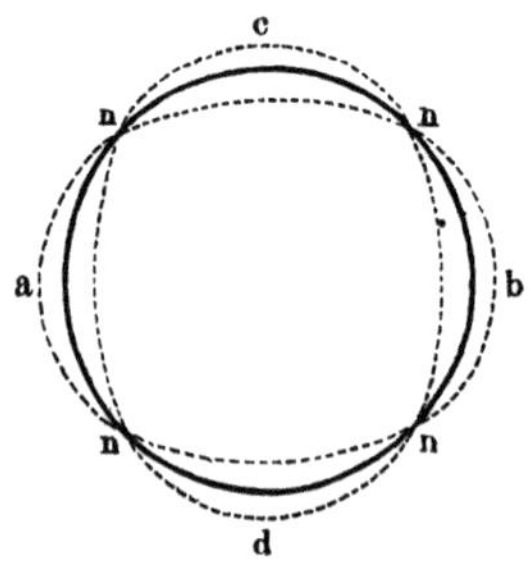

Veränderungen von einem Oval zum anderen bilden in der That die Schwingungen der Glocke. Die vier Punkte *n, n, n, n*, wo die beiden Ovale sich schneiden, sind die Knoten. Wie bei einer Scheibe, so ist die Zahl der von einer Glocke in einer bestimmten Zeit ausgeführten Schwingungen dem Quadrat ihrer Dicke direct und ihrem Durchmesser umgekehrt proportional.

Wie die Scheibe, kann sich auch die Glocke in jede beliebige gerade Zahl von schwingenden Theilen theilen, aber in keine ungerade Zahl. Berührt man nach einander die geeigneten Punkte, so kann sich die Glocke in 6, 8, 10 und 12 schwingende Theile theilen. Fangen wir mit dem Grundton an, so ist die Schwingungszahl, die den resp. Theilungen einer Glocke oder einer Scheibe entspricht, folgende:

Zahl der Abtheilungen	4,	6,	8,	10,	12
Zahlen, deren Quadraten die Schwingungszahlen entsprechen	2,	3,	4,	5,	6

Ist also die Schwingungszahl des Grundtones 40, so ist die des nächst höheren Tones 70, des nächsten 160, des nächsten 250, des nächsten 360, u. s. f. Dünne Glocken theilen sich so leicht in mehrere Abtheilungen, dass es fast unmöglich ist, ihnen den reinen Grundton ohne Beimischung der höheren Töne zu entlocken.

Ich will jetzt einen einfachen, aber lehrreichen Versuch vor Ihnen wiederholen. Streiche ich mit dem Violinbogen über den Rand dieses gewöhnlichen Kruges, so theilt er sich, genau wie die Glocke, in vier schwingende Theile. Der Krug hat einen Henkel, und ich bitte Sie, den Einfluss dieses Henkels auf den Ton zu beobachten. Ich streiche mit dem Violinbogen über den Rand an einem Punkte, der dem Henkel diametral entgegengesetzt ist. Dasselbe thue ich an einem Punkte, der 90° vom

Henkel entfernt ist; die Höhe des Tones ist in beiden Fällen dieselbe. Beide Male nahm der Henkel die Mitte des schwingenden Theiles ein, indem er diesen Theil durch sein Gewicht beschwerte. Wenn ich aber mit dem Bogen in einem Winkelabstand von 45° vom Henkel streiche, so ist der Ton bedeutend höher als vorher. Der Henkel befindet sich bei diesem Versuch an einem Knoten; er beschwert kein schwingendes Theilchen mehr, und daher erzeugt die elastische Kraft, die ein geringeres Gewicht zu bewegen hat, eine schnellere Schwingung. Den hier mit einem Kruge gemachten Versuch führte Chladni mit einer Theetasse aus. Die Glocken sind oft an ihrem Rande ungleich dick, was dem Mangel an Symmetrie bei unserm Kruge entspricht. Wir werden später erfahren, dass der intermittirende Ton mancher Glocken, den man besonders beim Verklingen des Tones beobachtet, von der Vereinigung zweier verschieden schneller Schwingungen erzeugt wird, die diesem Mangel an Gleichförmigkeit ihren Ursprung verdanken.

Es giebt keine Punkte absoluter Ruhe in einer schwingenden Glocke, denn die Knoten der höheren Töne sind nicht die des Grundtones. Dass aber die verschiedenen Theile des Randes, wenn der Grundton vorherrscht, mit verschiedener Intensität schwingen, ist leicht zu beweisen. Wenn wir eine kleine Siegellackkugel *a* (Fig. 75) an einer Schnur aufhängen und sie leicht gegen die innere Fläche einer umgekehrten Glocke aufliegen lassen, so wird sie, wenn die Glocke in Schwingungen versetzt wird, hin und her geschleudert. Das Rasseln der Siegellackkugel ist aber bei weitem heftiger, wenn sie an den schwingenden Theilen, als wenn sie an den Knoten anliegt. Als ich die Elfenbeinkugel eines kurzen Pendels abwechselnd an den schwingenden

Theil und an einen Knoten der grossen Glocke von Westminster hielt, wurde sie im erstern Falle 5 Zoll, im

Fig. 75.

zweiten nur $2^3/_4$ Zoll weit fortgeschleudert, wenn der Hammer gegen die Glocke schlug.

Könnte die grosse Glocke umgekehrt und mit Wasser angefüllt werden, so würden ihre Schwingungen beim Anschlagen sich in schönen Kräuselungen auf der flüssigen Oberfläche offenbaren. Wir könnten ähnliche Kräuselungen durch kleinere Glocken erhalten, ja selbst durch meinen Finger und Weingläser; sie würden für meinen jetzigen Zweck aber zu unbedeutend sein. Ich habe hier ein grosses, halbkugelförmiges Glas, das einen vollen, tiefen Ton ausgiebt. Ich fülle es mit Wasser und streiche mit dem Violinbogen über seinen Rand; sogleich wird seine Oberfläche von Kräuselungen bedeckt. Streiche ich kräftig mit dem Bogen, so sehen Sie, wie sich das Wasser in einem lebhaften Sprühregen von kleinen kugelförmigen Tropfen an den vier schwingenden Theilen erhebt. Ich will Ihnen diese Kräuselungen beim Tönen zu zeigen versuchen. Ein grosser Lichtcylinder fällt jetzt von der elektrischen Lampe auf das ruhige Wasser und wird von demselben reflectirt; ich bringe in den Weg des reflectirten Strahles diese grosse Linse, die ein vergrössertes Bild der Wasseroberfläche auf den Schirm wirft. Ich streiche jetzt leise mit dem Bogen über den Rand des Glases, oder reibe mit meinem Finger leise den Rand; Sie hören diesen leisen, tiefen Ton, und beobachten zu gleicher Zeit, wie die Wellen sich in sichtbarer Musik auf den vier Theilen der flüssigen Oberflächen kräuseln *).

Nimmt man statt des Wassers Schwefelkohlenstoff, so springen seine Tröpfchen, in Folge der grössern Schwere der Flüssigkeit, kräftiger in die Höhe und das schöne Mosaik wird länger auf der Oberfläche erhalten. Eine noch schönere Wirkung wird erzielt, wenn man eine der leichteren flüchtigen Flüssigkeiten anwendet. Sie kennen den Versuch von Leidenfrost über den sphäroidalen Zustand des Wassers. Sie wissen, dass wenn Wasser in ein rothglühendes silbernes Gefäss gegossen wird, es nicht plötzlich verdampft, sondern erst auf seinem eigenen Dampfe hin und her rollt. Dasselbe geschieht, wenn wir eine flüchtige Flüssigkeit, wie Aether, auf die Oberfläche von heissem Wasser tropfen. Der Tropfen behält seine sphäroidale Form. Fülle ich eine Glasglocke mit Aether oder Alkohol, so löst ein scharfer Strich mit dem Bogen über den Rand der Glocke kleine

*) Die Ausführung dieser Versuche verdanke ich der Güte des Herrn Bird von Birmingham, der verschiedene Melodien auf seiner schönen Sammlung von Glasglocken spielte, die zu diesem Zwecke besonders nach London geschickt worden waren.

kuglige Tröpfchen los, die sich beim Zurückfallen nicht mit der Flüssigkeit mischen, sondern wie auf Dampfrädern über die Oberfläche nach den Knotenlinien getrieben werden. Die Erwärmung der Flüssigkeit steigert die Wirkung, wie man sich denken kann. Herr Melde, dem wir diesen schönen Versuch verdanken, hat die Zeichnungen (Fig. 76 und Fig. 77) von dieser Erscheinung gegeben, wenn sich die Oberfläche in vier oder in sechs

Fig. 76.

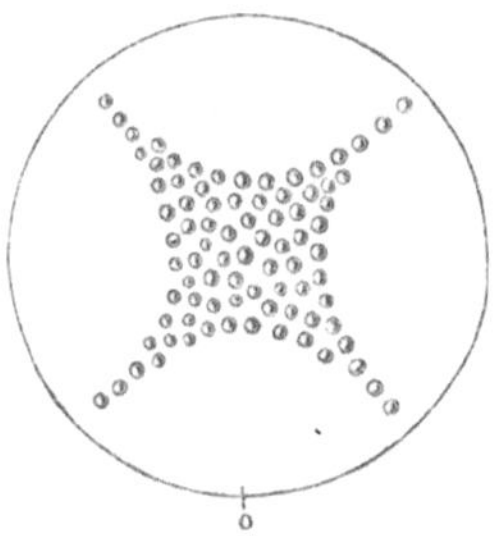

Fig. 77.

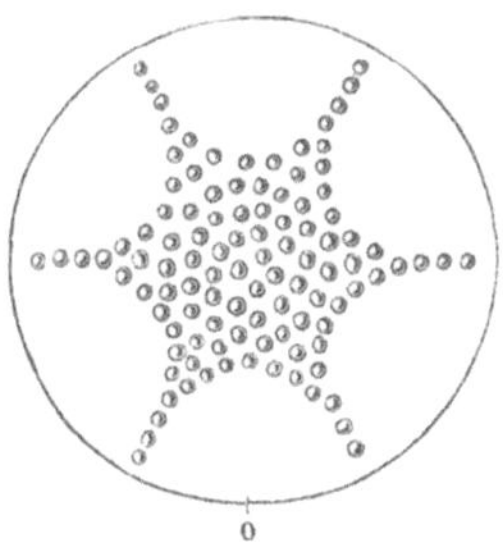

schwingende Theile theilt. Wir können mit einem dünnen Weinglase und mit starkem Weingeist dieselbe Erscheinung erhalten.

Das Glas und die darin enthaltene Flüssigkeit schwingen zugleich, und jede Störung des vollkommenen Zusammenhanges der ganzen Masse verhindert das Tönen. Ginge ein Riss im Glase vom Rande abwärts, so würde es nicht mehr tönen. Eine Unterbrechung der Continuität der Flüssigkeit würde dasselbe bewirken. Um dies zu beweisen, habe ich eine Lösung von kohlensaurem Natron in dieses Glas gegossen. Ich schlage gegen das Glas und Sie hören diesen hellen, musikalischen Ton. Jetzt füge ich etwas Weinsteinsäure zu der Flüssigkeit hinzu; sie schäumt, und dieses trockne, unmusikalische

Geräusch tritt an die Stelle des musikalischen Tones. So wie der Schaum verschwindet, vermag das Gefäss von Neuem zu tönen, und jetzt, wo die Flüssigkeit wieder ungetrübt ist, hören Sie den Ton wie vorher.

Die Wellen der Fluth lassen ihren Eindruck auf dem Sande des Strandes zurück. Faraday hat gezeigt, dass die Kräuselungen, die durch tönende Schwingungen entstehen, sich ebenso abbilden können. Befestigt man eine Glasplatte an ein langes biegsames Brett und giesst eine dünne Schicht Wasser über die Oberfläche des Glases, so theilen seine Erschütterungen, wenn man das Brett schwingen lässt, das Wasser in ein schönes Mosaik von Kräuselungen. Eine dünne Schicht Sand, die auf die Platte gestreut ist, wird vom Wasser bewegt und bildet dabei ein Muster, von dem Fig. 78 ein verkleinertes Bild giebt.

Fig. 78.

Uebersicht der vierten Vorlesung.

Ein an beiden Enden befestigter, transversal schwingender Stab theilt sich ebenso, wie eine transversal schwingende Saite.

Indess ist die Reihenfolge seiner Obertöne nicht dieselbe, wie bei der Saite; denn während die Tonreihe der Saite durch die natürliche Zahlenreihe 1, 2, 3, 4, 5 u. s. f. ausgedrückt wird, drücken die Quadrate der ungeraden Zahlen 3, 5, 7, 9 u. s. f. die Tonreihe des Stabes aus.

Ein an einem Ende befestigter Stab kann als Ganzes schwingen, oder er kann sich in schwingende Theile theilen, die von einander durch Knoten getrennt sind.

In diesem Falle verhält sich die Schwingungszahl des Grundtones zu der des ersten Obertones wie 4:25, oder wie das Quadrat von 2 zu dem Quadrat von 5. Von der ersten Theilung an aufwärts sind die Schwingungszahlen den Quadraten der ungeraden Zahlen 3, 5, 7, 9 u. s. f. proportional.

Bei Stäben von verschiedener Länge ist die Schwingungszahl dem Quadrat der Länge des Stabes umgekehrt proportional.

Befestigt man eine innen versilberte Glasperle an dem freien Ende des Stabes und beleuchtet die Perle, so beschreibt während der Schwingungen des Stabes der von ihr reflectirte

Lichtpunkt verschieden gestaltete Curven. Das Kaleidophon von Wheatstone beruht hierauf.

Die Eisenvioline und die Spieldose sind Instrumente, deren Töne durch Stäbe oder Zungen erzeugt werden, die an dem einen Ende befestigt, an dem anderen frei sind.

Ein an beiden Enden freier Stab kann ebenfalls die Quelle von Tonschwingungen werden. Bei seiner einfachsten Theilungsart hat er zwei Knoten; die folgenden Obertöne entsprechen den Theilungen mit 3, 4, 5 u. s. f. Knoten. Fangen wir mit der ersten Theilungsart an, so werden die Schwingungszahlen der Töne eines solchen Stabes durch die Quadrate der ungeraden Zahlen 3, 5, 7, 9 u. s. f. angegeben.

Das Holzinstrument, die Strohvioline und die Glasharmonika sind Instrumente, deren Töne durch Stäbe oder Stangen erzeugt werden, die an beiden Enden frei sind und an den Knoten gestützt werden.

Wenn ein gerader, an beiden Enden freier Stab allmählich in seiner Mitte gebogen wird, so nähern sich die dem Grundton entsprechenden beiden Knoten allmählich einander. Er nimmt zuletzt die Form einer Stimmgabel an, die, wenn sie ihren Grundton angiebt, durch zwei Knoten nahe der Basis ihrer Zinken in drei schwingende Theile getheilt wird.

Es giebt keine Theilung einer Stimmgabel durch drei Knoten.

Bei der zweiten Theilungsart, die dem ersten Obertone der Gabel entspricht, ist ein Knoten an jeder Zinke und zwei andere unten an der Gabel.

Der Grundton der Gabel verhält sich annähernd zu ihrem ersten Obertone wie das Quadrat von 2 zu dem Quadrat von 5. Daher erfolgen die Schwingungen des ersten Obertones ungefähr $6\frac{1}{4}$mal so schnell als die des Grundtones. Von dem ersten Obertone an aufwärts verhalten sich die auf einander folgenden Schwingungszahlen wie die Quadrate der ungeraden Zahlen 3, 5, 7, 9 u. s. f.

Chladni verdanken wir die experimentelle Untersuchung aller dieser Verhältnisse. Er benutzte dabei seine Entdeckung, dass Sand, der auf eine schwingende Oberfläche gestreut ist, von den schwingenden Theilen derselben fortgetrieben wird und sich auf den Knotenlinien ansammelt.

Chladni dehnte seine Untersuchungen auf Platten von verschiedener Gestalt aus. Eine quadratförmige Platte z. B., die in der Mitte eingeklemmt ist und ihren Grundton angiebt, theilt sich durch Linien, die ihren Seiten parallel sind, in vier kleinere Quadrate.

Dieselbe Platte kann sich in vier dreieckige schwingende Theile theilen, wobei dann die Knotenlinien mit den Diagonalen zusammenfallen. Der so erzeugte Ton liegt eine Quinte über dem Grundton der Platte.

Die Platte kann sich noch weiter theilen, wobei Sandfiguren von ausserordentlicher Schönheit gebildet werden. Der Ton wird um so höher, je kleiner die Abtheilungen der Platte sind.

Diese Figuren kann man aus der Coexistenz verschiedener Schwingungssysteme ableiten.

Giebt eine in ihrem Mittelpunkte festgeklemmte, kreisförmige Platte ihren Grundton an, so theilt sie sich in vier schwingende Theile, die von einander durch vier radiale Knotenlinien getrennt sind.

Der folgende Ton der Platte entspricht einer Theilung in sechs schwingende Sectoren, der darauf folgende einer Theilung in acht Sectoren. Solche Platte kann sich in jede gerade Zahl schwingender Sectoren zerlegen. Die Sandfiguren nehmen sehr schöne, sternartige Formen an.

Die Schwingungszahlen, welche den aufeinander folgenden Theilungen einer Scheibe entsprechen, werden durch die Quadrate der Zahlen 2, 3, 4, 5, 6 u. s. f. ausgedrückt. Es sind also die Schwingungszahlen den Quadraten der Zahlen der Sectoren proportional, in die sich die Scheibe theilt.

Giebt eine Glocke ihren tiefsten Ton an, so ist sie dabei in vier schwingende Theile getheilt, die von einander durch Knotenlinien getrennt sind, die von dem Rande aufwärts gehen und sich in dem Knopfe der Glocke kreuzen.

Sie kann sich, wie die Scheibe, auch in mehr Abtheilungen theilen; die Reihenfolge ihrer Obertöne ist ebenfalls dieselbe.

Fünfte Vorlesung.

Längsschwingungen eines Drahtes. — Schallgeschwindigkeit in Messing und Eisen. — Längsschwingungen eines Stabes, der an einem Ende befestigt ist, und eines Stabes, dessen beide Enden frei sind. — Knotenpunkte und Obertöne der longitudinal schwingenden Stäbe. — Beobachtung schwingender Stäbe bei polarisirtem Lichte. — Schallgeschwindigkeit in festen Körpern. — Resonanz. — Schwingungen in gedackten Pfeifen; deren Abtheilungen und Obertöne. — Wie sich die Töne gedackter Pfeifen zu denen offener Pfeifen verhalten. — Zustand der Luftsäule in einer tönenden Orgelpfeife. — Zungen und Zungenpfeifen. — Das Stimmorgan. — Obertöne der Stimmbänder. — Die Klänge der Vocale. — Kundt's Experimente. — Neue Methoden, um die Geschwindigkeit des Schalles zu bestimmen.

Wir haben uns bisher ausschliesslich mit Querschwingungen beschäftigt; das heisst mit Schwingungen, deren Richtung zur Länge der beobachteten Saiten, Stäbe, Platten und Glocken einen rechten Winkel bildete. Eine Saite kann auch in Richtung ihrer Länge schwingen; dann aber ist die Kraft, welche die Schwingungen verursacht, nicht die von aussen gegebene Spannung, sondern die elastische Kraft zwischen ihren eigenen Molekeln. Nun ist diese Elasticität der Molekel viel bedeutender als irgend eine, die wir durch Spannung der Saite erzeugen können, und in Folge dessen sind die durch Längsschwingungen der Saite hervorgebrachten Töne in der

Regel viel höher, als die durch ihre Querschwingungen erzeugten. Diese Längsschwingungen können hervorgerufen werden, indem man mit einem Violinbogen schräg über die Saite hinstreicht. Leichter noch erhält man sie, wenn man mit einem Stück Tuch oder Leder, das mit etwas Colophoniumpulver bestreut ist, schnell an der Saite auf und ab fährt. Die Finger, mit Harz eingepudert, thun dieselben Dienste.

Ich ziehe den Draht unseres Monochords zur Seite, und Sie hören den Ton, der durch seine Querschwingungen erzeugt ist. Ich reibe nun mit dem eingeharzten Leder am Drahte entlang; da lässt sich ein viel durchdringenderer Ton als der frühere hören; dieser rührt von den Längsschwingungen des Drahtes her. Hinter dem Tische ist ein 23 Fuss langer starker Eisendraht gespannt. Das eine Ende davon ist unbeweglich an einem starken hölzernen Gestell befestigt, das andere Ende um einen Stift gewickelt, der fest in einer unserer Bänke steckt. Mit einem Schlüssel kann der Stift gedreht und der Draht gestreckt werden, um das Streichen mit dem Lappen zu erleichtern. Ich greife den Draht mit dem harzigen Leder, fahre mit der Hand daran auf und ab, und Sie hören Alle einen lauten und vollen, musikalischen Ton. Ich fasse nun den Draht fest in der Mitte und reibe eine seiner Hälften. Die gehörte Note ist eine Octave höher als die vorige, indem die Schwingungen doppelt so schnell geworden sind. Ich fasse den Draht an einem Drittel seiner Länge und reibe die kürzere Abtheilung; diese Note ist noch eine Quinte höher als die Octave. Ich fasse ihn an einem Viertel seiner Länge und reibe dieses Viertel; die Note ist zwei Octaven höher als die vom ganzen Draht gegebene, indem sie der vierfachen Anzahl von Schwingungen entspricht. Also steht sowohl bei Längs- als auch bei Querschwingungen die Zahl der Schwingungen in umgekehrtem Verhältniss zur Länge des Drahtes.

Nun geben Sie einmal Acht auf die überraschende Kraft dieser Töne, wenn der Draht heftig gerieben wird. Ich fasse ihn kürzer, die Note steigt; noch kürzer und sie wird so hoch und zugleich so mächtig, dass es kaum zum Aushalten ist. Nicht der Draht selbst giebt diesen durchdringenden Ton ab, sondern das hölzerne Gestell an seinem Ende, dem er die Schwingungen mittheilt. Da die Schwingungen des Drahtes Längsschwingungen sind, müssen die des Brettes, welches rechtwinklig zu dem Draht steht, Querschwingungen sein. So haben wir hieran in der That ein anschauliches Beispiel der Verwandlung von Längsschwingungen in Querschwingungen.

Ich nehme den Steg fort, mit dem ich den Draht theilte, und lasse ihn wieder seiner ganzen Länge nach Schwingungen machen. Während dem wird mein Assistent den Wirbel drehen und dadurch die Spannung ändern. Sie bemerken keine Veränderung des Tones. Wenn einmal der Draht genügend gespannt ist, dass er sich an seine Befestigungspunkte kräftig anlegt, so hat die Spannung auf die Längsschwingungen keinen solchen Einfluss als auf die Querschwingungen.

Sie sehen, dass ich hier einen zweiten Draht aus Messing von derselben Länge und Dicke habe als der eiserne. Ich reibe sie beide, und ihre Töne sind nicht gleich, sondern der des eisernen Drahtes ist bedeutend höher als der andere. Warum? Einfach weil die Schnelligkeit der Tonwellen in Eisen grösser ist als in Messing. Die Impulse gehen in diesem Falle von einem Ende des Drahtes zum andern hin und her. Einen Augenblick drängt der Draht gegen das Brett an seinem Ende, im nächsten zieht er daran. Dieses Anprallen und Zerren rührt von dem Auf- und Ablaufen des Impulses durch den ganzen Draht her. Die Zeit, welche derselbe braucht, um von einem Ende zum andern und wieder zurück zu laufen, entspricht einer ganzen Schwingung. Während dem übt der Draht einen Stoss und einen Zug auf das Brett aus; das Brett theilt der Luft eine ganze Schwingung mit, und die Luft drängt das Trommelfell einmal nach innen und einmal nach aussen. Hiernach ist klar, dass die Schnelligkeit der Schwingung, oder mit anderen Worten die Tonhöhe von der Geschwindigkeit abhängt, mit welcher die Tonwelle durch den Draht geht.

Nun fällt uns hier die Lösung einer interessanten Aufgabe ganz von selbst in die Hand. Ohne dies Zimmer nur zu verlassen, können wir das Verhältniss der Schallgeschwindigkeit in Messing und Eisen bestimmen. Ich fasse den Messingdraht kürzer, bis die Note, die er von sich giebt, ebenso hoch ist, als die des anderen Drahtes. Wie Sie hören, sind beide Noten jetzt im Einklang, das beweist, dass die Tonwelle durch diese 15 Fuss 6 Zoll Messingdraht in derselben Zeit wie durch diese 23 Fuss Eisendraht geht. Diese Längen stehen im Verhältniss von 11 : 17, welche beiden Zahlen also die relative Schallgeschwindigkeit in Messing und Eisen angeben. Die erstere Geschwindigkeit beträgt in der That 11000 und die letztere 17000 Fuss in der Secunde. Natürlich lässt sich dieselbe Methode auch bei vielen anderen Metallen anwenden.

Wenn ein Draht in Längsschwingungen seinen tiefsten Ton giebt, so hat er keinen Knotenpunkt. Die Welle läuft, wie gesagt, an der ganzen Länge des Drahtes auf und ab. Er kann aber auch wie eine querschwingende Saite in schwingende Abschnitte getheilt werden, die durch Knoten getrennt sind.

Wenn wir den Draht in der Mitte dämpfen, so bildet sich dort ein Knotenpunkt. Die Wellen laufen hier von beiden Enden aus, begegnen sich in der Mitte, prallen von einander ab und kehren zu den Enden zurück, wo sie wie vorher reflectirt werden. Die Note, die nun durch den in zwei schwingende Theile getheilten Draht gegeben wird, ist die Octave des Grundtones. Die nächst höhere Note wird erzeugt, wenn sich der Draht in drei schwingende Theile theilt. Die erste dieser drei Schwingungsweisen wird in Fig. 79 *a* und *b* gezeigt, die zweite unter *c* und *d*, die dritte unter *e* und *f*, wo die Knoten durch punktirte Querstriche angegeben sind und die

Fig. 79.

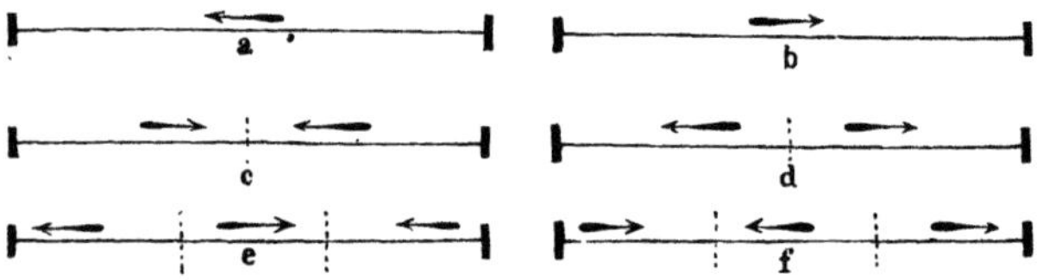

Richtung der Impulse durch Pfeile bezeichnet wird. Wenn die Töne des Drahtes durch ihre Schwingungszahlen bestimmt werden, folgen sie, gerade wie bei den querschwingenden Drähten, der Zahlenreihe 1, 2, 3, 4, 5 u. s. w.

Ein Stab oder eine Leiste von Holz oder Metall, deren beide Enden befestigt sind, und die in Längsschwingungen versetzt wird, lässt sich ebenso abtheilen wie der Draht. Auch ist die Folge der Töne in beiden Fällen die gleiche.

Stäbe und Leisten, die an einem Ende befestigt sind, können ebenfalls Längsschwingungen ausführen. So giebt z. B. ein glatter Holz- oder Metallstab, dessen eines Ende in einen Schraubstock geklemmt ist, einen musikalischen Ton, wenn man mit beharzten Fingern an ihm entlang streicht. Wenn solch ein Stab seinen tiefsten Ton giebt, streckt und verkürzt er sich in raschem Wechsel. Dann besteht kein Knoten auf dem Stabe. Vergleicht man Stäbe von verschiedener Länge mit einander, so steht die Tonhöhe immer in umgekehrtem Verhältniss zur Länge des Stabes. Dies folgt auch nothwendig aus der Thatsache, dass eine ganze Schwingung so viel Zeit erfordert, als der Impuls braucht, um vollständig am Stabe auf und ab zu laufen. Der erste Oberton eines Stabes, der ein freies Ende hat, giebt einen Knotenpunkt, der um ein Drittel der Länge des Stabes vom freien Ende absteht.

Sein zweiter Oberton entspricht einer Theilung durch zwei Knoten, deren höchster ein Fünftel der ganzen Länge des Stabes vom freien Ende abschneidet, während der andere Knoten den übrigen Stab in zwei gleiche Theile theilt.

Fig. 80.

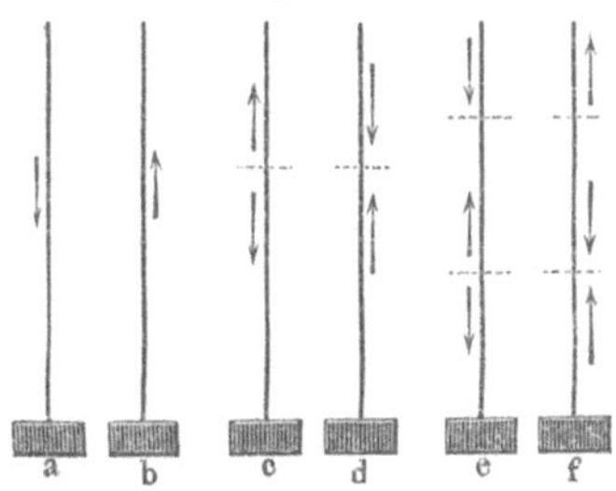

Fig. 80 zeigt in *a* und *b*, *c* und *d*, *e* und *f* den Zustand des Stabes, welcher diesen drei ersten Schwingungsweisen entspricht. Die Knoten sind wie früher durch punktirte Linien bezeichnet, und die Pfeile geben jedesmal die Richtung der schwingenden Bewegung an.

Die Töne eines Stabes, der an einem Ende festgeklemmt ist und Längsschwingungen ausführt, stehen im Verhältniss der ungeraden Zahlen 1, 3, 5, 7 u. s. w.; und es begreift sich leicht, warum dies der Fall ist. Denn das

Zeitmaass für die Schwingungen von *c* oder *d* bestimmt der Theil über der punktirten Linie, und da dieser nur ein Drittel so lang ist, als der ganze Stab, müssen seine Schwingungen dreimal so schnell sein. Bei *e* oder *f* ist der Ton ebenfalls gleich dem Grundton des obersten Abschnittes, und da dieser Abschnitt ein Fünftel so lang ist, als der ganze Stab, so müssen seine Schwingungen fünfmal so schnell sein. Demnach muss also die Reihenfolge der Töne der der ungeraden Zahlen entsprechen.

Sie haben in Fig 81 ein musikalisches Instrument vor sich, dessen Töne durch die longitudinalen Schwingungen einer Reihe tannener Stäbe von verschiedener Länge erzeugt werden. Wenn ich mit harzigen Fingern der Reihe nach die Stäbe streiche, erhalte ich eine Folge von Tönen verschiedener Höhe. Es würde allerdings eines viel gewandteren Spielers bedürfen, als ich es bin, um Ihnen die Töne dieses Instrumentes einigermaassen angenehm zu machen.

Fig. 81.

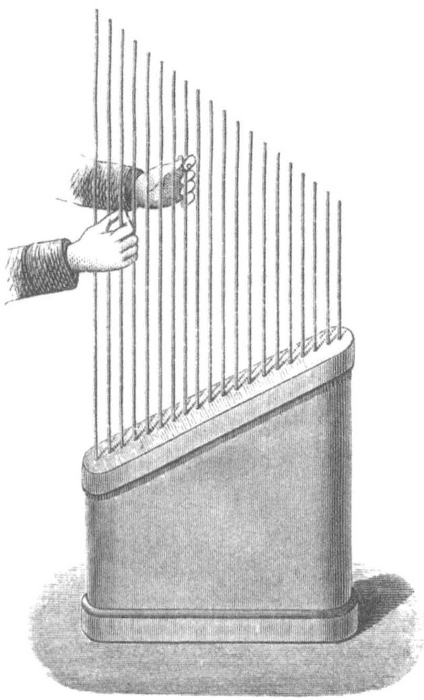

Auch Stäbe, deren beide Enden frei sind, können Längsschwingungen ausführen und musikalische

Töne hervorbringen. Die Untersuchung dieses Gegenstandes wird uns zu ausserordentlich wichtigen Resultaten führen. Ich fasse mit der linken Hand eine lange Glasröhre gerade in der Mitte und reibe mit einem nassen Tuche, was ich in der rechten halte, an einer der Hälften der Röhre auf und ab. Dadurch entsteht ein klarer, musikalischer Ton. Ein massiver Glasstab derselben Länge würde denselben Ton geben. In diesem Falle ist die Mitte der Röhre der Knoten, und die beiden Hälften werden abwechselnd länger und kürzer.

König in Paris hat mir ein Instrument geliefert, welches diesen Vorgang anschaulich machen wird. Dieser Messingstab *a b* (Fig. 82) wird in der Mitte von der Klemme *s* gehalten, und eine Elfenbeinkugel, die an zwei Fäden von den Punkten *m* und *n* am Holzrahmen herabhängt, berührt das Ende *b* des Messingstabes.

Fig. 82.

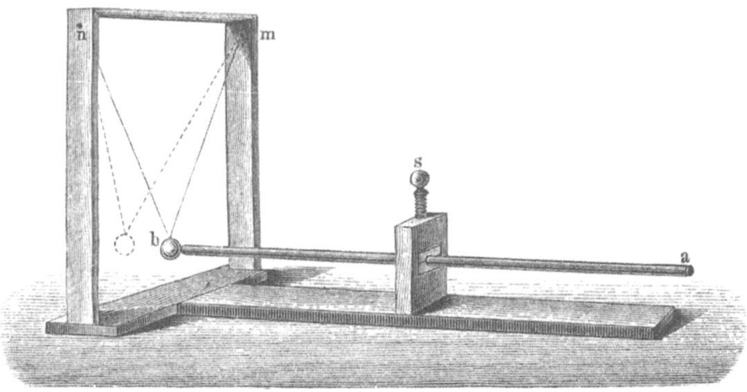

Wenn ich sanft mit eingeharztem Leder bei *a* an dem Stabe lang streiche, wird er in Längsschwingungen versetzt. Die Mitte *s* ist ein Knoten; aber die Unruhe der Elfenbeinkugel zeigt Ihnen, dass das Ende *b* in einer zitternden Bewegung ist. Ich reibe schneller. Die Kugel *b* klirrt, und nun wird die Schwingung so stark, dass die Kugel mit Heftigkeit zurückgeworfen wird, so oft sie mit dem Stabe in Berührung kommt. Wenn ich mit dem nassen Tuche über die Fläche dieser Glasröhre reibe, kann ich bemerken, wie das Häutchen von Flüssigkeit, was hinter dem Tuche zurückbleibt, schmale zitternde Ringe auf dem ganzen Stabe bildet. Dieses Zittern der Flüssigkeit rührt von dem Zittern des Glases darunter her, und man kann sogar die Heftigkeit der Schwingung so steigern, dass das Glas factisch in Stücke bricht. Savart war der Erste, der dies zeigte. Ich habe hier schon zweimal sein Experiment wiederholt und dabei jedesmal eine schöne Glasröhre, 6 Fuss lang und 2 Zoll im Durchmesser, geopfert. Ich fasste die Röhre in der Mitte *C* (Fig. 83) und rieb mit der andern Hand heftig auf der Strecke *CD* auf und ab, bis schliesslich die andere Hälfte der Röhre in ringförmige Stücke zerfallen war. Als man diese Stücke untersuchte, fand man, dass, so schmal sie auch waren, viele davon doch noch kreisförmige Sprünge zeigten, die noch kleinere Abtheilungen andeuteten.

Auch in diesem Falle steht die Schnelligkeit der Schwingung in umgekehrtem Verhältniss zur Länge des Stabes. Ein Stab von der halben Länge führt seine Längsschwingungen mit der doppelten, ein Stab von einem Drittel der Länge mit der dreifachen Geschwindigkeit aus u. s. f. Da die Dauer einer ganzen Schwingung von der Zeit abhängt, die die Welle braucht, um am Stabe auf und ab zu laufen, und da diese Zeit in geradem Verhältniss steht zur Länge des Stabes, so muss natürlich die Schnelligkeit der Schwingung der Länge des Stabes umgekehrt proportional sein.

Diese Theilung des Stabes durch einen einzigen Knoten

in der Mitte entspricht dem tiefsten Ton, den er bei Längsschwingungen geben kann. Doch wie bei allen bisher untersuchten Fällen können sich solche Stäbe noch ferner

Fig. 83.

Fig. 84.

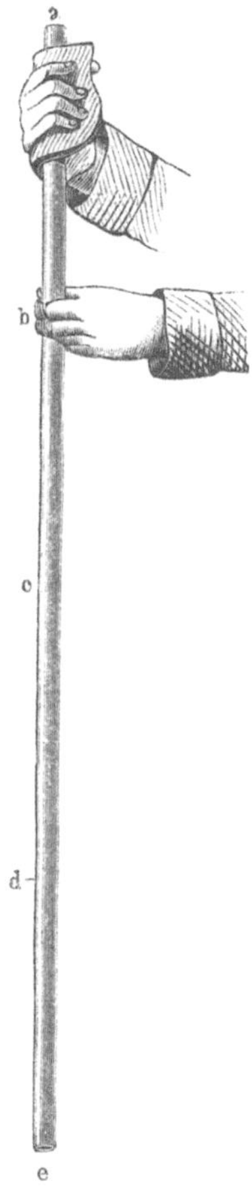

theilen. Ich fasse den langen Glasstab *ae* (Fig. 84) bei dem Punkte *b*, der in der Mitte zwischen dem einen Ende und dem Mittelpunkte des Stabes liegt, und reibe den kurzen Theil *ab* mit einem nassen Tuche. Der Punkt *b* bildet einen Knoten, und ihm entsprechend entsteht in derselben Entfernung vom andern Ende des Stabes ein zweiter Knoten bei *d*. Somit haben wir den Stab in drei schwingende Theile getheilt, einen ganzen Schwingungsbauch *b d* in der Mitte und zwei halbe *ab* und *de*. Der Ton, welcher dieser Theilung des Stabes entspricht, ist die Octave seines Grundtones.

Sie können nun zwei meiner Aussagen zusammenhalten und prüfen, ob sie einander widersprechen oder nicht. Denn wenn die zweite eben beschriebene Theilungsart die Octave des Grundtones giebt, und ein Stab von der halben Länge dieselbe Octave auch giebt, so müsste der ganze Stab, bei einem Viertel seiner Länge gefasst, denselben Ton geben als der halb so lange Stab, in der Mitte gefasst. Es soll jemand den halben Stab tönen lassen, während ich den ganzen übernehme. Sie hören beide Töne, und ihre Höhe ist gleich. In Fig. 85 sind unter *a* und *b*, *c* und *d*, *e* und *f* die drei ersten

Fig. 85.

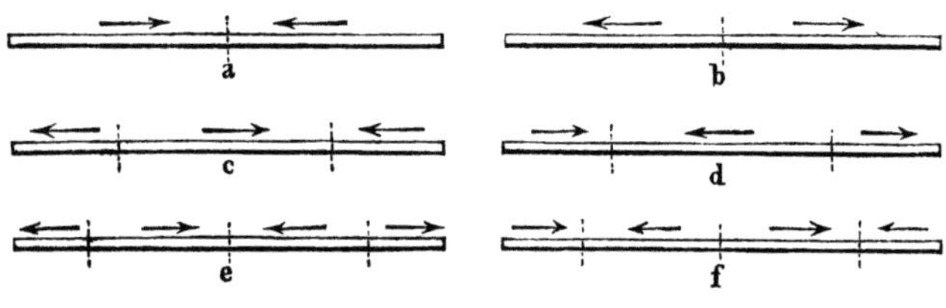

Theilungsweisen eines Stabes gezeigt, der an beiden Enden frei ist und Längsschwingungen ausführt. Die Knoten sind wie früher durch punktirte Querlinien, und die Richtung der Schwingungen durch Pfeile angegeben.

Die Folge der Töne ist ausgedrückt in den Zahlen 1, 2, 3, 4 u. s. w.

Wenn eine Röhre oder ein Stab in Längsschwingungen seinen Grundton giebt, sind seine beiden Enden ungehindert in ihren Schwingungen; das Glas leidet da weder Druck noch Dehnung. In der Mitte ist es gerade umgekehrt; es findet hier keine Bewegung statt, aber ein rascher Wechsel von Dehnung und Druck. Wenn die Tonimpulse gegen die Mitte hin drängen, so pressen sie das Glas; wenn sie zurückprallen, so dehnen sie es. So haben wir also an den Enden die grösste Schwingung, aber keinen Wechsel der Dichtigkeit, dagegen in der Mitte die grösste Veränderung der Dichtigkeit, aber keine Schwingung.

Wir haben uns nun den Weg zu einem sehr schönen Experiment gebahnt, welches vor einer Reihe von Jahren von Biot gemacht, aber, so viel ich weiss, noch nie in dem Maassstabe wiederholt wurde, in dem ich es Ihnen hier vorführen werde. Ich lasse das Licht unserer elektrischen Lampe *L* (Fig. 86 a. f. S.) durch ein Prisma von doppelt brechendem Kalkspath *B* fallen und erhalte dadurch einen Strahl polarisirten Lichts. Dieser Strahl stösst auf ein zweites Spathprisma *n*; allein obgleich beide Prismen vollkommen durchsichtig sind, kann das Licht, welches durch das erste Prisma gedrungen ist, nicht durch das zweite kommen. Und nun wünsche ich Ihnen zu zeigen, dass, wenn ich ein Stück Glas zwischen die beiden Prismen bringe und es einen Druck oder eine Dehnung leiden lasse, alsdann das Licht in Stand gesetzt wird, das Ganze zu durchdringen. Ich benutze dazu diesen recktwinkligen 6 Zoll langen Glasstab. Sie sehen, dass er in seinem gewöhnlichen Zustande keinen Einfluss ausübt; wenn ich ihn zwischen die Prismen halte, bleibt der Schirm dunkel. Ich biege nun den Glasstab bloss durch die Kraft meiner Hand, so dass eine Hälfte

Fig. 86.

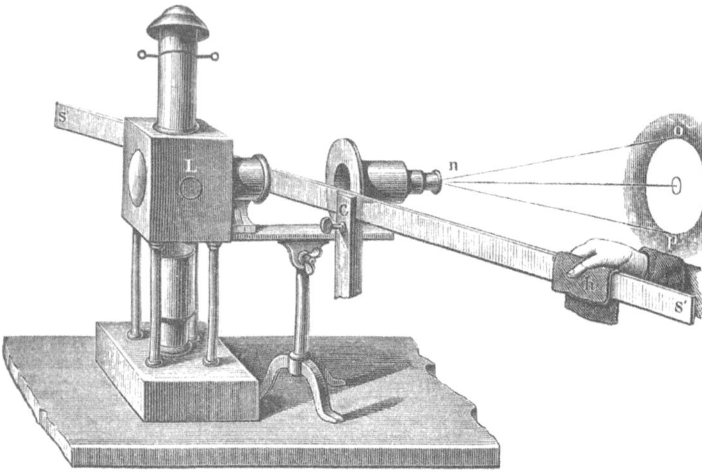

davon gedehnt, die andere zusammengedrückt wird, und nun sehen Sie das erleuchtete Bild des Stabes auf dem Schirme. Längs der Mitte des Stabes bemerken Sie einen dunkeln Streifen; dieser zeigt die Stelle des Stabes, wo Druck und Dehnung in einander übergehen, wo das Glas in seinem natürlichen Zustande ist und daher das Licht nicht beeinflusst.

Ich lege nun den Glasstab weg und bringe statt dessen zwischen die Prismen *B* und *n* ein Rechteck von Spiegelglas, welches 6 Fuss lang, 2 Zoll breit und $^1/_3$ Zoll dick ist und in Längsschwingungen versetzt werden soll. Der Strahl aus *L* trifft das Glas nahe bei seinem Mittelpunkte, der von einem Schraubstock *c* gehalten wird; wenn eine der Hälften *cs* mit einem nassen Tuche gerieben wird, so wird die Mitte des Glasstreifens ein Knotenpunkt sein.

Während der Längsschwingungen wird, wie schon gesagt, das Glas in der Mitte wechselweise gedehnt und gepresst, und erleidet also die Veränderung seiner Structur, die es fähig macht, jene eigene Beschaffenheit des Lichtes aufzuheben, vermöge welcher es nicht durch das zweite Prisma *n* gelangen kann. Beobachten Sie das Experiment. Der Schirm ist ganz dunkel; ich reibe mit meinem nassen Tuche schnell über das Glas hin. Sie hören seinen Ton, und gleichzeitig leuchtet eine strahlende Lichtscheibe von 3 Fuss Durchmesser auf dem Schirm auf. So schnell als die Schwingung sich legt, verschwindet auch das Licht, um sich jedoch nach Belieben durch das nasse Tuch wieder wecken zu lassen.

Das Licht dieser Scheibe scheint beständig zu sein, aber in der That ist es unterbrochen, denn es kann ja nur durchdringen, wenn Druck oder Dehnung auf das Glas ausgeübt wird. Bei dem Uebergang von Dehnung zu Druck und von Druck zu Dehnung ist das Glas einen Augenblick in seinem natürlichen Zustande, der, wenn er andauerte, den Schirm dunkel erscheinen liesse. Allein auf der Netzhaut des Auges haftet der Eindruck der Helle, der durch Druck und Dehnung hervorgerufen wird, viel länger, als nöthig ist, um die Zwischenräume von Dunkelheit ganz verschwinden zu lassen. Daher scheint der Schirm von einem ununterbrochenen Lichte erleuchtet. Ich drehe nun das eine Prisma um einen rechten Winkel, so dass das Licht jetzt ungehindert durch beide Prismen geht. Man könnte erwarten, dass nun Dunkelheit eintreten würde, wenn ich das Glas in Schwingungen versetze. Dies ist jedoch nicht der Fall, obwohl ohne Zweifel das Feld für Augenblicke dunkel wird. Sie bemerken eine Abnahme des Lichtes, aber kein Verlöschen. Die dunklen Zwischenzeiten sind in der

That von so kurzer Dauer, dass sie durch die lichten, die ihnen vorhergehen und folgen, beinahe gänzlich verschwinden. Nun stelle ich das Rechteck von Glas so, dass der polarisirte Strahl nahe bei dem Ende *s* darauf fällt. Die Längsschwingungen haben jetzt nicht den geringsten Einfluss auf den polarisirten Strahl. So können wir mit Hülfe dieses feinen Beobachtungsmittels nachweisen, dass die Mitte des Glases, wo die Schwingung gleich Null ist, schneller Abwechselung von Dehnung und Druck unterworfen ist, während die Enden des Rechtecks, wo die Schwingung am stärksten ist, weder Druck noch Dehnung erleiden *).

Bisher habe ich fast nur Glasstäbe und Röhren angewendet; aber ich habe auch Holz- und Metallstäbe, die musikalische Töne geben, wenn sie in Längsschwingungen versetzt werden. Jedoch besteht hierbei der angewendete Reiber nicht aus nassem Tuch, sondern aus einem Stück Leder, das mit gepulvertem Colophonium bestreut ist. Reibung mit harzigen Fingern ruft auch die Musik der Stäbe hervor. Ihre Schwingungsart ist die schon gezeigte, doch ändert sich die Tonhöhe mit der Schnelligkeit, mit der die Tonwelle durch die verschiedenen Substanzen geht. Ich habe hier zwei Stäbe von der gleichen Länge, den einen von Tannenholz, den andern von spanischem Mahagoni, die wir zusammen tönen lassen wollen. Der eine giebt einen viel tiefern Ton als der andere. Warum? Einfach weil die Tonwellen durch diese besondere Art Mahagoni langsamer gehen als durch Tannenholz. Das Verhältniss der Fortpflanzungsgeschwindigkeiten in diesen beiden Körpern können wir mit der grössten Leichtigkeit

---

*) Das Experiment lässt sich beinahe eben so gut mit einer Glasröhre ausführen.

feststellen. Wir brauchen nur den Mahagonistab zu verkürzen, bis er dieselbe Note giebt, wie der von Tannenholz. Ich thue dies vorsichtig nach und nach. So habe ich die beiden Töne zuerst einander genähert, jetzt sind sie gleich. Durch diesen 4 Fuss langen Mahagonistab und durch diesen 6 Fuss langen Tannenstab geht die Tonwelle in derselben Zeit, also drücken diese Zahlen das Verhältniss der Schallgeschwindigkeit in den beiden Substanzen aus.

Untersuchungsweisen, die ich in unseren früheren Vorlesungen nur andeuten konnte, bieten sich uns nun ganz von selber dar. Als ich in meiner ersten Vorlesung von der Geschwindigkeit des Schalls in der Luft sprach, fielen Ihnen ohne Zweifel mancherlei Methoden ein, diese Schnelligkeit zu bestimmen, weil sie es da mit meilenlangen Strecken zu thun hatten. Aber wie sollen wir die Tongeschwindigkeit in Holz und Metall bestimmen, wo solche Entfernungen gar nicht in Frage kommen? Auf die eben beschriebene einfache Art; aus den Tönen, die sie geben, wenn sie auf geeignete Weise zubereitet sind, können wir mit Sicherheit auf das Verhältniss der Schallgeschwindigkeit in verschiedenen festen Substanzen schliessen, und wenn wir das Verhältniss der Schnelligkeit in einem dieser Körper mit der Schnelligkeit in der Luft vergleichen, so können wir eine Tabelle absoluter Geschwindigkeiten aufstellen. Aber wie sollen wir die Luft in diese Reihe mit hineinziehen? Wir werden bald im Stande sein, diese Frage zu beantworten, indem wir uns ihr mittelst einer Reihe von Erscheinungen nähern, die beim ersten Anblick allerdings gar nicht damit in Zusammenhang zu stehen scheinen.

Resonanz.

Vor Ihnen steht eine Reihe Stimmgabeln, deren Schwingungszahlen schon durch die Sirene bestimmt worden sind. Sie werden sich erinnern, dass diese eine 256 Mal in der Secunde vibrirt, und dass daher die Länge der Tonwelle, die sie erzeugt, 4 Fuss 4 Zoll beträgt. Die Gabel ist nun von ihrem Kasten abgenommen, so dass man sie kaum hört, wenn sie angeschlagen ist. Ich halte die schwingende Gabel über dieses Glasgefäss *AB* (Fig. 87), welches 18 Zoll tief ist; aber Sie hören den Ton der Gabel noch immer nicht. Nun giesse ich, während ich die Gabel in ihrer Stellung lasse, mit so wenig Geräusch wie möglich Wasser in das Gefäss. Die Luftsäule unter der Gabel wird kürzer, indem das Wasser steigt. Sie bemerken, dass der Ton an Stärke zunimmt, und wenn das Wasser eine gewisse Höhe erreicht hat, schwillt er zu bedeutender Stärke an. Ich giesse noch mehr Wasser hinein, da sinkt der Ton wieder und wird endlich so unhörbar, als am Anfange. Wenn ich das

Fig. 87.

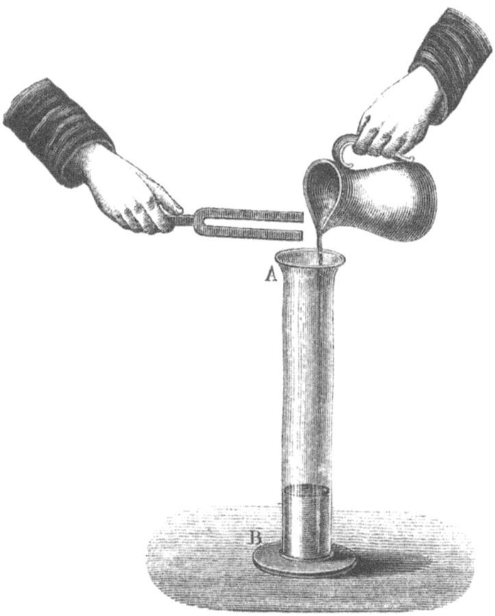

Wasser vorsichtig ausgiesse, erreiche ich wieder den Punkt, wo die Verstärkung des Tones eintritt. Durch solche Versuche ersehe ich, dass der Ton der Stimmgabel nur bei einer ganz bestimmten Länge der darunter befindlichen Luftsäule den höchsten Grad seiner Stärke erreicht. Diese Verstärkung des Tones wird Resonanz genannt.

Wenn ich in derselben Weise der Reihe nach mit allen Gabeln verfahre, finde ich für jede eine Luftsäule, welche ihr die stärkste Resonanz giebt. Die Säulen sind von verschiedener Länge, sie werden in dem Grade kürzer, als die Schnelligkeit der Schwingung wächst. In Fig. 88 ist die Reihe von Gefässen abgebildet und die Zahl der Schwingungen, für welche jedes resonirt, darüber geschrieben.

Fig. 88.

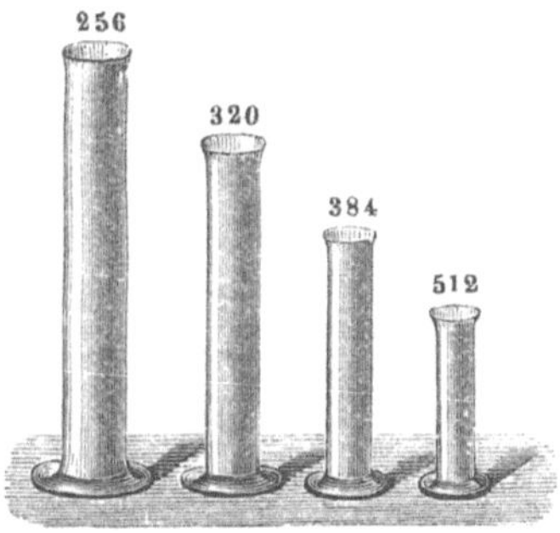

Es frägt sich nun warum die Gefässe kürzer werden, und was der physikalische Sinn dieser höchst wunderbaren Thatsache ist. Die grössere Fülle des Tones, den man durch das ganze Zimmer hört, kann nur dadurch bedingt sein, dass der Luft des Zimmers eine grössere Menge von Bewegung mitgetheilt wird. Unter welchen Umständen ist nun die Gabel fähig, der Luft eine so gesteigerte Bewegung mitzutheilen? Um diese Frage zu lösen, müssen wir uns erinnern, in welcher Beziehung die Bewegung der Gabel zur Bewegung der Tonwelle, die sie erzeugt, steht. Nehmen wir an, dass eine Zinke der Stimmgabel, welche

256 Schwingungen in der Secunde ausführt, zwischen den Punkten *a* und *b* (Fig. 89) vibrirt. Bei ihrer Bewegung von *a* zu *b* erzeugt die Gabel eine halbe Tonwelle und da die Länge der ganzen Tonwelle dieser Gabel 4 Fuss 4 Zoll beträgt, so ist in dem Augenblicke, wo die Zinke *b* erreicht, der vorderste Punkt der Tonwelle schon bei *C*,

Fig. 89.

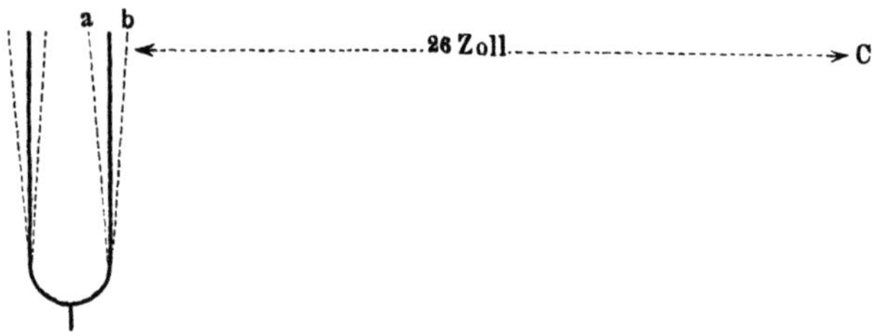

2 Fuss 2 Zoll von der Gabel angelangt. Die Bewegung der Welle ist also bei weitem schneller, als die der Gabel. Factisch beträgt in diesem Falle die Entfernung *a b* nicht mehr als $^1/_{20}$ Zoll, und in der Zeit, welche die Gabel braucht, diesen Raum zu durchlaufen, macht die Tonwelle einen Weg von 26 Zoll. Bei tieferen Stimmgabeln würde der Unterschied noch grösser sein.

Unsere nächste Frage ist nach der Länge der Luftsäule, bei welcher die Resonanz dieser Gabel am stärksten ist. Mit einem Zweifussmaass gemessen, finde ich sie 13 Zoll lang. Die Länge der Tonwelle aber, welche die Gabel erzeugt, beträgt 52 Zoll. Also: Die Länge der Luftsäule, welche auf den Ton der Gabel resonirt, ist gleich einem Viertel der Länge der Tonwelle, welche von der Gabel ausgeht. Diese Regel ist allgemein und könnte durch jede andere dieser Gabeln bestätigt werden.

Denken Sie sich also die Zinke zwischen *a* und *b* hin und her schwingend, und über ihr das Resonanzgefäss *AB* (Fig. 90) gehalten. In der Zeit, welche die Gabel braucht, um von *a* zu *b* zu gelangen, geht die Verdichtung der Luft, die sie hervorbringt, bis auf den Boden des Gefässes nieder, wird da zurückgeworfen und, da die Entfernung bis zum Boden und wieder zurück 26 Zoll beträgt, so wird die zurückgeworfene Welle die Gabel in dem Augenblicke erreichen, wo sie im Begriff steht, wieder von *b* zu *a* zurückzukehren. Nun entsteht durch die Rückbewegung der Zinke der mit Luftverdünnung verbundene Theil der Welle.

Fig. 90.

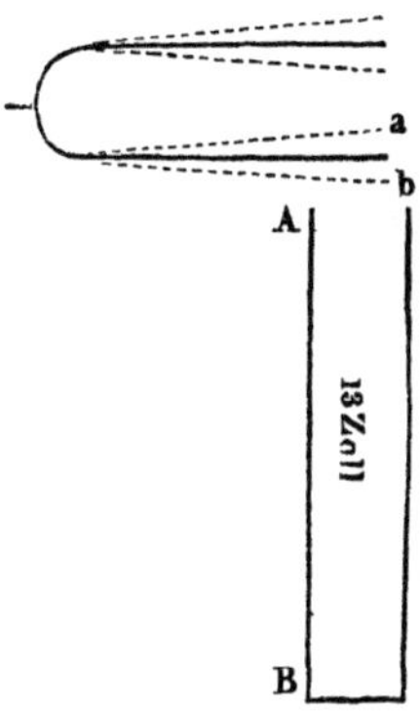

Diese Verdünnung wird ebenfalls bis zum Boden des Gefässes und wieder zurück laufen und die Zinke einholen, wenn sie gerade die Grenze *a* erreicht hat. Aus dieser Analyse ist klar, dass die Schwingungen der Gabel vollkommen gleichzeitig mit den Schwingungen der Luftsäule *AB* verlaufen, und in Folge dieser Gleichzeitigkeit häuft sich die Bewegung in dem Gefässe an, verbreitet sich von da durch das Zimmer und bringt so diese gewaltige Anschwellung des Tones hervor.

Angenommen wir ersetzten die Luft in einem dieser Gefässe durch ein Gas von anderer Elasticität, so würden wir die Länge der am besten resonirenden Säule auch verändert finden. Die Schnelligkeit des Tones in Leuchtgas verhält sich zu der Schnelligkeit in der Luft ungefähr wie 8 zu 5.

Also um im gleichen Rhythmus wie unsere Gabel zu schwingen, müsste ein Gefäss, mit Leuchtgas gefüllt, tiefer sein als ein Gefäss mit Luft. Ich halte nun dieses 18 Zoll tiefe Gefäss umgekehrt über diesen noch geschlossenen Gasbrenner, schlage dann die Stimmgabel an und halte sie dicht an die Oeffnung des Gefässes; sie ist kaum hörbar. Mit Luft gefüllt ist dieses Gefäss 5 Zoll zu tief für die Gabel. Nun drehe ich den Gashahn auf, und während das Gas im Gefässe aufsteigt, schwillt der Ton und beweist, dass für das elastischere Gas eine Tiefe von 18 Zoll nicht zu gross ist. In der That ist sie nicht einmal gross genug, denn wenn ich zu viel Gas hineinlasse, wird die Resonanz wieder schwächer. Wenn ich plötzlich das Gefäss wieder umdrehe, die Gabel immer dicht vor seine Oeffnung haltend, entweicht das Gas und dabei tritt wieder der Punkt ein, wo die gehörige Menge von Gas und Luft gemischt sind, und der Ton aufschwillt*).

Ein anderer Fall, der die Wirkung der Resonanz deutlich zeigt, und den ich Ihnen nun vorführen will, ist von Savart gefunden worden. Ich habe hier eine schöne, volltönende Glocke, die ich in starke Schwingungen versetze, indem ich mit einem geharzten Bogen an ihrem Rande streiche. Sie hören ihren Ton rein, aber nicht sehr stark. Ich nähere nun die Oeffnung dieser weiten Röhre, die an einem Ende geschlossen ist, einer der schwingenden Abtheilungen der Glocke. Sie bemerken eine Steigerung des Tones, und nun die Röhre dicht an die Glocke gerückt ist, schwillt der Ton zu ausserordentlicher Macht an, bleibt jedoch dabei weich und musikalisch. Wenn

*) Das Gas entweicht so schnell aus dem Gefässe, dass die Wirkung dieses Experimentes sehr geschwächt wird. Es lässt sich deshalb leichter mit Wasserstoff ausführen als mit Leuchtgas.

ich also die Röhre abwechselnd fortziehe und näher rücke, vermindert und steigert sich der Ton in dieser sehr auffallenden Weise. Ich lasse ihn nun sich mindern, bis die Glocke ganz unhörbar wird. Dann rücke ich die Röhre wieder vor,

Fig. 91.

und der Ton, der eben noch von den Nahstehenden nicht gehört wurde, durchdringt nun das ganze Zimmer. Ich nehme darauf eine zweite Röhre, die mittelst einer Auszugsröhre länger oder kürzer gemacht werden kann, aber im Gegensatz zu der ersten an beiden Enden offen ist. Ich bringe sie an die schwingende Glocke, aber die Resonanz ist schwach. Ich verlängere die Röhre, indem ich das eingeschobene Stück herausziehe, und bei einem gewissen Punkt schwillt der Ton an, wie früher. Wenn ich die Röhre noch weiter ausziehe, wird die Resonanz wieder schwächer. Ich möchte Sie darauf aufmerksam machen, dass die offene Röhre, wenn sie die stärkste Resonanz giebt, gerade zweimal so lang ist, als die geschlossene, eine Thatsache, die ich gleich erklären will.

Als ich in der dritten Vorlesung das Ende einer hängenden Kautschukröhre fasste und es nöthig fand, in meinen Bewegungen einen bestimmten Tact einzuhalten, um die verschiedenen Knotensysteme hervortreten zu lassen, konnte ich fühlen, dass ich mit meinen Muskeln mehr Arbeit leisten musste, wenn meine Bewegungen den bestimmten Tact einhielten, als wenn sie unregelmässig waren. Dieselbe Thatsache lässt sich ersehen, wenn man ein Weinglas halb voll Wasser giesst und nun versucht, es mit der Hand genau in demselben Tacte hin und her zu bewegen, in welchem das Wasser Wellen schlägt. Wenn Sie Ihre Bewegungen ganz in Uebereinstimmung mit denen des Wassers gebracht haben, erregt Ihnen die Anstrengung in der Hand das Gefühl, als ob das Wasser schwerer geworden wäre. Ebenso ist es mit unserer Stimmgabel. Wenn ihre Bewegungen sich den Schwingungen der Luftsäule im Gefässe anschliessen müssen, leistet sie mehr Arbeit, als wenn sie es nicht thun. In Folge dessen kommt die Stimmgabel früher in Ruhe, wenn sie über das Gefäss gehalten wird, als wenn sie in freier Luft oder über einem Gefäss schwingen kann, dessen Tiefe nicht zu ihrer Schwingungsdauer passt*).

Mit Hülfe dessen, was wir nun gelernt haben, würde es Ihnen meiner Ueberzeugung nach keine Schwierigkeit machen, die folgende schöne Aufgabe zu lösen: Sie haben eine Stimmgabel und eine Sirene und sollen mit diesen beiden Instrumenten die Schnelligkeit des Schalls in der Luft bestimmen. Um diese Aufgabe zu lösen, fehlt Ihnen höchstens die Beherrschung der Handgriffe, die man durch

*) Nur ein ausserordentlich kleiner Bruchtheil der Bewegung der Gabel wird in Ton verwandelt. Das Uebrige wird verbraucht, um die innerliche Reibung ihrer eigenen Theilchen zu überwinden. Mit anderen Worten: fast die ganze Bewegung wird in Wärme verwandelt.

Uebung erlangt. Zuerst würden Sie vielleicht daran denken, mittels der Sirene die Zahl von Schwingungen zu bestimmen, die Ihre Stimmgabel in der Secunde ausführt; dann würden Sie die Länge der Luftsäule feststellen, welche für die Gabel resonirt. Diese Länge multiplicirt mit 4 gäbe Ihnen nahezu die Länge der Tonwelle, und die Wellenlänge multiplicirt mit der Zahl der Schwingungen in der Secunde drückte die verlangte Schnelligkeit aus. Also könnten Sie, ohne das Zimmer zu verlassen, diese wichtige Aufgabe lösen. Wenn es Ihnen recht ist, wollen wir in dieser Weise fortfahren uns beim Fortschreiten unsern Boden Schritt für Schritt zu sichern.

Orgelpfeifen.

Vor mir auf dem Tisch stehen zwei resonirende Gefässe, und in beiden Händen halte ich zwei Stimmgabeln. Ich setze beide Gabeln in Schwingung und halte sie beide über dies Gefäss. Nur eine von ihnen tönt hörbar. Ich halte beide über das andere Gefäss und nun ist nur die andere Gabel zu hören. Jedes Gefäss wählt die Gabel aus und verstärkt sie, deren Schwingungsperioden mit seinen eigenen übereinstimmen. Statt zwei Gabeln könnte ich zwei Dutzend über jedes dieser Gefässe halten, und aus der wirren Menge der davon herrührenden Wellen würde das Gefäss die eine aussuchen und verstärken, die seinen eigenen Schwingungsperioden entspricht.

Ich nehme nun dasselbe Gefäss in die Hand, erhebe es zu den Lippen und blase quer über die Oeffnung fort. Oder noch besser, denn das Gefäss ist etwas zu weit für das Experiment, ich blase über das Ende einer Glasröhre *t u* (Fig. 92), welche dieselbe Länge als das Gefäss und nur $^3/_4$ Zoll im Durchmesser hat. Dadurch bringe ich eine schwirrende Bewegung der Luft hervor; ich errege in der That eine Anzahl von unregelmässigen Luftstössen an der offenen Mündung der Röhre, und was ist die Folge davon? Die Röhre wählt aus dem Geschwirr die Erschütterungen aus, mit denen sie selbst in Einklang ist, und erhebt sie zu der Würde eines musikalischen Tones. Sie bemerken, dass der Ton genau derselbe ist, den wir erhalten, wenn wir die gehörige Stimmgabel über die Röhre bringen. Die Luftsäule in der Röhre hat sich in diesem Falle wirklich ihre eigene Stimmgabel geschaffen; denn durch die Rückwirkung ihrer Wellen auf die dünne Schicht bewegter Luft, die von meinen Lippen kam, hat sie diese Schicht gezwungen, mit ihr unisono zu schwingen und also die Rolle der Stimmgabel zu spielen.

Fig. 92.

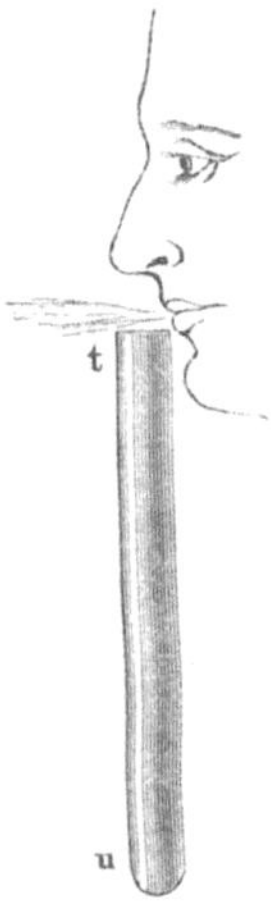

Ich nehme nun unsere anderen Stimmgabeln und wähle für jede von ihnen eine resonirende Röhre. Es zeigt sich in jedem dieser Fälle, dass, wenn ich quer über die offene Mündung der Röhre blase, ein Ton entsteht von gleicher Höhe mit dem, den die passende Stimmgabel, darüber gehalten, giebt.

Wenn verschiedene Röhren verglichen werden, so steht die Schwingungszahl in umgekehrtem Verhältniss zu der Länge der Röhren. Ich habe hier drei Röhren, die 6, 12 und 24 Zoll lang sind. Ich blase leise über die 2-Fuss-Röhre und bringe ihren Grundton heraus; ich blase ebenso über die 12-Zoll-Röhre und finde, dass ihr Ton die Octave der 24-Zoll-Röhre ist. Ich blase über die 6-Zoll-Röhre und erhalte einen Ton, der die Octave der 12-Zoll-Röhre ist. Es ist klar, dass dies der Fall sein muss, denn da die Schwingungszahl von der Entfernung abhängt, die die Welle zu durchlaufen hat, um eine ganze Schwingung zu vollenden, so muss, wenn in einem Falle die Entfernung doppelt so gross ist, als in einem andern, die Schwingungszahl auch halb so gross sein. Im Allgemeinen gesagt, steht die Schwingungszahl in umgekehrtem Verhältniss zu der Länge der Röhre, welche die Welle durchläuft.

Um sich aber den Forderungen der Röhre auf diese Weise anschliessen zu können, muss der Luftstrom einen gewissen Grad von Nachgiebigkeit haben. Etwas Ueberlegung wird Ihnen sagen, dass der Einfluss, welchen die zurückgeworfene Welle auf den Strom ausübt, einigermaassen von der Kraft des letztern abhängen muss. Ein stärkerer Strom erfordert wie eine stärker gespannte Saite grössere Kraft um ihn abzulenken, und schwingt schneller, wenn er abgelenkt ist. Demnach muss ich sehr leise über das obere Ende dieser Röhre blasen, wenn ich ihren Grundton erhalten will. Geschieht dies, so kommt ein reicher, voller und kräftiger musikalischer Ton heraus. Wenn ich etwas stärker blase, so nähert sich der Ton mehr einem Geräusche. Ich blase noch stärker und erhalte nun einen viel höhern Ton als der Grundton war. Dies ist der erste Oberton der Röhre, zu dessen Erzeugung sich die Luftsäule darin in zwei schwingende Theile scheiden musste, die durch einen Knoten getrennt sind. Ich blase noch stärker und erhalte einen noch höhern Ton; die Röhre ist nun in drei schwingende Theile geschieden, die durch zwei Knoten von einander getrennt sind. Ich blase noch einmal mit möglichster Kraft und es folgt ein Ton, der höher ist, als alle bisher erreichten.

In Fig. 93 habe ich die Abtheilungen der Luftsäule abgebildet, wie sie den drei ersten Noten einer Röhre entsprechen, die an einem Ende geschlossen ist. Bei *a* und *b*, welche dem Grundton entsprechen, ist die Säule ungetheilt, der Boden der Röhre ist der einzige Knoten, und die Welle läuft einfach von der Oeffnung zum Boden auf und ab, wie die Pfeile es andeuten. Bei *c* und *d*, welche dem ersten Oberton der Röhre entsprechen, haben wir eine Knotenfläche durch Punkte angezeigt, gegen welche die Wellen anlaufen und von der sie, wie von einer festen Wand, zurückgeworfen werden. Diese Knotenfläche liegt auf einem Drittel der Länge der Röhre, vom offenen Ende ab gerechnet. Bei *e* und *f*, welche dem zweiten Oberton entsprechen, haben wir zwei Knotenflächen, deren obere auf einem Fünftel der Röhrenlänge vom offenen Ende liegt, während die übrigen vier Fünftel durch die zweite Knotenfläche in zwei gleiche Theile getheilt werden. Die Pfeile zeigen wieder die Richtung der Bewegung.

Fig. 93.

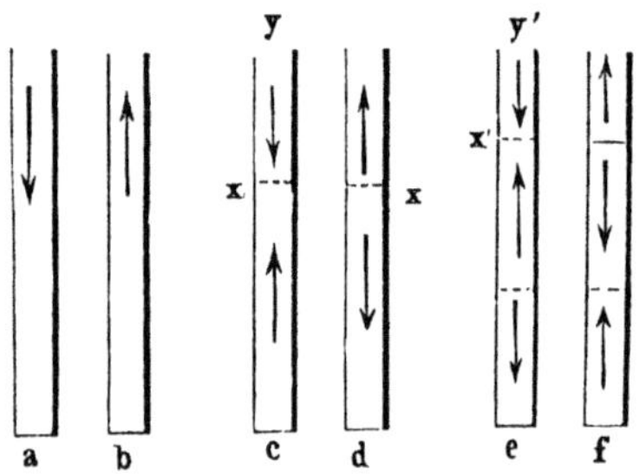

Wir haben nun nach der Beziehung zu fragen, in welcher diese Töne zu einander stehen. Die Entfernung zwischen zwei Knoten haben wir bisher stets einen Schwingungsbauch genannt; also ist die Entfernung von der Mitte einer schwingenden Abtheilung bis zu einem

Knoten ein halber Schwingungsbauch. Sie werden leicht die Regel im Gedächtniss behalten, dass die Zahl der Schwingungen in geradem Verhältniss steht zu der Zahl der halben Bäuche oder halben Abtheilungen, in welche die Luftsäule der Röhre eingetheilt ist. Wenn der Grundton gegeben wird, haben wir also nur eine einzige halbe schwingende Abtheilung. Der Boden bildet einen Knoten, und das offene Ende der Röhre, wo die Luft erschüttert wird, die Mitte einer schwingenden Abtheilung. Wenn wir die Theilungsart herstellen, wie sie in *c* und *d* abgebildet ist, so haben wir drei halbe schwingende Abtheilungen; bei *e* und *f* haben wir fünf. Die Schwingungen, die dieser Reihe von Tönen entsprechen, steigen darum in dem Verhältniss der ungeraden Zahlen 1 : 3 : 5. Und könnten wir noch höhere Töne hervorbringen, so würden ihre Schwingungszahlen auch weiter durch die Zahlen 7, 9, 11, 13 ausgedrückt werden.

Ein Augenblick Nachdenkens wird Ihnen klar machen, dass sie in der That diesem Gesetz folgen müssen. Denn die Schwingungsdauer in *c* oder *d* ist gleich der Länge in einer geschlossenen Röhre von der Länge xy; diese Länge aber beträgt nur ein Drittel der ganzen Röhre, folglich müssen die Schwingungen darin dreimal so schnell sein, als in der ganzen. Bei *e* und *f* ist die Schwingungsdauer gleich der in einer geschlossenen Röhre von der Länge $x'y'$, und da diese ein Fünftel der ganzen Röhrenlänge ausmacht, müssen die Schwingungen fünfmal so schnell sein. So erhalten wir die Folge 1, 3, 5, und würden, wenn wir die Sache noch weiter ausführen wollten, die Fortsetzung dieser ungeraden Zahlen bekommen.

Hier liegt es nun wieder in Ihrer Macht, meine Behauptungen einer experimentellen Prüfung zu unterwerfen. Ich halte zwei Röhren in den Händen, wovon die eine dreimal so lang ist als die andere. Zuerst gebe ich den Grundton der längsten Röhre und dann den nächsten Ton über dem Grundton an. Die Schwingungen dieser beiden Töne sollen sich nach meiner Aussage wie 1 zu 3 verhalten. Dieser letztere Ton müsste demnach von genau derselben Höhe sein als der Grundton der kürzeren der beiden Röhren. Ich lasse beide Röhren tönen und erhalte die gleichen Noten.

Es bedarf wohl kaum der Erwähnung, dass man nur eine Reihe solcher Röhren von verschiedener Länge mit einander zu verbinden braucht, um jenes antike Instrument, die Pansflöte PP' (Fig. 94), zu bilden, die uns allen so wohl bekannt ist.

Die verschiedenen Abtheilungen und das Verhältniss der Obertöne sind also bei einem Stabe, der an einem Ende befestigt ist (Seite 193 beschrieben), dieselben, als in der Luftsäule einer an einem Ende geschlossenen Röhre, wie wir sie eben kennen gelernt haben.

Fig. 94.

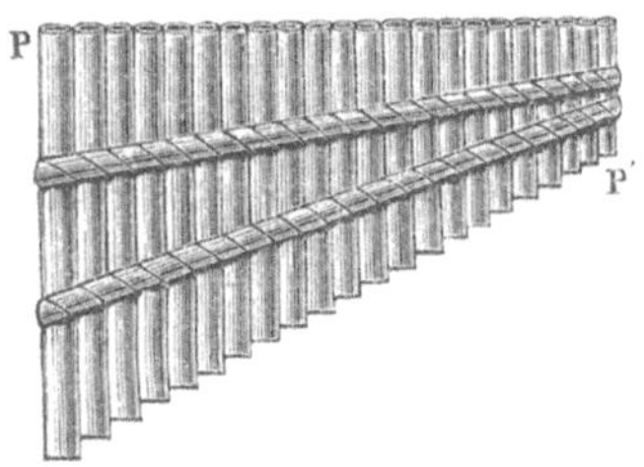

Von Röhren, die an einem Ende geschlossen sind, und der Kürze halber gedackte Röhren heissen mögen, gehen wir nun zu Röhren über, die an beiden Enden offen sind, die wir daher *offene* Röhren nennen wollen. Wenn wir zuerst eine gedackte Röhre mit einer offenen von derselben Länge vergleichen, so finden wir den Ton der letztern eine Octave höher, als den der erstern. Dies trifft in allen Fällen zu. Eine offene Röhre giebt stets die höhere Octave des Tones, den eine gedackte von gleicher Länge hervorbringt. Ich wähle nun aus dieser Anzahl offener Röhren vier aus, welche für unsere vier Stimmgabeln die stärkste Resonanz geben. Jede offene Röhre muss zweimal so lang sein, als eine gedackte, die zu derselben Gabel resonirt. Damit eine offene Röhre denselben Ton gebe als eine gedackte, muss sie die doppelte Länge der letztern haben. Da nun die Länge einer geschlossenen Röhre, die ihren Grundton giebt, ein Viertel von der Länge der Tonwelle beträgt, muss die Länge einer offenen Röhre gleich der Hälfte der Tonwelle sein, welche von ihr erregt wird.

Es ist nicht leicht, einen anhaltenden musikalischen Ton zu erzeugen, indem man über das Ende einer dieser offenen Glasröhren hinweg bläst; aber schon ein kurzer Luftstoss, den man über das Ende hingehen lässt, genügt für ein geübtes Ohr, um die Höhe zu erkennen. Letztere ist immer gleich der einer gedackten Röhre, die halb so lang ist als die offene. Es giebt verschiedene Weisen, die Luft an den Enden der Pfeifen und Röhren so in Bewegung zu setzen, dass die Luftsäulen in ihrem Innern in Schwingung gerathen. Bei Orgelpfeifen geschieht es dadurch, dass eine schmale Luftschicht gegen eine scharfe Kante geblasen wird. Dies bringt ein Geschwirr hervor, aus welchem eine einzelne passende Schwingung durch die mittönende Luftsäule auserlesen und in einen musikalischen Ton verwandelt wird.

Es wird Ihnen nicht schwer werden, die Construction dieser offenen Orgelpfeife (Fig. 95 a. folg. S.) zu verstehen, die im Durchschnitt gegeben ist, damit Sie die innere Einrichtung sehen können. Durch die untere Röhre geht die Luft von der Windlade in die Kammer *K*, die oben geschlossen ist, mit Ausnahme einer

Fig. 95.

Fig. 96.

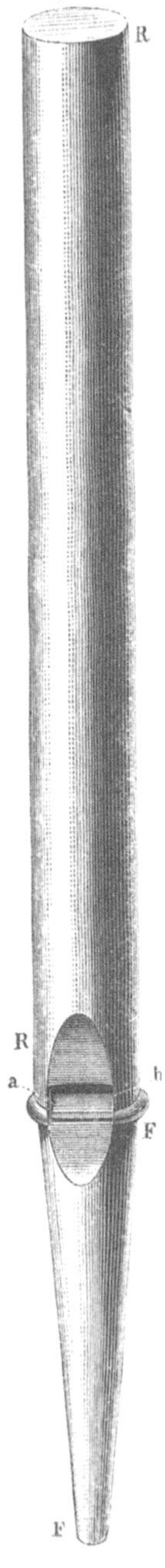

schmalen Ritze *c d*, durch welche die zusammengepresste Luft der Kammer entweicht. Dieser dünne Luftstrom brandet gegen die scharfe Kante *a b* und bringt da ein schwirrendes Geräusch hervor, aus welchem gewisse Impulse durch die Resonanz der Pfeife verstärkt und in einen Ton verwandelt werden. Der offene Raum zwischen der Kante *a b* und der Ritze darunter wird die Mundöffnung genannt. Fig. 96 stellt eine gedackte Pfeife vor, die eben so lang ist als die in Fig. 95, und daher einen Ton giebt, der eine Octave tiefer ist.

Statt die Luft durch Anblasen zu erschüttern, kann ich auch eine Stimmgabel vor den Mund der Pfeife halten, deren Schwingungsdauer mit der der letzteren zusammentrifft, wie Fig. 97 AB es zeigt. Die Pfeife resonirt. Ich nehme nun vier offene Pfeifen von verschiedener Länge und vier Stimmgabeln von verschiedenen Schwingungsperioden. Mit der längsten Pfeife beginne ich, schlage die Stimmgabel, die am langsamsten schwingt, an, und halte sie vor die Mundöffnung. Die Pfeife spricht mächtig an. Ich blase nun in diese Pfeife und der Ton ist derselbe, wie der von der Stimmgabel erregte. Ich nehme so alle Pfeifen der Reihe nach durch und finde jedesmal, dass der Ton, welchen die Pfeife giebt, wenn hineingeblasen wird, genau derselbe ist, als wenn man die passende Stimmgabel vor die Mundöffnung hält. Denken Sie sich alle vier Stimmgabeln vor dieselbe Mundöffnung gehalten, so würden wir Wellen von vier verschiedenen Schwingungsperioden dort erregen; die Pfeife jedoch würde von den vieren nur eine auswählen. Und wenn 400 schwingende Gabeln statt vier dahin gehalten werden könnten, würde die Pfeife dennoch die richtige Wahl treffen. Dies thut sie nun auch dann, wenn wir die Anstösse durch die Stimmgabeln durch das Gewirr von Stössen ersetzen, die der gegen die scharfe obere Kante der Mundöffnung brandende Luftstrom hervorbringt.

Fig. 97.

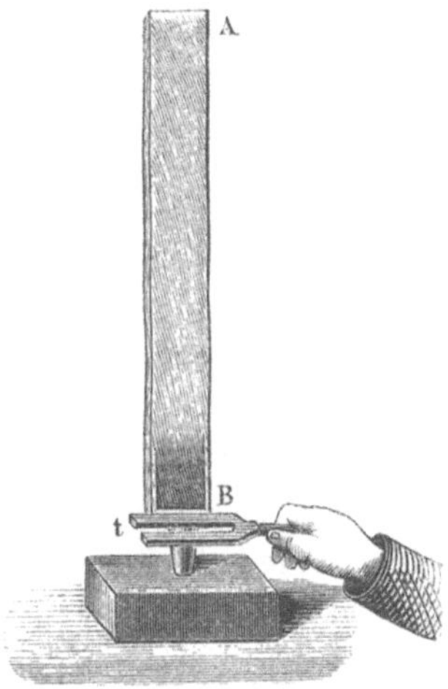

Die schwere schwingende Masse der Stimmgabel wird allerdings thatsächlich nicht von der Bewegung der Luft in der Pfeife beeinflusst. Anders jedoch ist es, wenn Luft selbst der schwingende Körper ist. In diesem Falle schafft sich, wie bereits erklärt, die Pfeife ihre eigene Stimmgabel, indem sie den unregelmässig zitternden Strom an der Mundöffnung zwingt, in Uebereinstimmung mit ihren eigenen Schwingungen zu vibriren.

Wir haben uns nun nach dem Zustande der Luft in einer offenen Orgelpfeife zu fragen, wenn deren Grundton angegeben wird. Es findet ganz dasselbe statt, wie bei einem Stabe, der an beiden Enden frei, dagegen in seiner Mitte festgehalten ist und Längsschwingungen ausführt. Die beiden Enden sind Stellen stärkster Schwingung, die Mitte ist ein Knoten. Woher weiss ich dies aber? Hat man irgend welches Mittel, herauszutasten, wo in der schwingenden Säule die Knoten und die Schwingungsbäuche liegen? William Hopkins, dessen Verlust wir noch betrauern, hat uns gelehrt, diese Frage auf folgende Weise zu lösen: Ich habe hier einen kleinen Reif, über den ein dünnes Häutchen gespannt ist, was sehr leicht in Schwingung gebracht werden kann, und eine Orgelpfeife *ab* (Fig. 98), deren Körper von Glas ist, so dass Sie die Lage jedes Objects darin sehen können. Mittelst eines Fadens kann ich das kleine Tambourin *m* nach Belieben durch die ganze Länge der Pfeife auf und ab ziehen. Es ruht nun gerade auf dem obern Ende der Luftsäule. Ich lasse die Pfeife tönen und Sie hören augenblicklich das laute Schwirren des Häutchens. Ich lasse es in der Pfeife weiter hinunter; es fährt fort zu summen, aber jetzt wird sein Ton schwächer und hört nun ganz auf. Ich kann die Lage des Häutchens nicht sehen, aber wage zu behaupten, dass es sich nun in der

Mitte der Pfeife befinden muss. Es vibrirt nicht mehr, weil die Luft ringsum in Ruhe ist. Ich lasse es noch tiefer hinab; der schwirrende Ton beginnt augenblicklich wieder und hält an bis zum Boden der Pfeife. Wenn ich also das Häutchen schnell hinter einander auf und ab bewege, habe ich bei jedem Auf- und Absteigen zwei Perioden des Tönens, die durch eine des Schweigens getrennt sind. Wäre das Häutchen mit Sand bestreut, so würde derselbe oben und unten in der Pfeife darauf tanzen, in der Mitte aber ruhig bleiben. Wir beweisen hiermit experimentell, dass eine Orgelpfeife, die ihren Grundton giebt, sich in zwei halbe schwingende Abschnitte, getrennt durch einen Knoten, theilt.

Fig. 98.

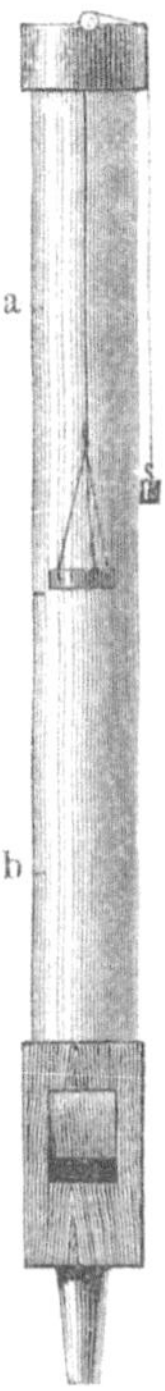

In welchem Zustande ist die Luft am Knoten? Wieder ganz wie bei einem Stabe, der an beiden Enden frei ist und den Grundton seiner Längsschwingungen giebt. Die Impulse, von beiden Enden des Stabes oder der Luftsäule zurückgeworfen, begegnen sich in der Mitte und bewirken da Verdichtung; dann kehren sie um und bringen Verdünnung hervor. Während also in der Mitte keine Schwingung stattfindet, erleidet daselbst die Luft den grössten Wechsel der Dichtigkeit. An den beiden Enden dagegen schwingen die Lufttheilchen nur auf und ab, ohne dass merkliche Verdichtung oder Verdünnung eintritt.

Wenn die tönende Pfeife in der Mitte ein Loch hätte und dasselbe mit einem Häutchen geschlossen wäre, so würde die Luft bei ihrer Verdichtung das Häutchen heraustreiben, und bei ihrer Verdünnung würde es von der äussern Luft hineingedrückt werden. Also würde das Häutchen in Uebereinstimmung mit der Luftsäule vibriren. Die Orgelpfeife, die ich hier in der Hand habe (Fig. 99), ist so eingerichtet, dass ein kleiner Gasbrenner *a* vor der Mitte der Pfeife angezündet werden kann, so dass er von den Schwingungen eines Häutchens, wie ich es eben beschrieben habe, beeinflusst wird. Zwei andere Gasbrenner *b* und *c* sind auf halbem Wege zwischen der Mitte und den zwei Enden der Pfeife angebracht. Diese drei Brenner *abc* werden folgendermaassen gespeist: das Gas kommt durch die Röhre *z* in die leere Kammer *kk*, von welcher drei kleine gebogene Röhren in eine Zelle führen, deren Boden das Häutchen bildet, was mit der Luft der Orgelpfeife direct in Berührung steht. Von diesen drei Zellen gehen die drei kleinen Brenner *a b c* aus. Ich zünde sie alle an und blase darauf in die Pfeife, so dass sie ihren Grundton giebt. Alle drei Flammen werden bewegt, aber die mittlere am meisten. Ich mache nun die Flammen ganz klein. Wenn ich jetzt in die Pfeife blase, so wird die mittelste Flamme verlöschen, während die anderen brennen bleiben. Ein halbes Dutzend Mal hinter einander

Fig. 99.

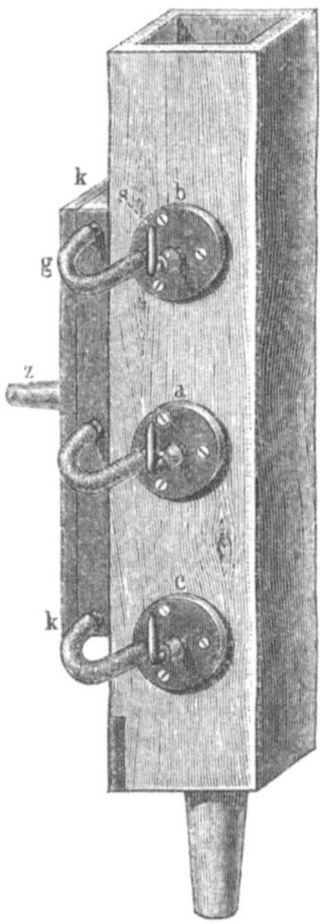

entzünde ich die Gasbrenner und gebe den Grundton an, und jedesmal wird die mittlere Flamme ausgeblasen.

Wenn ich stärker in die Pfeife blase, so bewirke ich eine Theilung der Luftsäule, die den ersten Oberton giebt. Der Knoten in der Mitte besteht nicht mehr, die Mitte der Pfeife ist nun eine Stelle stärkster Schwingung; dafür bilden sich zwei Knoten in gleicher Entfernung von der Mitte und den beiden Enden. Ist dies nun wirklich der Fall, und wird die Flamme an einem Knoten immer ausgeblasen, so müssen, wenn ich den ersten Oberton der Pfeife angebe, die beiden Flammen *b* und *c* verlöschen, während die mittlere Flamme fortbrennt. Ich wiederhole das Experiment drei bis vier Mal, um Sie zu überzeugen, dass kein Zufall obwaltet. Wenn ich den ersten Oberton angebe, werden die zwei Flammen an den Knoten stets ausgelöscht, während die Flamme *a* in der Mitte des Schwingungsbauches ohne merkliche Störung weiter brennt.

Theoretisch genommen könnte die Zahl der Knoten in einer gedackten oder offenen Orgelpfeife beliebig gross werden. Bei gedackten Pfeifen fangen wir mit einer schwingenden Halbabtheilung an und gehen weiter zu 3, 5, 7 etc. schwingenden Halbabtheilungen, indem die Schwingungszahlen der Töne in gleichem Verhältniss zunehmen. Bei offenen Pfeifen fangen wir mit zwei schwingenden Halbabtheilungen an und gehen weiter zu 4, 6, 8, 10 etc., und die Schwingungszahlen der Töne wachsen wieder in demselben Verhältniss; das ist in diesem Falle also wie 1:2:3:4:5 u. s. w.

Wenn wir daher in einer offenen Pfeife von dem Grundton zu dem ersten Oberton übergehen, so erhalten wir die Octave des Grundtones. Wenn wir denselben

Uebergang in einer gedackten Pfeife machen, so erhalten wir eine Note, die eine Quinte höher ist, als die Octave. In keinem dieser Fälle kann ein dazwischen liegender Ton erhalten werden. Wenn der Grundton einer gedackten Pfeife durch 100 Schwingungen in der Secunde hervorgebracht wird, so wird der erste Oberton durch 300 Schwingungen erzeugt, der zweite durch 500 u. s. f. Solche Pfeife kann z. B. nicht 200 oder 400 Schwingungen in der Secunde ausführen, und ebenso kann die offene Pfeife, deren Grundton durch 100 Schwingungen in der Secunde hervorgebracht wird, nicht 150 Mal in der Secunde vibriren, sondern geht mit einem Sprunge zu 200, 300, 400 Schwingungen über.

In offenen Pfeifen sowohl, als in gedackten steht die Schwingungszahl, die in einer Zeiteinheit ausgeführt wird, in umgekehrtem Verhältniss zur Länge der Pfeife. Dies folgt wieder aus der Thatsache, die wir schon so oft berührt haben, dass die Dauer einer Schwingung von der Entfernung bestimmt wird, welche die Touwelle durchlaufen muss, um eine vollständige Schwingung zu geben.

In Fig. 100 zeigen *a* und *b* die Abtheilung einer offenen Pfeife, wie sie ihrem Grundton entspricht; *c* und *d* die Abtheilung bei dem ersten, *e* und *f* die Abtheilung bei dem zweiten Oberton. Die Entfernung *mn* ist die Hälfte, *op* ein Viertel, *st* ein Sechstel der ganzen Länge der Pfeife. Diese drei Längen stehen also in demselben Verhältniss von den Zahlen 1 : 2 : 3. Aber die Tonhöhe von *a* ist gleich der einer gedackten Pfeife von derselben Länge wie *mn*. Der Ton von *c* gleich dem einer gedackten Pfeife von der Länge *op*, und der Ton von *e* gleich dem einer gedackten Pfeife von der Länge *st*. Da nun diese Längen in dem Verhältniss von 1 : 2 : 3 stehen, müssen sich die Schwingungszahlen ebenso verhalten. Wir können also aus dem blossen Anblick der betreffenden Schwingungsweisen schon den Schluss ziehen, dass die Reihenfolge der Töne in einer offenen Pfeife der Reihe der ganzen Zahlen entsprechen muss.

Ich habe absichtlich die Pfeife *a* (Fig. 100) zweimal so lang gezeichnet, als *a*, Fig. 93. Es ist ganz klar, dass die Welle in beiden Pfeifen dieselbe Entfernung zu durchlaufen hat, ehe eine Schwingung vollendet ist, und dass daher die Tonhöhe dieser beiden Pfeifen gleich sein muss.

Fig. 100.

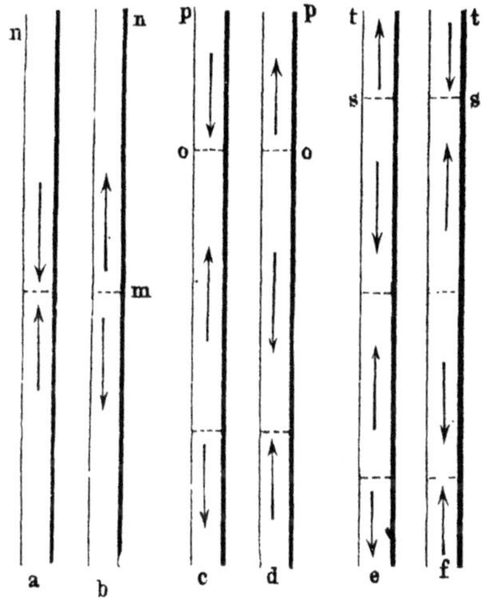

Die offene Pfeife *an* besteht thatsächlich aus zwei geschlossenen, die bei dem Knotenpunkt *m* ihre gemeinschaftliche Bodenfläche haben. Also beweist uns der blosse Anblick der betreffenden Schwingungsarten, dass das Verhältniss einer gedackten Pfeife zu einer offenen so ist, wie es der Versuch hinstellt.

Wenn ich diese Punkte verständlich gemacht habe, so werden Sie nun im Stande sein, sich an Aufgaben zu wagen, die auf den ersten Blick völlig unüberwindlich scheinen möchten. Wir wissen bereits, dass die relative Schallgeschwindigkeit in verschiedenen festen Körpern nach den Tönen bestimmt werden kann, die sie geben, wenn sie in Längsschwingungen versetzt werden, und sahen damals, dass wir, um eine Tabelle absoluter Schnelligkeiten aufstellen zu können, nichts brauchten, als den genauen Vergleich der Schnelligkeit in einem beliebigen dieser Körper mit der Schnelligkeit in der Luft. Wir sind nun im Stande zu ersetzen, was uns damals fehlte. Denn wir wissen, dass die Luftschwingungen in einer an beiden Enden offenen Orgelpfeife gerade so vor sich gehen, wie in einem Stabe, der an beiden Enden frei ist. Also muss jede Verschiedenheit der Schnelligkeit zwischen den Schwingungen eines Stabes und einer offenen Orgelpfeife von gleicher Länge allein von der verschiedenen Geschwindigkeit herrühren, mit der sich die Tonwelle durch beide fortpflanzt. Man nehme daher eine Orgelpfeife von bestimmter Länge, die eine Note von gewisser Höhe giebt, und suche dazu die Länge eines Stabes von Fichtenholz, der denselben Ton giebt. Der Stab würde zehnmal so lang sein müssen, als die Orgelpfeife; also ist die Schallgeschwindigkeit in Fichtenholz zehnmal so gross, als in der Luft. Die absolute Geschwindigkeit in der Luft ist aber 1090 Fuss in der Secunde; folglich ist die absolute Geschwindigkeit in Fichtenholz 10900 Fuss in der Secunde, wie wir sie auch in der ersten Vorlesung (Seite 50) angegeben haben. Dem trefflichen Chladni verdanken wir diese Methode, die Schallgeschwindigkeit in festen Körpern zu bestimmen.

Wir hatten in unserer ersten Vorlesung auch eine

Tabelle der Schallgeschwindigkeit in anderen Gasen als der Luft. In welcher Weise konnte man eine solche anfertigen? Ich bin überzeugt, dass Sie mir nach genügender Ueberlegung darauf antworten könnten. Man brauchte nur eine Reihe Orgelpfeifen zu finden, die, mit verschiedenen Gasen gefüllt, denselben Ton gäben; die Länge dieser Pfeifen würde die relative Schallgeschwindigkeit in den Gasen geben. Auf diese Weise würden wir finden, dass eine Pfeife, mit Wasserstoff gefüllt, viermal so lang sein müsste, als eine mit Sauerstoff gefüllte, um denselben Ton zu geben; daraus würde folgen, dass die Schnelligkeit im erstern viermal so gross ist, als die im letztern.

Wir hatten aber auch eine Tabelle der Schallgeschwindigkeit in verschiedenen Flüssigkeiten. Wie konnte diese gemacht sein? Indem man die Flüssigkeiten durch dazu eingerichtete Orgelpfeifen trieb und dann ihre musikalischen Töne verglich. So würde man bei Wasser eine etwas über vier Fuss lange Pfeife brauchen, um den Ton zu erhalten, den eine Pfeife von einem Fuss Länge in der Luft giebt; was beweist, dass die Tongeschwindigkeit in Wasser etwas mehr als viermal so gross ist als die in der Luft. Mein Zweck ist hier, Ihnen eine klare Anschauung davon zu geben, in welcher Weise uns wissenschaftliche Erfahrungen befähigen, mit anscheinend unüberwindlichen Aufgaben fertig zu werden. Ich gehe nicht weiter in die Feinheiten dieser Messungen ein, weil das jetzt nicht zu meinem Zweck gehört. Aber Sie werden leicht begreifen, dass alle die Experimente mit Gasen mit ein und derselben Orgelpfeife ausgeführt werden könnten, und dass sich die Schallgeschwindigkeit jedes Gases augenblicklich aus der Höhe des Tones ergeben würde. Bei einer Pfeife von constanter Länge stände die Höhe oder, in anderen Worten, die Schwingungszahl in geradem Verhältniss zu der Schallgeschwindigkeit. So würden wir bei der Vergleichung von Sauerstoff mit Wasserstoff den Ton des letztern zwei Octaven höher finden, als den des erstern, und daraus entnehmen, dass die Schallgeschwindigkeit in Wasserstoff viermal so gross sei, als die in Sauerstoff. Dasselbe findet Anwendung auf Experimente mit Flüssigkeiten. Auch dabei kann stets dieselbe Pfeife gebraucht und die Schallgeschwindigkeit aus den Tönen geschlossen werden, welche die verschiedenen Flüssigkeiten geben.

Da die Länge einer offenen Pfeife, wie schon erwähnt, die Hälfte ihrer Tonwelle beträgt, braucht man in der That nur mittelst der Sirene die Schwingungszahl zu bestimmen, welche die Pfeife in der Secunde ausführt, und diese Zahl mit zweimal der Länge der Pfeife zu multipliciren, dann haben wir die Schallgeschwindigkeit in dem Gase der Pfeife. Eine 26 Zoll lange Pfeife voll Luft führt 256 Schwingungen in der Secunde aus. Die Länge ihrer Tonwelle beträgt $4^1/_3$ Fuss. Multipliciren wir 256 mit $4^1/_3$, so erhalten wir 1120 Fuss in der Secunde als die Schallgeschwindigkeit in Luft von dieser Temperatur. Wäre die Pfeife mit Kohlensäure gefüllt, so würden die Schwingungen langsamer sein; mit Wasserstoff gefüllt, würden sie schneller sein, und indem wir nach denselben Grundsätzen verführen, könnten wir die Schallgeschwindigkeit in beiden Gasen finden.

Die Anwendung dieser Methode beschränkt sich ausserdem nicht auf Gase allein. Die Länge einer offenen Pfeife ist auch im Wasser die Hälfte von der Tonwelle, die sie erregt. Ein fester Stab, der an beiden Enden frei ist und seinen Grundton giebt, ist ebenfalls halb so lang, als die Tonwelle in der Substanz des betreffenden Körpers. Demnach brauchen wir nur die Schwingungszahl eines solchen Stabes zu bestimmen, und sie mit zweimal der Länge des Stabes zu multipliciren, dann haben wir die Schallgeschwindigkeit in der Substanz des Stabes. Sie werden ohne Zweifel mit Ueberraschung wahrnehmen, welche Macht uns die Naturwissenschaft solchen Aufgaben gegenüber verliehen hat, und Sie werden auch jenem berühmten alten Forscher, Chladni, ihre Bewunderung nicht versagen, der uns lehrte, wie sie experimentell zu überwinden sind.

Zungen und Zungenpfeifen.

Die Construction der Sirene und unsere Experimente mit diesem Instrument sind Ihnen gewiss noch frisch im Gedächtniss. Die musikalischen Töne wurden dadurch erzeugt, dass ein Luftstrom in eine Reihe einzelner Stösse zerschnitten wurde. Derselbe Zweck wird erreicht durch eine schwingende Zunge, wie wir sie bei dem Accordion, der Concertina und dem Harmonium angewendet finden. Bei diesen Instrumenten sind es nicht die Schwingungen der Zunge selbst, welche, der Luft mitgetheilt und von ihr unserm Gehörorgan zugeführt, die Musik machen. Die Zunge giebt nur die Veranlassung, nicht die Ursache des Tones ab. Sie macht aus dem Luftstrom, der ohne sie ununterbrochen gegangen wäre, eine Reihe getrennter Stösse.

Wenn Zungen mit Orgelpfeifen in Verbindung gebracht werden, so bestimmen sie entweder die Schwingungen der Luftsäule, oder sie werden von denselben bestimmt. Sind sie steif, so bestimmen sie die Säule; sind sie biegsam, so bestimmt die Säule sie. Um im erstern

Fall aus der Verbindung mit der Luftsäule Vortheil zu ziehen, müsste deren Länge so regulirt sein, dass entweder ihr Grundton oder einer ihrer Obertöne dem Schwingungstempo der Zunge entspräche. Die Metallzunge, wie man sie gewöhnlich bei Orgelpfeifen anwendet, ist in Fig. 101, *A*, perspectivisch, und in *B* im Querschnitt abgebildet.

Fig. 101.

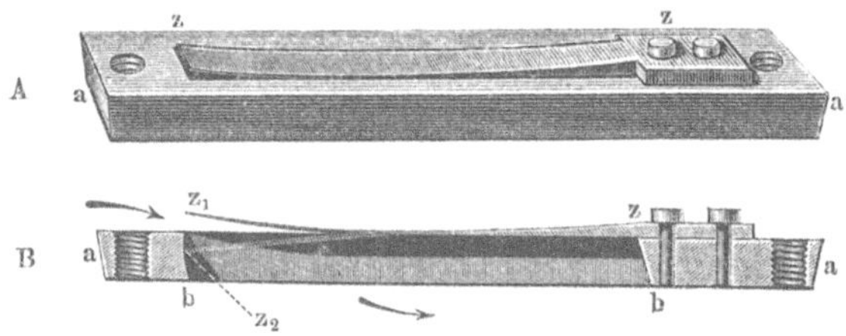

Sie besteht aus einem langen biegsamen Metallstreifen *zz*, der vor einer viereckigen Oeffnung angebracht ist, durch welche die Luft in die Pfeife einströmt. Wie die Zunge und die Pfeife mit einander verbunden sind, ist in Fig. 102 gezeigt. Daselbst hat der Raum, welcher die biegsame Zunge enthält, eine Vorderwand von Glas; die Figur stellt ihn im Durchschnitt dar. Ein conisches Windrohr steht über der Zunge*). Der Draht, der, wie Sie sehen, auf die Zunge drückt, wird gebraucht, um sie länger und kürzer zu machen und so innerhalb gewisser Grenzen ihre Schwingungsdauer zu verändern. Die Zunge, die man früher anwendete, schloss die Oeffnung, indem sie einfach auf ihre Ränder auffiel. Jede Bewegung der Zunge gab einen Schlag,

*) Die Durchschnitte von Orgelpfeifen und Zungen, wie sie hier und Seite 183 vorkommen, sind wesentlich dem trefflichen Werke von Helmholtz entnommen. In der Vorlesung wurden Pfeifen genommen, die aufzuklappen waren, so dass man ihre innere Einrichtung sehen konnte.

und diese Schläge machten zusammen ein unangenehmes, schreiendes Geräusch aus, was den Ton der dazu gehörigen Orgelpfeife bedeutend beeinträchtigte. Dies wurde gemildert, aber nicht beseitigt, indem man die Zunge auf weiches Leder schlagen liess. Jetzt aber benutzt man die freie Zunge, welche zwischen den Rändern der Oeffnung hin und her schwingt, indem sie dieselbe beinahe, aber nicht ganz schliesst. Auf diese Weise wird die erwähnte Unannehmlichkeit vermieden. Wenn Zunge und Pfeife vollkommen gleichen Rhythmus haben, ist der Ton äusserst rein und stark. Man kann jedoch in einer gewissen Breite von dem vollkommenen Einklange nach beiden Seiten hin abweichen. Wird die Abweichung aber zu weit getrieben, so ist die Röhre von gar keinem Nutzen mehr. Wir erhalten dann nur den Ton, der von den Schwingungen der Zunge herrührt.

Fig. 102.

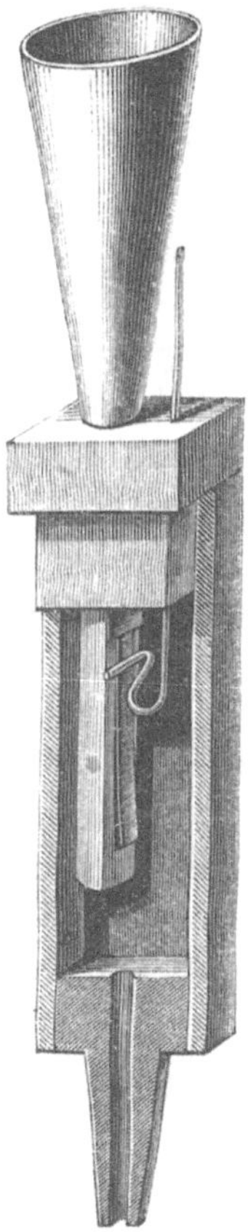

Auch biegsame Holzzungen werden in Orgelpfeifen angewendet und fügen sich leicht den Anforderungen der darüber stehenden Pfeifen. Das einfachste Beispiel der Thätigkeit einer Zunge, welche von ihrer Luftsäule beeinflusst wird, giebt vielleicht ein gewöhnlicher Weizenstrohhalm. Ungefähr einen Zoll von einem Knoten entfernt, mache ich mit meinem Federmesser einen Einschnitt in diesen Halm *s r* (Fig. 103), etwa ein Viertel so tief als der Durchmesser des Halmes; dann lege ich die Klinge flach und fahre damit gegen den Knoten hinauf, wodurch ich einen Strohstreifen ablöse, der etwa einen Zoll lang ist. Dieser Streifen *r r'* soll unsere Zunge und der Halm selbst unsere Pfeife sein. Er ist jetzt 8 Zoll

Fig. 103.

lang. Ich blase hinein und Sie hören diesen entschieden musikalischen Ton. Ich schneide nun ein Stück davon ab, so dass der Halm nur noch 6 Zoll lang ist und erhalte einen höhern Ton. Ich mache ihn 4 Zoll lang; da ist der Ton noch höher. Nun mache ich ihn 2 Zoll lang und habe einen sehr scharfen schrillen Ton. Bei allen diesen Versuchen benutzten wir dieselbe Zunge, die sich stets den Anforderungen der schwingenden Luftsäule fügen musste.

Die Clarinette ist eine Zungenpfeife. Sie hat eine einzige breite Zunge, mit der eine lange, cylindrische Röhre in Verbindung steht. Das Zungenende des Instrumentes wird zwischen die Lippen genommen, und durch deren Druck die Spalte zwischen der Zunge und ihrem Rahmen so schmal gemacht als nöthig. Die Obertöne einer Clarinette sind anders, als die einer Flöte. Eine Flöte ist eine offene Pfeife, eine Clarinette ist eine gedackte, indem bei ihr das Ende, in welchem die Zunge angebracht ist, einem geschlossenen entspricht. Die Töne der Flöte folgen der Reihe der ganzen Zahlen 1, 2, 3, 4 u. s. w., oder aber der der geraden Zahlen 2, 4, 6, 8 u. s. w.; während die Töne der Clarinette den ungeraden Zahlen 1, 3, 5, 7 u. s. w. folgen. Die dazwischen liegenden Töne werden dadurch ersetzt, dass man die Seitenöffnungen des Instrumentes aufmacht. Wheatstone war der Erste, welcher diesen Unterschied zwischen der Flöte und Clarinette bekannt machte, und seine Resultate stimmen mit den späteren Untersuchungen von Helmholtz überein. Bei dem Hautbois und Fagott haben wir zwei Zungen, die spitzwinklig gegeneinander geneigt sind, und zwischen beiden eine Spalte, durch welche die Luft gedrängt wird. Das Windrohr des Hautbois ist kegelförmig und hat die Obertöne einer offenen Pfeife, also andere als die Clarinette. Man kann durch Drücken das weiche Ende eines noch grünen Getreidehalmes so spalten, dass es eine Doppelzunge dieser Art bildet, und solcher Halm giebt dann wirklich einen musikalischen Ton. Bei dem Horn, der Trompete und dem Serpent treten die Lippen des Blasenden an die Stelle der Zunge. Diese Instrumente bestehen aus langen, kegelförmigen Röhren, und haben dieselben Obertöne wie eine offene Orgelpfeife. Die Musik der älteren Instrumente dieser Art beschränkte sich auf ihre Obertöne, und jeder einzelne dieser Töne hing von der Stärke des Blasens und der Stellung der Lippen ab. Jetzt ist es gebräuchlich, die Lücken zwischen den Obertönen auszufüllen, indem man Klappen angebracht hat, mittelst welcher der Musiker die Länge der schwingenden Luftsäule verändern kann.

Das vollkommenste aller Zungeninstrumente ist das Stimmorgan. Es befindet sich beim Menschen über der Trachea oder Luftröhre, deren oberes Ende behufs der Anheftung gewisser elastischer Bänder, welche die Oeffnung beinahe vollständig schliessen, passend eingerichtet ist. Wenn die Luft aus der Lunge durch die Spalte getrieben wird, welche diese Stimmbänder trennt, so gerathen sie in Schwingung. Durch wechselnde Spannung wird ihr Schwingungstempo verändert, und der Ton wechselt seine Höhe. Die Schwingungen der Stimmbänder werden nicht wesentlich beeinflusst von der Resonanz des Mundes, obwohl wir später hören werden, dass die Resonanz, indem sie einen oder den andern von den Tönen der Stimmbänder verstärkt, grossen Einfluss auf die Klangfarbe der Stimme hat. Die Glätte und Weichheit der Stimme hängt davon ab, dass die Stimmritze während der Schwingung in regelmässigen Zwischenräumen vollkommen geschlossen wird. Wollte man den Stimmapparat, der jetzt zu Ihnen spricht, untersuchen, so würde sich ohne Zweifel zeigen, dass entweder die Ränder der Stimmbänder mehr oder weniger ausgezackt sind, oder dass sie sich streifen, oder dass sie den Spalt während der Schwingung unvollkommen schliessen. Dadurch liesse sich die Rauhheit ihres Tones erklären, die Sie mit so viel Geduld ertragen.

Die Stimmbänder können erleuchtet und dann in einem Spiegel gesehen werden, den man in gehöriger Richtung hinten in den Mund steckt. Ich versuchte einmal, den Kehlkopf von Herrn Czermak auf einem Schirm in diesem Zimmer abzubilden, was aber nur theilweise gelang. Man kann jedoch das Organ direct im Kehlkopfspiegel sehen, wo seine Bewegungen beim Singen, Sprechen und Husten auffallend hervortreten. Fig. 104 zeigt es im Ruhezustande. Die Rauhheit der Stimme bei Erkältungen rührt nach Helmholtz her von Schleimflöckchen, welche in den Spalt der Stimmritze gerathen und mit dem Kehlkopfspiegel gesehen werden können. Die mehr quiekende und hohe Fistelstimme kann, wie Helmholtz meint, dadurch zu Stande gebracht werden, dass die Schleimhautlage, welche gewöhnlich unterhalb der Stimmbänder liegt und sie belastet, auf die Seite gezogen wird. Dadurch werden deren Ränder schärfer und ihr Gewicht geringer, während ihre Elasticität sich gleich bleibt, so dass sie nun in schnellere Schwingungen gerathen. Die Schnelligkeit und Genauigkeit, mit welcher die Stimmbänder sowohl ihre Spannung als ihre Form und die Weite der Spalte zwischen sich ändern können, zusammengenommen mit der auswählenden Resonanz der Mundhöhle, machen die menschliche Stimme zu dem vollkommensten aller musikalischen Instrumente.

Der berühmte vergleichende Anatom Johannes Müller ahmte die Thätigkeit der Stimmbänder durch Kautschukstreifen nach. Er schloss das offene Ende einer

Fig. 104.

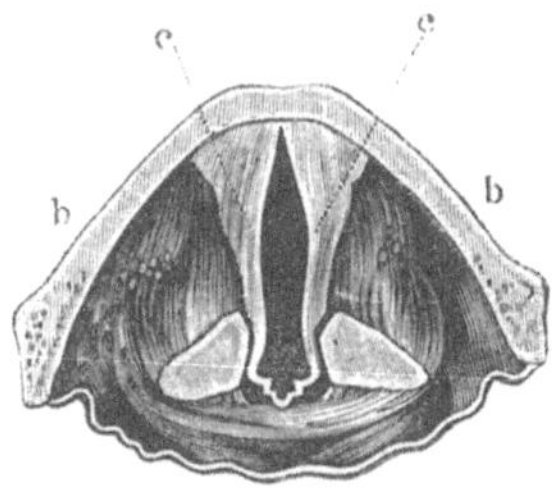

Fig. 105.

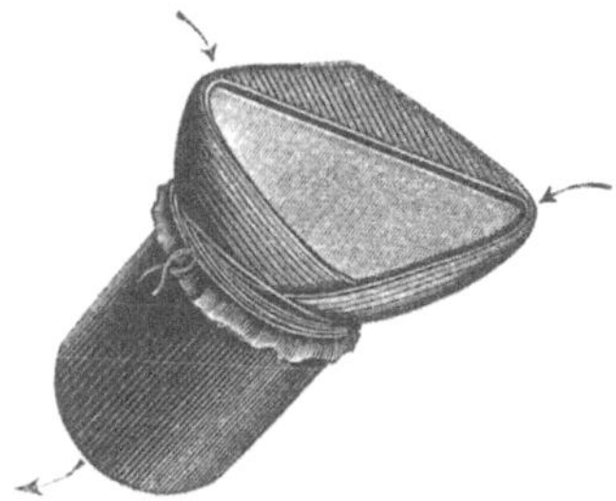

Glasröhre durch zwei solche Streifen, zwischen denen eine Spalte offen blieb. Als Luft durch die Spalte getrieben wurde, kamen die Bänder in Schwingung und gaben einen musikalischen Ton. Helmholtz empfiehlt die Form, wie sie in Fig. 105 gezeigt ist, wo die Röhre, anstatt rechtwinklig abgeschnitten zu sein, in zwei schräge Schnitte ausgeht, über welche dann die Kautschukbänder gezogen sind. Auf die leichteste Art erhält man aus dergleichen Zungen Töne, wenn man einen

Streifen dünnen Kautschuks um das Ende einer Glasröhre wickelt und ungefähr einen Zoll davon über die Röhre hinausstehen lässt. Fasst man dann das hervorragende Kautschukende an zwei gegenüberstehenden Punkten und zieht es breit, so bildet sich eine Spalte, und wenn man durch diese bläst, so erhält man einen musikalischen Ton, der seine Höhe verändert, je nachdem die Spannung der Spaltenränder sich ändert.

Die Bildung der Vocale im menschlichen Stimmorgan war schon seit langer Zeit Gegenstand wissenschaftlicher Untersuchung. Wir können den Klang eines Vocales vom andern unterscheiden, wenn auch beide dieselbe Tonhöhe und Stärke haben. Was für eine Eigenthümlichkeit ist es denn wohl, welche die Unterscheidung möglich macht? Im Jahre 1779 wurde dies als Preisfrage von der Akademie von Petersburg aufgestellt, und Kratzenstein erhielt den Preis für die gelungene Weise, in welcher er die Vocaltöne durch mechanische Vorrichtungen nachahmte. Gleichzeitig machte von Kempelen aus Wien ähnliche Versuche mit vollkommneren Apparaten. Dann wurde die Frage von Willis aufgenommen, der in der experimentellen Behandlung des Gegenstandes alle seine Vorgänger übertraf. Die Theorie der Vocaltöne wurde zuerst von Wheatstone festgestellt, und ganz kürzlich hat sie auch Helmholtz zum Gegenstand erschöpfender Untersuchung gemacht. Bei dem jetzigen Stand Ihrer Kenntnisse wird es Ihnen wenig Schwierigkeit machen, die Ursache der Vocaltöne zu verstehen.

Sie sehen, dass ich hier eine freie Zunge habe, die in einem passenden Rahmen befestigt ist, mit dem jedoch keine Pfeife in Verbindung steht. Ich stecke die Zunge auf einen akustischen Blasebalg, treibe Luft durch die

Oeffnung und lasse sie dadurch so laut und scharf ansprechen. Nun setze ich auf das Windrohr der Zunge ein passendes kegelförmiges Ansatzrohr. Sie bemerken eine Veränderung in der Klangfarbe, und wenn ich mit der flachen Hand über das offene Ende der Pfeife fahre, so ist die Aehnlichkeit zwischen den dabei erhaltenen Tönen und denen der menschlichen Stimme nicht zu verkennen. Bedecke ich das Ende der Pfeife mit der Handfläche, so dass es ganz geschlossen wird, und hebe dann die Hand zweimal schnell hinter einander, so hört man das Wort „Mama" so deutlich, als wenn es von einem Kinde gesprochen wäre. Ich nehme nun statt dieses kegelförmigen Ansatzrohres ein kürzeres und mache damit dasselbe Experiment. Das Wort „Mama" klingt jetzt, als wäre es von einem Kinde mit zugehaltener Nase gesprochen. So können wir demnach, indem wir mit einer schwingenden Zunge die gehörige Pfeife in Verbindung bringen, dem Ton der Zunge die Eigenthümlichkeiten der menschlichen Stimme verleihen.

Nun haben Sie also beim Stimmorgan des Menschen als Zunge die Stimmbänder, und in Verbindung mit dieser Zunge die Resonanzhöhle des Mundes, welche ihre Form so verändern kann, dass sie nach Belieben, sowohl auf den Grundton der Stimmbänder, wie auf jeden ihrer Obertöne resonirt. Mittelst veränderter Stellung des Mundes können wir den Grundton und die Obertöne der Stimme in verschiedener Stärke zusammenmischen, und verschiedenen Mischungen dieser Art ist die Verschiedenheit der Vocalklänge zuzuschreiben. Ich habe hier eine Reihe Stimmgabeln, wovon ich eine anschlage, sie vor den Mund halte und nun die Form der Mundhöhle verändere, bis sie kräftig resonirt. Ist dies geschehen, so nehme ich die Gabel fort und treibe, ohne die Form oder Weite meines Mundes im Geringsten zu verändern, Luft durch die Stimmritze. So erhalte ich den Vocalton *„U“* und nie einen andern. Nun nehme ich eine andere Gabel, schlage sie an, halte sie vor meinen Mund und verändere seine Höhlung, bis sie mittönt. Danach entferne ich die Gabel und treibe einfach Luft durch den Kehlkopf. Das giebt mir den Vocal *„O“* und dieser ist der einzige, den ich dabei hervorbringen kann. Wieder nehme ich eine dritte Gabel, stimme meinen Mund für sie und treibe Luft durch den Kehlkopf; man hört den Vocalton *„A“* und keinen andern. In all diesen Fällen sind die Stimmbänder durchaus in dem gleichen Zustande geblieben. Sie haben stets denselben Grundton und dieselben Obertöne hervorgebracht, und die Veränderung des Tones, die Sie bemerkten, kam nur davon her, dass in den verschiedenen Fällen verschiedene Töne von der Resonanz des Mundes verstärkt worden sind. Donders bewies zuerst, dass der Mund für die verschiedenen Vocale verschieden abgestimmt sei.

Behalten wir auch denselben Grundton bei, so können wir doch die Qualität des Klanges verändern, indem wir andere Töne hinzufügen, oder die Stärke des Grundtones oder eines besondern Gliedes der Reihe von Obertönen wechseln lassen, und durch solche Zusätze und Veränderungen bringen wir die verschiedenen Klangfarben der menschlichen Stimme hervor. Es wurde von Ohm zuerst ausgesprochen und von Helmholtz experimentell bewiesen, dass jeder Klang, wie complicirt er auch sei, auf eine Reihe einfacher Töne zurückgeführt werden kann, die mit dem tiefsten oder Grundton des Klanges beginnt und zu anderen Tönen aufsteigt, deren Schwingungszahlen ganze Vielfache sind von der Schwingungszahl des Grundtones. Wir wollen den Grundton eines Klanges den ersten Ton und die Töne, deren Schwingungszahlen zwei-, drei-, vier-, fünfmal so gross sind, als die des Grundtones, den ersten, zweiten, dritten, vierten, fünften Theilton u. s. f. nennen. Dies wird uns möglich machen, die Art und Weise, in welcher solche Töne zu einem Vocalklange mit einander verschmolzen sind, mit grösserer Klarheit aus einander zu setzen.

Um den Vocal „*U*“ hervorzubringen, muss ich die Mundhöhle möglichst weit und ihre Oeffnung möglichst eng machen, indem ich die Lippen nahe an einander schliesse. Diese Stellung giebt die tiefste Resonanz, deren der Mund fähig ist. Der Grundton der Stimme ist dadurch verstärkt, während die höheren Töne zurücktreten.

Der Vocal „*O*“ erfordert eine etwas weitere Oeffnung des Mundes. Es treten dabei diejenigen Nebentöne stark hervor, welche dem Ton b_1 (mittleres *b* des Soprans) nahe liegen*).

Beim „*A*“ geben wir der Mundhöhle eine von hinten nach vorn sich erweiternde trichterförmige Gestalt. Ihre Stimmung ist dabei um eine Octave höher als beim „*O*“, deshalb sind beim *A* diejenigen Obertöne am meisten verstärkt, welche dem b_2 (hohen *b* des Soprans) nahe liegen. Da der Mund hierbei weit offen ist, hört man übrigens auch alle anderen Obertöne mitklingen, wenn auch schwächer.

Beim „*Ä*“, „*E*“, „*I*“ ist der hintere Theil der Mundhöhle weit, während der vordere Theil der Zunge sich gegen den Gaumen hebt und hier eine Röhre bildet.

*) Herr Tyndall hat die Zusammensetzung der Vocalklänge nach einer ältern vorläufigen Notiz von mir angegeben. Ich habe den Text nach meinen späteren vollständigeren Versuchen ergänzt. Helmholtz.

Diese Röhre giebt einen höhern Resonanzton, der vom *Ä* zum *I* allmälig steigt, während der hintere höhlenförmige Raum einen zweiten tiefern Resonanzton giebt, der beim *I* am tiefsten ist.

Das Eigenthümliche der Vocalklänge ist also, dass die verstärkten Theiltöne eine gleichbleibende absolute Tonhöhe haben, während die Tonhöhe des Grundtones wechselt.

Diese Beispiele erläutern das Thema der Vocalklänge genügend. Wir können die Elementarfarben des Sonnenspectrums in verschiedener Weise mischen und durch diese Mischung unzählige zusammengesetzte Farben erlangen. Aus Violett und Roth machen wir Purpur, und aus Gelb und Blau machen wir Weiss. Ebenso können Elementartöne gemischt werden, so dass sie alle möglichen Schattirungen von Klangfarbe geben. Nachdem Helmholtz die menschliche Stimme in ihre Tonbestandtheile zerlegt hatte, gelang es ihm, die Töne durch Stimmgabeln nachzuahmen, und, indem er diese passend zusammenbrachte, die Klangfarben aller Vocale wiederzugeben.

Man kann sich leicht über den Grundton eines Klanges irren, weil sich die höheren Töne dazu mischen. Sie haben hier eine schwere Stimmgabel vor sich, die auf einem weiten Resonanzkasten steht und beim Anschlagen einen tiefen und mächtigen Ton giebt. Ich stehe neben dem Kasten, während die Gabel klingt, und spreche den Vocal „*U*“ mit der Gabel im Einklange. Die Schläge, die man hört, wenn ich ein wenig über oder unter den Ton der Gabel gerathe, zeigen, dass ich dem Einklange sehr nahe bin. Ich vertausche den Vocalton *U* mit *O*; Sie hören die Schläge wie vorher, was beweist, dass der Grundton seine Höhe nicht verändert hat; aber doch erscheint Ihnen vielleicht der Ton meiner Stimme höher als zuvor. Die gesteigerte Tonhöhe kommt aber nicht von einer Erhöhung des Grundtones, sondern von der Beimischung der höhern Octave, die, wie Helmholtz gezeigt hat, einen nothwendigen Bestandtheil des *O* bildet. Dasselbe ist in noch höherm Grade bei den übrigen Vocalen der Fall. Ihre scheinbare Zunahme an Höhe rührt von dem Zusatz scharfer Obertöne zu dem gleichbleibenden Grundtone her. Einer Opernsängerin macht der Vocal *U* in ihren höchsten Tönen Schwierigkeit. Der Vocal *I* z. B. kann noch in einer Höhe gesungen werden, wo die Möglichkeit ein *U* hervorzubringen schon aufgehört hat.

Da ich nicht gern den Zusammenhang unserer Schlüsse und Experimente über die Töne der Orgelpfeifen und ihr Verhältniss zu den Schwingungen fester Stäbe unterbrechen wollte, habe ich einige Betrachtungen und Versuche, die eigentlich einem frühern Theil der Vorlesung angehören, auf den Schluss aufgespart. Sie haben schon die Töne einer Glasröhre, die an beiden Enden frei ist, gehört, und haben sich bekannt gemacht mit den verschiedenen Theilungsarten derselben, wenn sie in Längsschwingungen versetzt wird. Sie wissen, dass, wenn die Röhre ihren Grundton giebt, ihre beiden Hälften sich rasch hinter einander verlängern und verkürzen. Wenn die Röhre an beiden Enden verschlossen wäre, so würde der Stopfen auch schwingen und seine Schwingungen an die Luft der Röhre übertragen müssen, und wenn die Schallgeschwindigkeit in der Luft der Geschwindigkeit in Glas gleich wäre, so würde die Luft der Röhre im Einklange mit der Röhre selbst vibriren. Aber die Schallgeschwindigkeit in Luft ist viel geringer als in Glas, und wenn daher die Luftsäule in gleichem Rhythmus mit der

Röhre schwingen soll, so muss sie sich zu dem Zweck in schwingende Abschnitte von passender Länge theilen. In einer höchst interessanten Untersuchung, die kürzlich in Poggendorff's Annalen veröffentlicht ist, hat uns Herr Kundt aus Berlin gelehrt, wie diese Abschnitte sichtbar zu machen seien. Ich nehme ein wenig von dem sehr leichten Lykopodiumpulver, bringe es in diese 6 Fuss lange Röhre und vertheile es durch Schütteln über die ganze innere Fläche derselben, so dass ein wenig von dem Pulver daran hängen bleibt. Nun verschliesse ich die Enden der Röhre, fasse sie in der Mitte mit der Hand oder noch besser mit einem Schraubstock, und reibe mit einem nassen Tuche schnell über eine der Hälften. Augenblicklich fällt das Pulver, was einen Moment vorher an der innern Fläche hing, auf den Boden der Röhre und bildet da die Formen, wie sie Fig. 106 zeigt, indem die Figuren, welche das Lykopodium macht, anzeigen, wie die Luftsäule getheilt war. Jeder Knoten

Fig. 106.

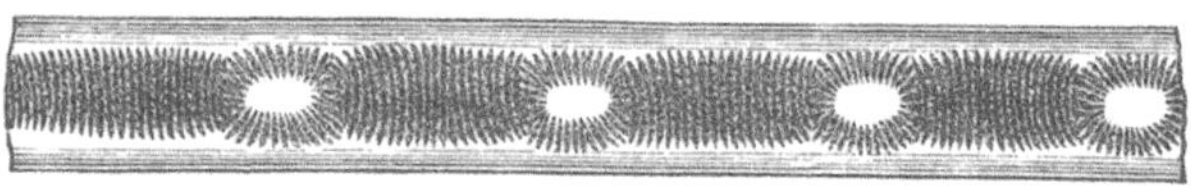

ist hier von einem Ringe von Pulver umgeben, während zwischen den Knoten, längs der Schwingungsbäuche, sich das Mehl in Querstreifen anordnet.

Sie werden leicht sehen, dass wir hier mit Luft wesentlich dasselbe Experiment machen, wie Melde mit einem schwingenden Faden. Wenn der Faden zu lang war, um als Ganzes zu schwingen, passte er sich den Anforderungen der dazu gehörigen Stimmgabel an, indem er sich in eine Reihe von schwingenden Abschnitten theilte.

Nun ist jedesmal die Entfernung von einem Knoten zum nächsten halb so lang als die Tonwelle. Wie sie sehen haben wir bei diesem Experiment sechszehn halbe Tonwellen in unserer Röhre. (Die Abbildung zeigt nur vier davon.) Aber die Länge unserer Glasröhre, während sie Längsschwingungen ausführt, entspricht auch wiederum nur einer halben Wellenlänge in Glas. Also ist in dem vorliegenden Falle bei gleicher Schwingungszahl die Länge der halben Welle in Glas 16mal so gross, als die Länge der halben Welle in Luft. Mit anderen Worten: Die Schallgeschwindigkeit in Glas ist 16mal so gross, als die Schallgeschwindigkeit in Luft. Auf diese Weise lösen wir durch einen einzigen Strich mit einem nassen Tuche eine höchst wichtige Frage. Wie aber Kundt gezeigt hat, brauchen wir uns nicht auf Luft zu beschränken. Bringen wir irgend ein anderes Gas in die Röhre, so können wir eben so gut durch einfaches Streichen mit dem nassen Tuche das Verhältniss der Schallgeschwindigkeit in dem Gase und in Glas bestimmen. Wird Wasserstoff eingeführt, so ist die Zahl der Schwingungsbäuche kleiner, wird Kohlensäure eingeführt, so ist sie grösser, als in Luft.

Aus der bekannten Schallgeschwindigkeit in der Luft, verglichen mit der Länge einer durch das Pulver markirten Abtheilung, können wir augenblicklich die Zahl von Schwingungen ableiten, die in einer Secunde von der Röhre ausgeführt werden, welche die getheilte Luftsäule enthält. Wenn ich eine Röhre in der Mitte fasse und mein nasses Tuch über eine der Hälften ziehe, errege ich diesen schrillen Ton. Jeder Abschnitt im Pulver in der Röhre ist 3 Zoll lang. Folglich beträgt die Länge der Tonwelle dieser Note 6 Zoll. Die Schallgeschwindigkeit in Luft von unserer jetzigen Temperatur beträgt 1120 Fuss in der

Secunde, und in eine solche Strecke würden 2240 von unseren Tonwellen hineinpassen. Diese Zahl giebt also auch die Anzahl der Schwingungen in der Secunde für die eben angegebene Note.

Statt die Mitte der Röhre zu dämpfen und sie zum Knotenpunkt zu machen, können wir eben so gut einen andern ihrer Theilpunkte wählen. Fasse ich sie z. B. an einem Punkte, der auf der Hälfte zwischen der Mitte und dem einen Ende liegt, und reibe sie demgemäss, so wissen wir, dass sie sich in drei schwingende Theile, getrennt durch zwei Knoten, theilt. Wir wissen ausserdem, dass der Ton, der bei dieser Theilung zum Vorschein kommt, die Octave desjenigen ist, den die Röhre mit einem einzigen Knoten in der Mitte gab; denn die Schwingungen sind nun doppelt so schnell. Wenn wir daher die Röhre voll Luft durch zwei Knoten anstatt durch einen theilen, so wird das Hexenmehl uns 32 statt 16 Schwingungsbäuche zeigen. Dasselbe findet natürlich auf alle anderen Gase Anwendung.

Kundt füllte vier Röhren mit Luft, Kohlensäure, Leuchtgas und Wasserstoff und wenn er sie so rieb, dass zwei Knoten entstanden, fand er die Zahl der Pulverabtheilungen, die sich längs der Röhre bildeten, in den einzelnen Fällen wie folgt:

Luft	32	Staubfiguren
Kohlensäure	40	„
Leuchtgas	20	„
Wasserstoff	9	„

Die Schallgeschwindigkeit in den Gasen steht in umgekehrtem Verhältniss als diese Zahlen. Nimmt man die Geschwindigkeit durch die Luft als Einheit an, so drücken die folgenden Brüche das Verhältniss dieser Geschwindigkeit zu der in anderen Gasen aus:

Kohlensäure	$\frac{32}{40} = 0{,}8$
Leuchtgas	$\frac{32}{20} = 1{,}6$
Wasserstoff	$\frac{32}{9} = 3{,}56$

Aus einer Tabelle, die ich in der ersten Vorlesung gab, ergiebt sich, dass Dulong durch ein ganz verschiedenes Verfahren die Geschwindigkeit in Kohlensäure 0,97- und in Wasserstoff 3,8mal so gross als die Geschwindigkeit in Luft gefunden hat. Dulong's Resultate wurden aus dem Ton von Orgelpfeifen hergeleitet, die mit den verschiedenen Gasen gefüllt waren, und wir sind hier durch einen Process der einfachsten Art in nahe Uebereinstimmung mit seinen Ergebnissen gekommen. Bestäuben wir die innere Fläche solcher Röhren, füllen sie mit den gehörigen Gasen und schmelzen ihre Enden zu, so können sie auf beliebig lange Zeit aufbewahrt werden. Wenn wir dann im gegebenen Moment eine der Röhren schütteln, so wird ihre innere Fläche dünn mit Staub überzogen, und dann bringt ein einziger Strich mit dem nassen Tuche die Theilung hervor, aus welcher die Schallgeschwindigkeit des Gases augenblicklich ersehen werden kann.

Savart fand, dass sich um eine Röhre oder einen Stab, wenn dieselben Längsschwingungen machen, eine spiralige Knotenlinie bildet, und Seebeck zeigte, dass diese Linie nicht von Längs-, sondern von secundär entstehenden Querschwingungen herrühre. Diese spiralige Knotenlinie macht leicht die Staubzeichnungen bei unseren gegenwärtigen Versuchen verwickelter. Es ist daher wünschenswerth so zu verfahren, dass die Bildung dieser Linie ganz vermieden wird. Herr Kundt hat diesen Zweck dadurch erreicht, dass er die Längsschwingungen in einer Röhre erregte und die Theilung in Schwingungsbäuche in einer andern vor sich gehen liess, die wie ein Stempel in der erstern steckte. Sie sehen hier eine Glasröhre (Fig. 107), die 7 Fuss lang ist und 2 Zoll innern Durchmesser hat. Das eine Ende dieser Röhre füllt der bewegliche Stöpsel *b*; das andere Ende *k k* ist ebenfalls von einem Pfropfen geschlossen, durch den die engere Röhre *A a* geht, deren Mitte von dem Kork *K K* fest umschlossen wird. Das Ende der innern Röhre *A a* ist auch von einem überstehenden Stopfen *a* geschlossen, der die weitere Röhre beinahe ausfüllt, aber doch so lose darin sitzt, dass seine Reibung gegen die innere Fläche zu gering ist, um seine Schwingungen zu hindern. Nachdem ich die innere Fläche zwischen *a* und *b* leicht mit dem Mehl bestäubt habe, fahre ich mit einem nassen Tuche schnell über *A K* und augenblicklich theilt sich das Mehl zwischen *a* und *b* in eine Zahl von Schwingungsbäuchen. Ist die Länge der Luftsäule *a b* gleich der der Glasröhre *A a*, so ist die Zahl der Schwingungsbäuche 16. Ist, wie in der Abbildung, *a b* nur halb so lang als *A a*, so ist die Zahl der Schwingungsbäuche 8.

Fig. 107.

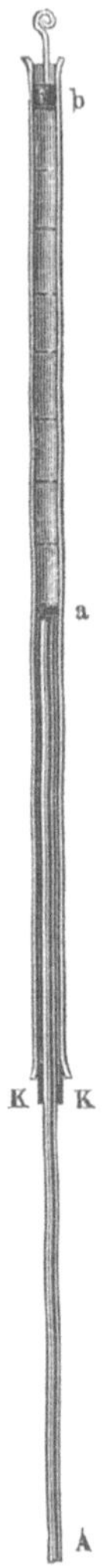

Hier müssen Sie nun beachten, dass dieses Verfahren einer sehr ausgedehnten Anwendung fähig ist. Statt der Glasröhre *A a* können wir einen Stab von einer andern festen Substanz, von Holz oder Metall zum Beispiel, anwenden, und so das Verhältniss ihrer Schallgeschwindigkeit zu der der Luft bestimmen. Ich nehme an Stelle der Glasröhre einen eben so langen Messingstab und reibe ihn mit eingeharztem Tuch. Dadurch verursache ich, dass sich die Säule *ab* in eine Anzahl von Schwingungsbäuchen theilt, wie sie dem Schwingungstempo des Metalls entspricht. Auf diese Weise behandelte Herr Kundt Messing, Stahl, Glas und Kupfer, und seine Resultate zeigen, dass durch dieses Verfahren grosse Genauigkeit erzielt werden kann. Die Schallgeschwindigkeit in der Luft wie bisher als Einheit angenommen, erhielt man in drei verschiedenen Versuchsreihen für das Verhältniss der Schallgeschwindigkeit in Messing zu der in Luft folgende Zahlen:

Erstes Experiment	10,87
Zweites Experiment.	10,87
Drittes Experiment	10,86

Die Uebereinstimmung ist hier aussergewöhnlich gross. Um zu zeigen, welcher Genauigkeit diese Methode fähig ist, kann ich noch hinzufügen, dass die Länge der einzelnen Pulverabtheilungen gemessen wurde, und dass in 27 Experimenten diese Länge zwischen 43 und 44 Millimeter (jeder Millimeter = $^1/_{25}$ Zoll) schwankend gefunden wurde, jedoch nie bis ganz auf 44 stieg oder auf 43 sank. Die Länge des Metallstabes, verglichen mit der Länge einer dieser so genau abzumessenden Abtheilungen giebt uns sogleich die Schallgeschwindigkeit in dem Metall im Verhältniss zu der Geschwindigkeit in der Luft.

Drei verschiedene Experimente in derselben Weise ausgeführt gaben folgende Schnelligkeit im Stahl, wenn die Geschwindigkeit in Luft als Einheit angenommen wurde:

Erstes Experiment	15,34
Zweites Experiment.	15,33
Drittes Experiment	15,34

Hierbei ist die Uebereinstimmung ebenso vollkommen, als bei den Versuchen mit Messing.

In Glas fand sich durch diese neue Methode als Werth der Schallgeschwindigkeit

15,25 *).

In Kupfer endlich ergab sich die Schnelligkeit als

11,96.

Diese Resultate stimmen ungemein gut mit denen überein, die durch andere Methoden gefunden sind. Wertheim zum Beispiel fand die Schallgeschwindigkeit in Stahldraht 15,108; Kundt findet sie 15,34. Ferner fand Wertheim die Geschwindigkeit in Kupfer = 11,17; Kundt findet sie 11,96. Die Unterschiede sind nicht so gross, dass man sie nicht den Unterschieden in dem von beiden Beobachtern gebrauchten Material zuschreiben könnte.

Die Länge der Luftsäule kann entweder ein ganzes Vielfaches der Wellenlänge sein, oder nicht, je nach der Schwingungsdauer des Stabes. Ist sie es nicht, so lagert sich das Pulver in den einzelnen Abtheilungen, so, wie es Fig. 108 zeigt. Wenn aber mittelst des Stöpsels die

Fig. 108.

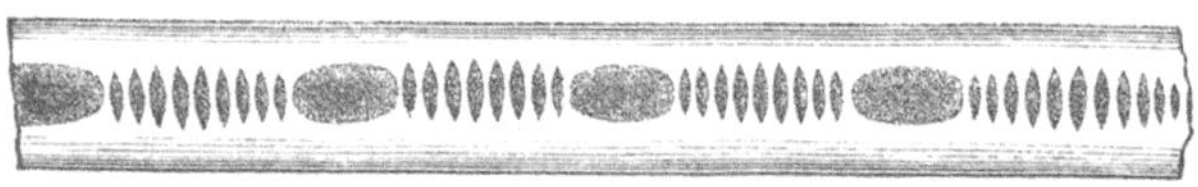

Luftsäule zu einem ganzen Vielfachen der Wellenlänge gemacht ist, so verlässt das Pulver die schwingenden Abschnitte ganz und gar und bildet, wie in Fig. 109, an

*) Die Geschwindigkeit in Glas wechselt mit der Qualität des Glases, also bezieht sich das Resultat jedes Experimentes nur auf die besondere Art Glas, die dabei angewendet wurde.

den Knoten kleine, einzelstehende Häufchen. Und hierbei stellt sich nun eine Schwierigkeit ein. Das geschlossene Ende *b* der Röhre (Fig. 107) ist natürlich eine Stelle, wo keine Schwingung stattfindet, so dass sich unter allen

Fig. 109.

Umständen da, wie an den Knoten, ein Pulverhäufchen bildet; aber sobald die Länge der Luftsäule einem Vielfachen der Wellenlänge genau gleich war, fand Kundt auch stets ein Pulverhäufchen dicht bei dem Ende *a* des Stabes. So schien die Stelle, von der die ganze Schwingung ausging, selbst ohne Bewegung zu sein. Kundt machte auf diese Schwierigkeit aufmerksam, versuchte aber nicht sie zu erklären. Ich denke, wir sind jetzt im Stande es zu thun. In der dritten Vorlesung hatte ich Gelegenheit zu bemerken, dass streng genommen ein Knotenpunkt nicht eine Stelle ohne Schwingung, sondern eine Stelle geringster Schwingung ist, und dass Schwingungen von grosser Stärke entstehen können, wenn sich die schwachen Anstösse, welche der Knotenpunkt abgiebt, regelmässig zu einander addiren. Die Enden von Kundt's Röhre sind solche Punkte geringster Bewegung, und die schwingenden Abschnitte sind immer so lang, dass in Folge der Vereinigung ankommender und zurückgeworfener Wellen die Luft an einem Punkt, der einen halben Schwingungsbauch vom Ende der Röhre entfernt liegt, viel stärker vibrirt, als an diesem Ende selbst. Diese Summirung der einzelnen Stösse geschieht um so regelmässiger, je genauer die Länge der Luftsäule ein ganzes Vielfaches der Wellenlänge ist, und dies ist also der Grund, warum in diesem Falle die Schwingungen heftig genug werden, um das Pulver von den schwingenden Abtheilungen ganz fort zu fegen. Ein entsprechendes Beispiel geben Melde's Experimente, in denen die Stimmgabeln die Quelle aller Bewegung, und dabei doch selbst Knoten sind.

Ein Experiment von Helmholtz kann hier lehrreiche Anwendung finden. Ich habe eine Stimmgabel in der Hand, die 512 ganze Schwingungen in der Secunde ausführt. Nun spanne ich die Saite des in der dritten Vorlesung beschriebenen Monochords über ihre beiden Stege und setze den eisernen Stiel der Stimmgabel auf die Saite. Gegenwärtig hören Sie keine Steigerung des Tones der Stimmgabel; die Saite bleibt in Ruhe. Aber ich verschiebe die Gabel an der Saite entlang, und hier bei der Zahl 33 geht plötzlich ein lauter Ton von der Saite aus. Bei der jetzt angewendeten Spannung der Saite ist die Länge 33 mit den Schwingungen der Gabel in genauem Einklang. Durch Vermittelung der Saite kann die Stimmgabel also ihre Bewegung dem Resonanzboden und durch diesen der Luft mittheilen. Lasse ich die Gabel an der richtigen Stelle ruhen, so hält der Ton so lange an, als die Gabel schwingt. Die geringste Abweichung nach rechts oder links von diesem Punkt verursacht ein plötzliches Fallen des Tones. Ich spanne nun mittelst des Schlüssels die Saite stärker an; da verschwindet der Ton. In der That ist nun eine grössere Länge von dieser stärker gespannten Saite nothwendig, um den Ton der Gabel hervorzubringen. Ich gehe darum mit der Gabel weiter und bei Zahl 36 kommt der Ton wieder zum Vorschein. Ziehe ich die Saite noch fester an, so finde ich in Zahl 40 den Punkt, wo der Ton am stärksten ist. Nun mache ich die Saite schlaffer. Die losere Saite muss verkürzt werden, damit sie mit der Gabel übereinstimme; also fahre ich mit der Gabel gegen das Ende der Saite zu, und erhalte bei Zahl 25 den frühern Ton. Wieder bringe ich die Gabel auf 35. Man hört nichts, wenn ich aber den Schlüssel vorsichtig drehe, entferne ich, so zu sagen, den Punkt des Einklangs weiter vom Ende der Saite. Er erreicht endlich die Gabel und in demselben Augenblick geht ein klarer, voller Ton vom Resonanzboden aus. Jedesmal ehe der bestimmte Punkt erreicht wird, in seiner unmittelbaren Nähe, hören wir Schläge, die, wie wir später sehen werden, vom Zusammenwirken des Tones der Gabel mit dem der Saite herrühren, wenn sie beinahe, aber noch nicht ganz in Uebereinstimmung sind.

Bei allen diesen Experimenten wird die Schwingung der Gabel, wenn sie der Länge des Drahtes zwischen dem Stege und der Gabel entspricht, durch den Draht dem Resonanzboden des Monochords und von diesem der umgebenden Luft mitgetheilt. Jedesmal ist der Punkt, auf welchem die Gabel ruht, ein Knotenpunkt. Er bildet das verhältnissmässig feste Ende des Drahtes, dessen Schwingungen mit denen der Gabel übereinstimmen. Der Fall ist durchaus dem analog, wo man in der Hand eine Kautschukröhre hält und sie in Schwingung bringt, oder auch dem Fall mit der Stimmgabel in den Versuchen von Herrn Melde. Eine Wirkung ganz derselben Art erzielte auch Kundt, als das Ende der Luftsäule, mit seinem schwingenden Stab in Berührung gesetzt, sich als ein Knoten und nicht als die Mitte eines Schwingungsbauches erwies.

Anhang betreffend die Resonanz.

Die Resonanz der Höhlen und von Felsen eingeschlossener Schluchten ist wohl bekannt. Bunsen erwähnt das donnerähnliche Geräusch, welches entsteht, wenn einer der Isländischen Dampfstrahlen in der Nähe einer Höhlenöffnung ausbricht. Die meisten Besucher der Schweiz haben den betäubenden Ton gehört, den der Fall der Reuss bei der Teufelsbrücke verursacht. Das Geräusch des Falles wird durch Resonanz zu der Stärke eines Donners erhöht. Auch der Ton, den man hört, wenn man eine hohle Muschel dicht an das Ohr hält, gehört in das Gebiet der Resonanz. Kinder glauben, sie hören in der Muschel das Geräusch der See. In der That rührt es aber von der Verstärkung der schwachen Töne her, mit denen auch die stillste Luft angefüllt ist. Wendet man Röhren von verschiedener Länge an, so bemerkt man, dass die Tonhöhe der Resonanz sich mit der Länge der Röhre verändert. Der Gehörgang des Ohres selbst ist ebenfalls eine Resonanzhöhle. Wenn ein Feuerhaken an zwei Fäden gebunden wird und man die Finger der Hände, an denen der Haken hängt, in die Ohren steckt, so hört man, wenn man den Haken gegen ein Stück Holz schlagen lässt, einen Ton, so tief und voll, wie der einer Kirchenglocke. Ist der Gehörgang offen, so resonirt er zu Tönen, deren Schwingungszahl etwa 3000 in der Secunde beträgt. Dies hat Helmholtz gezeigt, und eine deutsche Dame, Frau E. Seiler, fand, dass auch die Hunde gegen einen besondern hohen Ton empfindlich sind und heulen, wenn man ihn angiebt.

Uebersicht der fünften Vorlesung.

Wenn ein gespannter Draht in Richtung seiner Länge passend gerieben wird, so wird er in Längsschwingung versetzt. Der Draht kann entweder als Ganzes schwingen oder sich in schwingende Abschnitte theilen, die durch Knoten von einander geschieden sind.

Die Töne solches Drahtes folgen der Zahlenreihe 1, 2, 3, 4 u. s. w.

Die Querschwingungen eines an beiden Enden befestigten Stabes folgen nicht in derselben Reihe, wie die Querschwingungen eines gespannten Drahtes. Denn die Kräfte, die hier ins Spiel kommen, sind von anderer Art, wie in der vierten Vorlesung erklärt worden ist. Für die Längsschwingungen eines gespannten Drahtes aber gilt dieselbe Reihenfolge der Töne als für die Längsschwingungen eines an beiden Enden festen Stabes; denn hier wirkt in beiden Fällen die gleiche Kraft, nämlich die Elasticität des Stoffes.

Ein Stab, der an einem Ende befestigt und in Längsschwingungen versetzt ist, schwingt entweder als Ganzes oder theilt sich dabei in zwei, drei, vier u. s. w. schwingende Theile, die durch Knoten von einander getrennt sind. Die Folge der Töne eines solchen Stabes entspricht den ungeraden Zahlen 1, 3, 5, 7 u. s. f.

Ein Stab, der an beiden Enden frei ist, kann ebenfalls Längsschwingungen ausführen. Sein tiefster Ton entspricht einer Theilung des Stabes in zwei schwingende Abschnitte mit einem Knoten in der Mitte. Die Obertöne eines solchen Stabes entsprechen seiner Theilung in drei, vier, fünf u. s. w. schwingende Abschnitte, durch zwei, drei, vier u. s. w. Knoten von einander getrennt. Die Folge der Töne eines solchen Stabes entspricht den Zahlen 1, 2, 3, 4, 5 u. s. w.

Wir können diese Ordnung auch so ausdrücken, dass wir sagen, die Töne eines Stabes, der an beiden Enden befestigt ist, entsprechen den ungeraden Zahlen 1, 3, 5, 7 u. s. w., während die Töne eines Stabes, der an beiden Enden frei ist, den geraden Zahlen 2, 4, 6, 8 u. s. w. entsprechen.

An den Stellen, wo die Schwingung am stärksten ist, erleidet der Stab keinen Wechsel der Dichtigkeit; an den Knoten dagegen erreicht die Veränderung der Dichtigkeit ein Maximum. Dies kann durch die Einwirkung des Stabes auf polarisirtes Licht bewiesen werden.

Luftsäulen von bestimmter Länge resoniren zu Stimmgabeln von bestimmter Schwingungsdauer. Die Länge der Luftsäule, die am vollkommensten zu einer Gabel resonirt, beträgt ein Viertel der Tonwelle, welche die Gabel hervorruft.

Diese Resonanz beruht auf der Uebereinstimmung, welche zwischen dem Schwingungstempo der Gabel und dem der Luftsäule besteht.

Bläst man über die Oeffnung einer Röhre, die an einem Ende geschlossen ist, so entsteht ein Schwirren der Luft, und eine Reihe von Stössen dieses Geschwirrs kann durch die Resonanz der Röhre zu einem musikalischen Ton erhoben werden.

Der Ton ist derselbe, welcher gehört wird, wenn man eine Stimmgabel, deren Schwingungsdauer der der Röhre entspricht, über die Oeffnung der Röhre hält.

Wenn eine Röhre, die an einem Ende verschlossen ist — zum Beispiel eine gedackte Orgelpfeife — ihren tiefsten Ton giebt, so ist die Luftsäule in ihrem Innern von keinem Knoten getheilt. Die Obertöne einer solchen Säule entsprechen derselben Theilungsart wie sie bei einem Stabe vorkam, der an einem Ende befestigt war und Längsschwingungen ausführte. Ihre Töne folgen sich wie die ungeraden Zahlen 1, 3, 5, 7 u. s. w. Dass sie in dieser Ordnung stehen müssen, geht aus der Weise hervor, in welcher sich die Säule theilt.

Bei Orgelpfeifen wird die Luft dadurch ins Schwirren versetzt, dass man sie durch eine enge Spalte treibt und auf eine scharfe Kante stossen lässt. Von dem dadurch erregten Geschwirr wird eine Reihe von Stössen durch Resonanz der Pfeife zum musikalischen Ton erhoben. Wenn statt des Schwirrens der Luft eine Stimmgabel von passender Schwingungsdauer vor den Mund einer Orgelpfeife gehalten wird, so spricht die Pfeife an, der Gabel gleichsam antwortend. Beim Anblasen schafft sich die Orgelpfeife selbst ihre Stimmgabel, indem sie die bewegte Luftschicht vor ihrer Mundöffnung zwingt, im Tact mit ihr zu vibriren.

Der Ton einer offenen Orgelpfeife ist eine Octave höher als der einer gedackten von derselben Länge. Dies Verhältniss ist eine nothwendige Folge ihrer verschiedenen Schwingungsart.

Wenn zum Beispiel eine gedackte Orgelpfeife ihren tiefsten Ton giebt, so ist, wie schon gesagt, die Luftsäule ungetheilt. Wenn eine offene Pfeife ihren tiefsten Ton giebt, so ist die Säule durch einen Knoten in der Mitte getheilt. Die offene Pfeife besteht also eigentlich aus zwei gedackten, die mit ihrem gedackten Ende vereinigt sind. Daraus wird klar, dass der Ton einer offenen Pfeife derselbe sein muss, als der einer gedackten von der halben Länge.

Die Länge einer gedackten Pfeife beträgt ein Viertel der Tonwelle, die sie erzeugt, während die Länge einer offenen Pfeife gleich der Hälfte ihrer Tonwelle ist.

Die Töne einer offenen Pfeife folgen der Ordnung der geraden Zahlen 2, 4, 6, 8 u. s. w. oder der ganzen Zahlen 1, 2, 3, 4 u. s. w.

Sowohl bei gedackten als bei offenen Pfeifen steht die Zahl der Schwingungen, die in bestimmter Zeit ausgeführt werden, in umgekehrtem Verhältniss zu der Länge der Pfeife.

Die Stellen grösster Schwingung sind auch bei Orgelpfeifen mit geringster Veränderung der Dichtigkeit verbunden, während an den Stellen geringster Schwingung die grösste Veränderung der Dichtigkeit stattfindet.

Die Schallgeschwindigkeit in verschiedenen Gasen, Flüssigkeiten und festen Körpern kann aus den Tönen berechnet werden, welche von gleichen Längen gegeben werden; oder aus den Längen der Substanzen, die gleiche Töne geben.

Zungen werden oft mit schwingenden Luftsäulen in Verbindung gebracht. Sie bestehen aus biegsamen Plättchen, die in einer rechtwinkligen Oeffnung hin und her schwingen und dadurch den Luftstrom unterbrechen, der durch die Oeffnung geht.

Die Zunge übt dieselbe Thätigkeit wie die Sirene.

Die biegsamen Holzzungen, die manchmal mit Orgelpfeifen in Verbindung stehen, werden gezwungen im Einklange mit der Luftsäule in der Pfeife zu vibriren. Andere Zungen aber sind zu steif, um von der schwingenden Luft beherrscht zu werden, und in diesem Falle wird die Luftsäule so lang gemacht, dass ihre Schwingungen mit denen der Zunge zusammentreffen.

Indem wir passende Pfeifen mit Zungen in Verbindung bringen, geben wir ihren Tönen die Eigenschaften der menschlichen Stimme.

Das Stimmorgan des Menschen ist ein Zungeninstrument, indem die schwingende Zunge durch elastische Bänder gebildet wird, die am obern Ende der Luftröhre sitzen und verschiedener Spannung fähig sind. Das Schwingungstempo dieser Stimmbänder wird nicht wesentlich von der Resonanz des Mundes beeinflusst; aber der Mund kann durch Veränderung seiner Form dazu gebracht werden, entweder für den Grundton oder für jeden der Obertöne der Stimmbänder mitzutönen.

Durch das Verstärken besonderer Töne vermöge der Resonanz des Mundes wird die Klangfarbe der Stimme verändert.

Die verschiedenen Vocalklänge entstehen durch verschiedene Mischungen des Grundtones mit den Obertönen der Stimmbänder.

Wenn die feste Substanz einer Röhre, die an einem oder beiden Enden geschlossen ist, in Längsschwingungen versetzt wird, so geräth die Luft darin ebenfalls in Schwingung.

Bedeckt man die innere Fläche einer Röhre mit einem leichten Pulver, so kann man sehen, in welcher Weise sich die Luftsäule theilt. Aus der Theilung der Säule lässt sich dann das Verhältniss zwischen der Schallgeschwindigkeit in der Substanz der Röhre und der in der Luft bestimmen.

Statt der Luft kann man auch andere Gase anwenden und deren Schallgeschwindigkeit im Vergleich mit der Geschwindigkeit in der Substanz der Röhre bestimmen.

Mittelst eines in Längsschwingungen versetzten Stabes kann man die in einer Röhre eingeschlossene Luft in Schwingung setzen und zwingen, sich in Schwingungsbäuche zu theilen. Diese Schwingungsbäuche können durch leichtes Pulver sichtbar gemacht werden; aus ihnen berechnet man die Schallgeschwindigkeit in der Substanz des Stabes, verglichen mit der Geschwindigkeit in der Luft.

Auf diese Weise kann die verhältnissmässige Schallgeschwindigkeit in allen festen Körpern, die sich in Stäbe formen und in Längsschwingungen versetzen lassen, bestimmt werden.

Sechste Vorlesung.

Singende Flammen. — Einfluss der Röhre, welche die Flamme umgiebt. — Einfluss der Grösse der Flamme. — Harmonische Töne der Flammen. — Wirkung des Einklangs auf singende Flammen. — Einwirkung des Schalls auf freie Flammen. — Experimente mit Fischschwanz- und Fledermausbrennern. — Experimente mit schmalen Flammen. — Ausserordentliche Empfindlichkeit der Flammen als akustische Reagentien. — Die Vocalflamme. — Einfluss des Sprechens auf Flammen. — Wirkung von musikalischen Tönen auf unentzündete Gasstrahlen. — Bildung und Form von Wasserstrahlen. — Einfluss musikalischer Töne auf Wasserstrahlen. — Ein Wasserstrahl kann sich in Bezug auf Empfindlichkeit mit dem Ohre messen.

Jede Reibung ist rhythmisch. Wenn wir mit einem geharzten Bogen über eine Saite streichen, so regelt die Spannung der Saite vollkommen genau den Rhythmus der Reibung. Wenn wir mit dem nassen Finger um den Rand eines Glases fahren, so giebt sich die Theilung der reibenden Bewegung in rhythmisch wiederholte Stösse durch einen musikalischen Ton zu erkennen. Savart's Experimente beweisen, dass selbst die Reibung einer Flüssigkeit gegen die Seiten der Oeffnung, durch welche sie geht, im Stande ist musikalische Töne hervorzubringen. Wir sind hier mit den Mitteln versehen, sein Experiment zu wiederholen. Die Röhre *AB* (Fig. 110) ist mit Wasser gefüllt und ihr Ende *B* durch eine Messingplatte mit einer kleinen kreisförmigen Oeffnung geschlossen, deren Durchmesser gleich ist der Dicke der Platte. Nehme ich den kleinen Zapfen fort, der die Oeffnung schloss, so fliesst das Wasser aus, und indem es in der Röhre sinkt, geht ein sehr weicher musikalischer Ton von der flüssigen Säule aus. Dieser Ton entsteht dadurch, dass der Fluss des Wassers durch die Oeffnung mit Unterbrechung vor sich geht und dadurch die ganze Säule oberhalb in Schwingung gesetzt wird. Wenn man Thee aus einer Theekanne giesst, so zeigt sich die Neigung zu solcher rhythmischen Bewegung in den kreisförmigen Riefen des fallenden Strahles. Dieselbe Unterbrechung bemerkt man in dem schwarzen dichten Rauch, der in rhythmischen Ringen von dem Schornstein eines Dampfbootes ausgeht. Das unangenehme Geräusch ungeölter Maschinen ist ebenfalls eine Bestätigung der Thatsache, dass die Reibung nicht continuirlich ist, sondern von einem wechselnden Packen und Loslassen der reibenden Flächen herrührt.

Fig. 110.

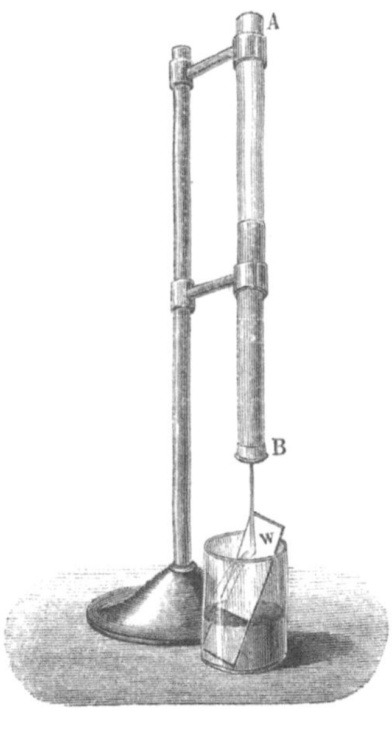

Auch wo Gase ins Spiel kommen hat Reibung denselben unterbrochenen Charakter. Eine Flintenkugel singt auf ihrem Wege durch die Luft, und wenn der Wind einen Tannenwald schüttelt, so ist es seine Reibung gegen die Stämme und Aeste der Bäume, welche das Rauschen wie von einem Wasserfall hervorbringt. Bewegt man ein ruhig brennendes Licht schnell durch die Luft, so ist die Folge ein gezackter Lichtstreifen, der auf Unterbrechung deutet, während der fast musikalische Ton, welcher die Erscheinung des Streifens begleitet, der hörbare Ausdruck des Rhythmus ist. Wenn man andererseits sanft gegen eine Kerzenflamme bläst, so zeigt das schwirrende Geräusch rhythmische Bewegung an. Wir haben bereits gesehen, was erreicht werden kann, wenn eine Pfeife mit diesem Geschwirr in Verbindung gebracht wird; wir wissen, dass die Pfeife eine besondere Reihe von Stössen aus der Menge wählt und sie durch Resonanz zum musikalischen Ton erhebt. In gleicher Weise mag das Geräusch einer Flamme benutzt werden. Die Flamme des Gebläses in unserm Laboratorium zum Beispiel giebt statt ihres gewöhnlichen Geschwirrs eine Art von musikalischem Brummen, wenn sie in eine passende Röhre eingeschlossen wird. Die zuerst gewählte Welle wirkt bald wieder auf die Flamme ein und hebt grossentheils die anderen Wellen auf, so dass die Flamme gezwungen wird, in entsprechendem Tact mit der Welle zu vibriren. Und diese Einwirkung kann so mächtig werden, der tactmässige Ansturz der zurückgeworfenen Wellen zu solcher Ausdehnung anschwellen, dass dadurch sogar eine sehr grosse Flamme ausgeblasen werden kann.

Man braucht dieses Geschwirr auch nicht durch irgend welche aussergewöhnliche Mittel zu erzeugen. Wenn eine Gasflamme nur von einer Röhre eingeschlossen wird, so ist gewöhnlich der von ihr errregte Luftzug schon genügend, die nöthige rhythmische Bewegung zu erzeugen, welche sie ganz von selbst zum Singen bringt.

Doch werden nicht Alle von Ihnen die Stärke kennen, zu welcher diese Flammenmusik sich erheben kann. Ich habe hier einen kreisförmigen Brenner mit 28 Oeffnungen, aus dem eine Gasflamme brennt, und stecke über die Flamme diese Zinnröhre, die 5 Fuss lang ist und $2^1/_2$ Zoll Durchmesser hat. Die Flamme flackert zuerst, aber bald klärt sich die Reihe ihrer Stösse zu vollkommener Regelmässigkeit, und daraus entsteht ein tiefer, klarer, musikalischer Ton. Das Tempo ihrer Wellen hängt in gewissem Grade von dem Umfange der Flamme ab, und wenn ich das Gas allmälig herunter drehe, so hört endlich der Ton auf, den sie bisher gab. Nach einer augenblicklichen Pause giebt aber die Flamme einen andern Ton, nämlich die Octave des vorigen. Die erste Note war der Grundton der Röhre, welche die Flamme einschliesst, diese ist der erste Oberton. In der That haben wir hier gerade wie bei den Orgelpfeifen eine Luftsäule, die sich in Schwingungsbäuche, getrennt durch Knoten, theilt.

Lassen Sie mich nun die Wirkung dieser längern Röhre *a b* (Fig. 111 a. f. S.) versuchen, die, 15 Fuss lang und 4 Zoll weit, zu einem ganz andern Zweck bestimmt war. Sie wird von einem festen Ständer *s s'* gehalten und ich schiebe den dünnen Brenner, der bei *B* in grösserm Maassstabe gezeichnet ist, in sie hinein. Sie hören am Anfange das Geschwirr und nun auch den mächtigern Ton. Schiebe ich die Flamme weiter hinein, so wird die Bewegung stärker, bis endlich ein wahrer Musiksturm von der Röhre ausbricht. Nun ist aber plötzlich alles vorbei, denn die Rückwirkung ihrer eigenen Wellen hat die Flamme ausgelöscht. Ich zünde die Flamme wieder an, mache sie aber sehr klein. Wird sie in die Röhre gebracht, so singt sie von Neuem; aber nun ist es einer der Obertöne, den Sie hören. Drehe ich den

Fig. 111.

Hahn weiter auf, so verschwindet der Ton, einen Augenblick ist alles still; allein der Sturm bereitet sich schon vor und bricht bald wie vorher in einer Art von Ton-Orkan aus. Mache ich die Flamme kleiner, so hört der Grundton auf, und Sie hören den ersten Oberton der Röhre. Drehe ich sie noch weiter herunter, so verschwindet der erste Oberton und der zweite kommt heraus. Da sich nun Ihre Ohren an diese Töne gewöhnt haben, mache ich den Gashahn noch einmal ganz auf. Sie bemerken mit dem tiefsten Ton gemischt die Obertöne wie kämpfend, um im allgemeinen Lärm der Flamme auch gehört zu werden. Mit einem grossen Bunsen'schen Rosenbrenner wird der Ton dieser Röhre mächtig genug, um in diesem Zimmer den Fussboden und die Sitze und die grosse Zuhörerschaft darauf zu erschüttern, während das Verlöschen der Flamme durch die Rückwirkung der Tonwellen von einem Knall angezeigt wird, der fast so laut ist wie ein Pistolenschuss. Es muss Ihnen einfallen, dass ein Schornstein eine Röhre dieser Art in grossem Maassstabe und der Lärm einer Flamme im Schornstein nur ein roher Versuch ist, Musik zu machen.

Ich gehe nun zu kürzeren Röhren und kleineren Flammen über und habe hier acht von verschiedener Länge. Bringe ich die Röhren über die Flammen, so fängt jede an zu singen, und wie Sie sehen, werden die Töne tiefer, je länger die Röhren sind. Die Röhren sind in solcher Länge gewählt, dass sie hinter einander die acht Töne der Tonleiter geben. An einigen davon bemerken Sie einen Papierschieber *s* (Fig. 112), durch den die Resonanzröhre verkürzt oder verlängert werden kann. Während die Flamme singt, rücke ich den Schieber hinauf, und der Ton wird augenblicklich tiefer. Ich lasse den Schieber hinunter und der Ton steigt. Diese Experimente beweisen, dass die Flamme von der Röhre geregelt wird. Durch die Einwirkung der auf die Flamme zurückgeworfenen Wellen wird ihr Geschwirr tactmässig, während die Länge des Tactes wie bei

Fig. 112.

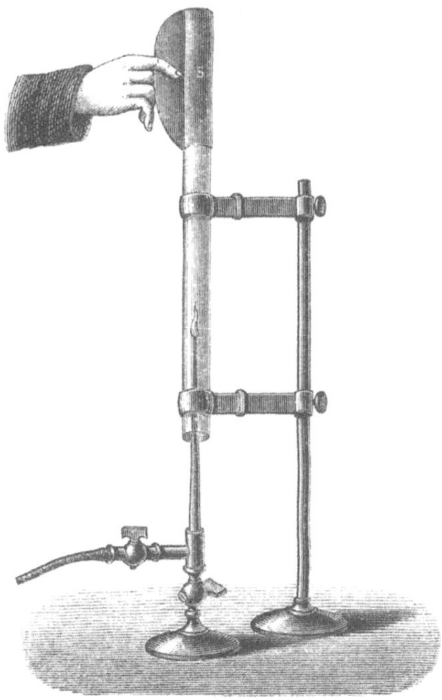

den Orgelpfeifen von der Länge der Röhre bestimmt wird.

Die Fixsterne, besonders die in der Nähe des Horizontes, haben ein unruhiges Licht und wechseln bei ihrem Funkeln manchmal die Farbe. Ich habe oft in der Nacht auf den Alpenplateaus das wechselnde Aufleuchten von Rubinroth und Smaragdgrün in den grösseren und tiefer stehenden Sternen beobachtet. Stellen Sie einmal ein Stück Spiegel so, dass Sie darin das Bild eines solchen Sternes sehen können, drehen Sie dann den Spiegel schnell auf und ab, so wird die Lichtlinie darin nicht continuirlich sein, sondern eine Reihe farbiger Perlen von ausserordentlicher Schönheit bilden. Sie erreichen dieselbe Wirkung, wenn Sie einen Operngucker auf den Stern richten und hin und her bewegen. Dieses Experiment lehrt, dass beim Funkeln das Licht der Sterne stellenweise verschwindet, da die dunklen Räume zwischen den hellen Perlen solchen Augenblicken des Verlöschens entsprechen. Unsere singende Flamme ist nun eine funkelnde Flamme. Sie bemerken eine gewisse zitternde Bewegung, wenn sie zu singen anfängt, und können diese Bewegung eben so gut mit einem Spiegel oder einem Operngucker analysiren, wie die des Sternes*). Ich habe nun einen kleinen Spiegel so gestellt, dass ich das Bild dieser Flamme darin sehen kann. Drehe ich den Spiegel, so dass das Bild einen Lichtkreis geben muss,

Fig. 113.

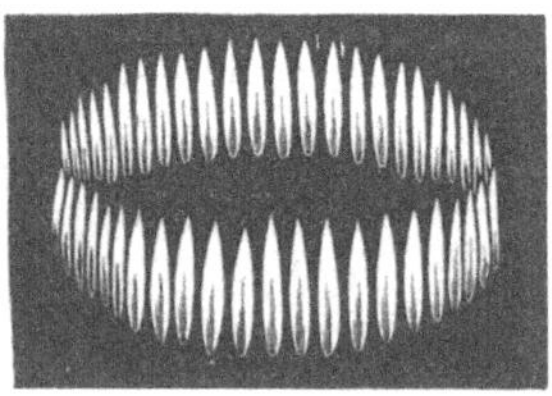

*) Dieses Experiment wurde zuerst von Wheatstone mit einer Wasserstoffflamme gemacht.

so ist der leuchtende Streifen nicht ununterbrochen, wie er sein würde, wenn die Flamme vollkommen ruhig wäre, sondern er zerfällt in eine zierliche Kette von Flammen (Fig. 113).

Nehmen wir eine grössere, hellere und weniger schnell vibrirende Flamme, so können Sie Alle dieses Intermittiren leicht wahrnehmen. Ueber dieser Gasflamme *f* (Fig. 114 a. f. S.) steht eine Glasröhre *AB*, die 6 Fuss lang ist und 2 Zoll Durchmesser hat. Ein Theil der Röhre ist geschwärzt, so dass das Licht der Flamme nicht direct auf den Schirm fallen kann, den wir so dunkel als möglich haben müssen. Der Röhre gegenüber steht ein Hohlspiegel *M*, der ein vergrössertes Bild der Flamme auf den Schirm wirft. Ich kann den Spiegel mit der Hand in Drehung versetzen und das Bild dadurch über den Schirm laufen lassen. Wäre die Flamme still und brennte ruhig, so würden wir einen continuirlichen Lichtstreifen erhalten; aber sie zittert und giebt zu gleicher Zeit diesen tiefen, starken Ton. Drehen wir nun den Spiegel, so erhalten wir statt eines ununterbrochenen Streifens eine Reihe von Bildern *op*, die eine leuchtende Kette bilden. Drehe ich schneller, so trenne ich diese Bilder weiter von einander; drehe ich langsam, so drängen sie sich zusammen, und in dieser Weise kann die Flammenkette die zierlichsten Abwechselungen erleiden. Wenn ich das untere Ende *B* der Röhre mit der Hand schliesse, so halte ich die Luft dermaassen zurück, dass die Schwingung der Flamme sogleich aufhört, und Sie bei der Drehung des Spiegels einen continuirlichen Streifen haben. Beachten Sie, wie plötzlich der Streifen in dem Moment, wo ich meine Hand wegnehme und der Luftstrom wieder an der Flamme vorbei kann, in die gewellte Linie von Bildern zerfällt.

Wenn eine kleine Leuchtgasflamme mit dem rotirenden Spiegel sorgfältig untersucht wird, so ist die helle

Fig. 114.

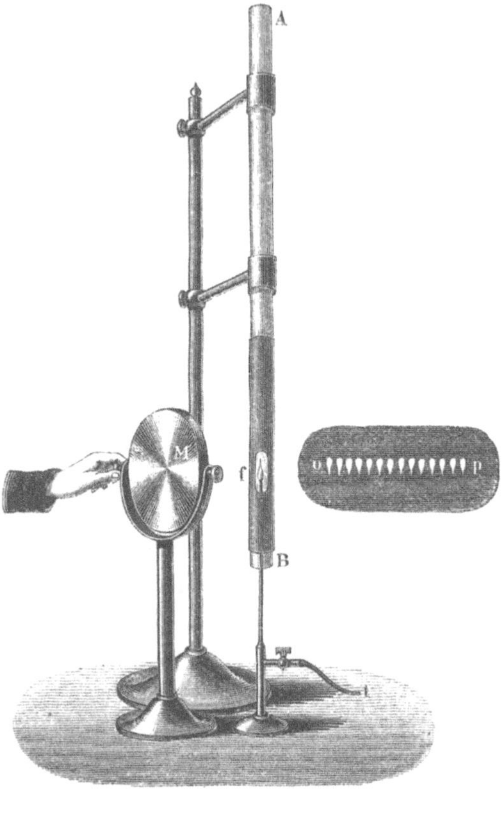

Linie eine Reihe von Flammenbildern, bestehend aus gelben Spitzen über tiefblauer Basis. In vielen Fällen war es mir nicht möglich, irgend einen Zusammenhang der Flammen zu entdecken, denn die Stellen dazwischen waren für das Auge absolut dunkel. Demnach muss die Flamme stellenweise ganz verlöscht sein, indem nur ein genügender Rest von Hitze blieb, um das Gas wieder anzuzünden. Dies halte ich für möglich, denn Gas kann durch nicht leuchtende Luft angesteckt werden *). Mittelst der Sirene können wir bestimmen, wie viele Male diese Flamme in der Secunde verlöscht und sich wieder anzündet. Indem der Ton des Instrumentes sich dem der Flamme nähert, gehen dem Einklang wieder jene wohlbekannten „Schläge" voraus, die allmälig langsamer werden, worauf nun die zwei Töne in vollkommenen Einklang sich zu einem einzigen Gesangstrom vereinigen. Ich will versuchen die Sirene eine Minute lang auf dieser Höhe zu erhalten. Nach Verlauf der Zeit finde ich auf unserm Zifferblatt 1700 Umdrehungen angezeigt. Da aber die Scheibe 16 Löcher hat, so folgt, dass jede Umdrehung 16 Wellen entspricht. Vervielfachen wir 1700 mit 16, so erhalten wir als Zahl der Wellen in einer Minute 27200. So viele Male verlöschte und entzündete sich also unsere kleine Flamme während der Dauer des Experimentes, das heisst, sie ging aus und brannte an 453 Mal in der Secunde.

Eine singende Flamme giebt den Wellen, welche auf sie eindringen, so leicht nach, dass sie fast ganz von der umgebenden Röhre beherrscht wird; fast ganz, aber nicht vollständig. Die Höhe des Tones hängt in gewissem Grade von der Grösse der Flamme ab. Das zeigt sich leicht, wenn man zwei Flammen denselben Ton geben lässt und dann vorsichtig die eine kleiner oder grösser macht; der Einklang wird dann augenblicklich durch Schläge unter-

*) Ein Gasbrenner zum Beispiel kann 5 Zoll über der Spitze einer sichtbaren Gasflamme entzündet werden, wo Platinablättchen nicht mehr roth werden.

brochen. So können wir auch, indem wir die Grösse der Flamme verändern, die harmonischen Obertöne der Röhre, in der sie brennt, hervorlocken. Dies Experiment lässt sich am besten mit Wasserstoff ausführen, weil dessen Verbrennung weit energischer ist, als die gewöhnlichen Gases. Wenn diese beinahe 7 Fuss lange Glasröhre über eine grosse Wasserstoffflamme gesteckt wird, so erhält man den Grundton der Röhre, entsprechend einer Theilung ihrer Luftsäule durch einen einzigen Knoten in der Mitte. Bringe ich diese zweite 3 Fuss 6 Zoll lange Röhre über dieselbe Flamme, so hört man gar keinen musikalischen Ton, denn die grosse Flamme ist nicht im Stande sich dem Schwingungstempo der kürzern Röhre anzuschliessen. Drehe ich aber die Flamme herunter, so bricht sie bald in lauten Gesang aus, und ihr Ton ist die Octave dessen, den die längere Röhre gab. Nun nehme ich die kürzere Röhre fort, und setze noch ein Mal die längere Röhre auf die Flamme. Sie giebt jetzt nicht mehr ihren Grundton, sondern genau denselben Ton wie die kürzere. Um sich dem Schwingungstempo der kleineren Flamme anzupassen, theilt sich die längere Luftsäule nach Art der offenen Orgelpfeifen, wenn sie ihren ersten Oberton geben. Indem man die Grösse der Flamme verändert, kann man also mit dieser Röhre eine Reihe von Tönen erzeugen, deren Schwingungszahlen in dem Verhältniss der ganzen Zahlen 1 : 2 : 3 : 4 : 5 stehen, das heisst den Grundton und die vier ersten Obertöne.

Diese singenden Flammen sind, wenn auch wahrscheinlich nie in gleicher Stärke wie heute producirt, doch eine alte Sache. 1777 hörte Dr. Higgins die Töne einer Wasserstoffflamme. 1802 wurden sie in gewisser Ausdehnung von Chladni untersucht, der auch auf eine unrichtige Erklärung derselben durch De Luc hinweist.

Chladni zeigte, dass die Töne von der offenen Röhre, welche die Flamme umgiebt, herrühren, und es gelang ihm auch die beiden ersten Obertöne zu erhalten. 1802 machte G. de la Rive Experimente über diesen Gegenstand. Er goss etwas Wasser in die Kugel eines Thermometers, erhitzte es und zeigte, dass starke und weiche musikalische Töne durch die tactmässige Verdichtung des Dampfes im Stiele des Thermometers erzeugt werden konnten. Demnach schrieb er die Töne der Flammen der wechselweise eintretenden Ausdehnung und Verdichtung der Wasserdämpfe zu, die durch die Verbrennung erzeugt werden. Wir können sein Experiment leicht nachmachen. Hält man eine Thermometerkugel voll Wasser in die Flamme einer Spirituslampe, den Stiel des Thermometers schräg gekehrt, so hört man die Töne, bald nachdem das Wasser ins Sieden gekommen ist. 1818 zeigte jedoch Faraday, dass die Töne auch entstehen, wenn die Röhre, welche die Flamme umgiebt, in Luft von einer Temperatur über 100° Celsius gebracht wird, und ferner, dass die Töne auch von Kohlenoxydflammen gegeben werden, bei denen Wasserdämpfe gar nicht vorkommen.

Nach diesen Experimenten ward die erste neue, akustische Beobachtung über Flammen von dem verstorbenen Grafen Schaffgotsch in Berlin gemacht, der zeigte, dass eine gewöhnliche Gasflamme, über der eine kurze Röhre steckte, bei dem Schall einer starken Fistelstimme an zu zittern fing, wenn diese den Grundton oder den ersten Oberton der Röhre angab.

In Fällen, wo der Ton der Röhre besonders hoch war, konnte die Flamme sogar bei dem Klang der Stimme verlöschen.

Im Frühling 1857 erfuhr ich von diesem Experimente und versuchte es zu wiederholen. Der kurze Bericht über die Beobachtung in Poggendorff's Annalen gab keine Anleitung dazu; aber indem ich herauszufinden suchte, von welchen Bedingungen das Gelingen abhänge, drängten sich meiner Aufmerksamkeit eine Menge sonderbarer Erscheinungen auf. Unterdessen verfolgte Graf Schaffgotsch auch seinen Gegenstand weiter. Eine grosse Strecke wanderten wir auf demselben Grunde, ohne dass einer von der Thätigkeit des andern etwas wusste; so weit aber die dabei ausgeführten Experimente bei uns beiden gleich waren, gebührt Graf Schaffgotsch der Vorrang.

Lassen Sie mich hier seine erste Beobachtung wiederholen. In dieser 11 Zoll langen Röhre brennt ruhig eine kleine Gasflamme. Sie ist hell und giebt keinerlei Geräusch. Ich habe durch Versuche den Ton dieser Röhre gefunden und gebe ihn nun in einiger Entfernung von der Flamme an. Sie sehen alle wie die Flamme dabei zittert. Damit sie bei dem Versuche verlischt, muss man einen Brenner mit sehr enger Oeffnung anwenden, aus welchem das Gas unter bedeutendem Druck ausströmt. Das ist bei dieser kleinen Flamme der Fall. Wenn ich den Ton der Röhre angebe, so zittert die Flamme darin wie vorher. Ich mache meine Stimme stärker, und da geht die Flamme aus.

Die Ursache des Zitterns der Flamme wird am besten durch ein Experiment mit der Sirene offenbart. Ich setze das Instrument in einiger Entfernung von der singenden Flamme auf den akustischen Blasebalg, und lasse allmälig die Höhe der Sirene steigen. Wie der Ton dem der Flamme nahe kommt, hören Sie Schläge und sehen zugleich, wie die Flamme im Tact mit den Schlägen an zu tanzen fängt. Die Sprünge folgen sich langsamer, je näher man dem Einklange kommt. Sie hören auf, wenn er erreicht ist und fangen wieder an, sobald die Sirene über den Einklang hinausgeht; werden schneller, je grösser die Disharmonie wird. Das Zittern der Flamme, die Graf Schaffgotsch beobachtete, entsprang aus dieser Ursache. Die Flamme hüpfte, weil der Ton der umgebenden Röhre beinahe, aber nicht ganz, im Einklange mit der Stimme des Experimentators war.

Dass das Hüpfen der Flamme in genauer Uebereinstimmung mit den Schlägen vor sich geht, wird durch eine Stimmgabel, welche denselben Ton giebt wie die Flamme, gut gezeigt. Klebt man ein bischen Wachs an eine solche Gabel, so dass sie nicht mehr ganz im Einklange mit der Röhre ist, und hält sie angeschlagen in die Nähe der Röhre, in der die Flamme singt, so treffen die Schläge des Tones und Sprünge der Flamme auf denselben Moment. Wenn die Gabel dann über ein Resonanzgefäss gehalten wird, so können Sie alle die Schläge hören und zu gleicher Zeit das Tanzen der Flamme sehen. Man kann das Tempo, in welchem die Schläge einander folgen, wechseln, indem man die kleine Belastung der Stimmgabel oder die Grösse der Flamme verändert; aber stets treffen die Sprünge in demselben Moment das Auge, wenn die Schläge das Ohr treffen.

Während ich diese Experimente ausführte, bemerkte ich einmal, dass, als ich meine Stimme zu einer bestimmten Höhe erhob, eine Flamme, die bis dahin still in ihrer Röhre gebrannt hatte, an zu singen fing. Ich hielt sogleich inne und gab den betreffenden Ton ein paar Mal hinter einander an: jedesmal antwortete die Flamme durch Gesang. Ohne mein Wissen war dieselbe Beobachtung kurze Zeit vorher von Graf Schaffgotsch gemacht worden. Beachten Sie die Bedingungen, auf welchen das Experiment beruht. Ich setze eine 12 Zoll lange Röhre über die Flamme, so dass diese etwa anderthalb Zoll vom untern Ende der Röhre entfernt darin brennt. Wenn die passende Note angegeben wird, zittert die Flamme, aber sie singt nicht. Ich rücke die Röhre herunter, so dass die Flamme 3 Zoll vom untern Ende absteht, da bricht sie von selbst in Gesang aus. Nun giebt es zwischen diesen beiden Stellungen eine dritte, bei welcher die Flamme ruhig brennen, aber von der Stimme erregt in Gesang gerathen und fortsingen wird.

Also ist sie in dieser Stellung wohl fähig zu singen, aber sie braucht einen Anstoss. Sie steht wie am Rande eines Abgrundes und muss nur hinabgestossen werden. Ich bringe die Flamme auf diesen Punkt und sie schweigt; wenn ich aber den richtigen Ton angebe, streckt sie ihre kleine Zunge aus und fängt an zu singen. Halte ich meinen Finger einen Augenblick an das Ende der Röhre, so hört die Musik auf. Nun stelle ich mich so weit von der Flamme fort, als das Zimmer es gestattet, und befehle der Flamme zu singen. Sie gehorcht augenblicklich. Ich kehre ihr den Rücken zu und wiederhole den Versuch. Mein Körper schützt die Flamme nicht durch den Tonschatten, den er wirft. Die Tonwellen laufen um mich herum, erreichen die Röhre und rufen den Gesang hervor. Eine Stimmpfeife oder jedes andere Instrument, das einen Ton von der gehörigen Höhe giebt, bringt dieselbe Wirkung hervor.

Ich setze nun drei Flammen in drei Röhren *a b c* von 10, 12 und 14 Zoll Länge. Die Flammen sind still, aber wir wollen den Ton der Sirene auf sie wirken lassen. Der Ton des Instrumentes steigt allmälig; er nähert sich jetzt der Höhe der längsten Röhre *c* und ruft, so wie er sie erreicht, den Gesang der Flamme darin hervor. Treiben wir ihn noch höher, so erreicht er bald die

Höhe der Röhre *b*, die dann in Gesang ausbricht. Dann kommt er an *a* und wie die beiden anderen, so antwortet auch die Flamme in *a*. Setzt man in dieser Weise eine Reihe von Röhren, die alle Noten der Tonleiter geben können, über passende Flammen, so kann ein Musiker, wenn er mit einem genügend starken Instrument die Tonleiter spielt, auf eine Entfernung von 60 bis 90 Fuss hinter einander jeden Ton hervorrufen, so dass die ganze Flammenreihe in den Gesang einstimmt.

Wenn man eine ruhige Flamme, die in der eben beschriebenen Weise erregbar ist, in einem rotirenden Spiegel betrachtet, so giebt sie darin einen ununterbrochenen Lichtstreifen. Nichts kann schöner sein, als die plötzliche Zertheilung dieses Bandes in eine Kette von reich leuchtenden Perlen in dem Moment, wo die Stimme die Höhe der betreffenden Note erreicht.

Ich will diese Experimente über singende Flammen damit schliessen, dass ich eine Flamme durch die andere zu tönendem Brennen errege. Sie sehen vor sich zwei kleine Flammen *a* und *b*, die 3 Fuss von einander entfernt sind. Die Röhre über *a* ist $10^1/_2$ Zoll, die über *b* 12 Zoll lang. Auf der kürzern Röhre sitzt ein Papierschieber, mittelst dessen ich den Ton der Röhre verändern kann. Die Flamme *a* singt jetzt, aber die Flamme *b* in der längern Röhre ist still. Ich rücke den Papierschieber an *a* hinauf, so dass die Röhre länger wird. Die eine Flamme spricht die andere an, aber bis jetzt erfolgt noch keine Antwort. In dem Augenblicke jedoch, wo ich der Höhe der Röhre von *b* nahe genug komme, singt auch diese Flamme. Das Experiment kann so verändert werden, dass man anfangs *b* die singende und *a* die schweigende Flamme sein lässt. Rücke ich aber den Schieber hinauf, so wird bald ein Punkt erreicht, wo die Flamme *a* ihren Gesang beginnt. Auf diese Weise kann eine Flamme auf die andere aus bedeutender Entfernung wirken, und wenn die Bedingungen für deren Erregbarkeit hinreichend erfüllt sind, so erhält der richtige Ton stets eine Antwort. Ich will noch hinzufügen, dass man auch die singende Flamme durch gehörige Anwendung der Stimme zum Schweigen bringen kann.

Freie schallempfindliche Flammen.

Wir haben uns bisher mit Flammen beschäftigt, die von Resonanzröhren umgeben waren, und deren keine, wenn sie frei brennte, in irgend welcher Weise auf solche Geräusche oder Töne antworten würde, wie wir sie eben anwendeten. Doch kann man auch freie Flammen dafür empfindlich machen. In einer frühern Vorlesung (S. 119) führte ich die Schwankungen des Wassers in einer Flasche als Zeichen dafür an, dass in dem allgemeinen Lärm eines Eisenbahnzuges Schwingungen von bestimmtem Tacte vorkommen müssen. Die Fischschwanzbrenner in einigen unserer Londoner Waggons sind noch viel feinere akustische Reagentien. Wenn Sie die nöthige Aufmerksamkeit darauf verwenden wollen, so werden Sie finden, dass einzelne Flammen hier und da gleichzeitig mit gewissen Erschütterungen des Zuges aufflackern. Von einer Flamme zum Beispiel, die bei stehendem Zuge einen horizontalen Rand hat, wird während er in Bewegung ist in bestimmten Zwischenräumen eine mittlere Zunge aufsteigen, was sich so lange wiederholen wird, als eine gewisse Art Schwingungen andauert. Das Flackern wird sich legen, wenn diese Schwingungen aufhören, und von

Neuem einsetzen, wenn sie wieder anfangen. Steht der Zug, so kann man meistens durch Klopfen an den Glasschirm, der die Flamme umgiebt, dieselbe, wenn sie sensitiv ist, zum Flackern bringen.

Diese Wirkung des Schalles auf freie Fischschwanzflammen bemerkte Professor Leconte zuerst in einer musikalischen Gesellschaft in den Vereinigten Staaten. Er beschreibt seine Beobachtung in folgender Weise: „Kurz nachdem die Musik angefangen hatte, bemerkte ich, dass die Flamme Schwingungen zeigte, die mit den hörbaren Schlägen der Musik vollkommen zusammentrafen. Dieses Phänomen musste Jedem im Zimmer sehr auffallen, hauptsächlich als die starken Töne des Violoncells dazu kamen. Es war ausserordentlich interessant zu beobachten, wie vollständig genau sogar die Triller dieses Instrumentes von der Flamme wiedergegeben wurden. Ein Tauber hätte die Harmonie sehen können. Im Laufe des Abends, als der Gasverbrauch in der Stadt abnahm und dadurch der Druck gesteigert wurde, ward die Erscheinung deutlicher. Das Hüpfen der Flamme steigerte sich allmälig, wurde etwas unregelmässig und ging endlich in ein anhaltendes Flackern über, wobei der charakteristische Ton gehört wurde, der anzeigt, dass mehr Gas ausströmt, als eigentlich sollte. Ich stellte dann durch einen Versuch fest, dass die Erscheinung nicht eintrat, wenn nicht das Ausströmen des Gases so geregelt war, dass die Flamme nicht ganz, aber beinahe auf den Punkt kam, wo sie geflackert hätte. Ich überzeugte mich ferner durch einen Versuch, dass die Wirkungen sich nicht zeigten, wenn man den Boden und die Wände des Zimmers durch wiederholte Stösse erschütterte. Daraus geht hervor, dass die Schwankungen der Flamme nicht von indirecten Schwingungen herrührten, die durch das Mittel der Wände dem Brenner mitgetheilt sein mochten, sondern durch den directen Einfluss der Tonwellen der Luft auf die Flamme erzeugt waren" *).

Die wichtige Bemerkung, dass das Hüpfen der Flamme erst bemerkt wird, wenn sie beinahe ins Flackern geräth, giebt uns das Mittel, die Experimente von Dr. Leconte zu wiederholen. Ausserdem aber wird eine genauere Kenntniss der Bedingungen ihres Erfolges es uns möglich machen, sie in interessanter Weise zu verändern und zu verstärken. Vor Ihnen brennt eine helle Kerzenflamme. Ich kann schreien, klatschen, pfeifen, mit einem Hammer auf diesen Amboss schlagen oder ein Gemisch von Sauerstoff und Wasserstoff explodiren lassen; obgleich in allen diesen Fällen Tonwellen durch die Luft gehen, bleibt die Kerze für den Ton vollkommen unempfindlich, die Flamme zeigt keine Bewegung.

Ich treibe nun aus diesem kleinen Gebläse einen schmalen Luftstrom durch die Kerzenflamme, wodurch sie zu flackern beginnt und zugleich an Helligkeit verliert. Wenn ich nun pfeife, so hüpft die Flamme sichtbar. Man kann das Experiment auch so anordnen, dass die Flamme beim Pfeifen ihre ursprüngliche Helle wieder gewinnt, oder dass der Rest von Licht, den sie noch hat, vollends verschwindet. Die Gebläseflamme in unserm Laboratorium wird von dem Pfeifen nicht berührt, so lange keine Luft durch sie hindurchgetrieben wird. Messe ich die Kraft des Luftstromes richtig ab, so erhalte ich eine Flamme von der Gestalt, wie sie Fig. 115 darstellt, wo der Strom nicht stark genug ist, um die ganze Flamme seitwärts zu treiben. Wenn ich pfeife, so legt

*) Philosophical Magazine, März 1858, S. 235.

sich der aufrechtstehende Theil der Flamme nieder und wir haben, so lange der Ton anhält, eine Flamme von der Form wie in Fig. 116.

Hier haben wir auch eine Fischschwanzflamme, die hell und ruhig brennt und weder von musikalischem noch

Fig. 115.

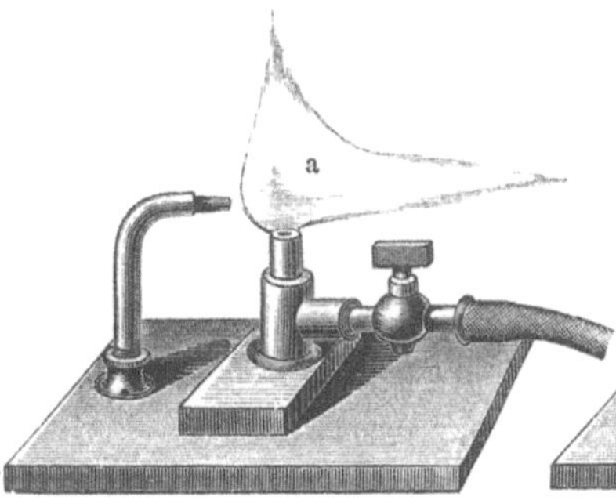

Fig. 116.

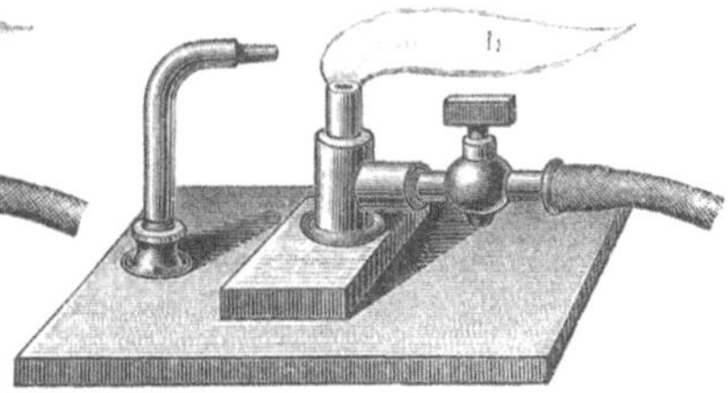

von unmusikalischem Schall berührt wird. Ich treibe aus dem Gebläse einen Luftstrom gegen die breite Fläche der Flamme. Diese wird davon in zwei Hälften getheilt und hüpft nun, wenn gepfiffen wird. Durch einen Schlag auf den Tisch kann man die beiden Hälften für einen Augenblick wieder zusammenbringen, und eine einfache Flamme von der gewöhnlichen Form bilden lassen. Verändert man die Anordnung ein wenig, so können die beiden Seitenflammen beim Pfeifen verschwinden und eine mittlere Flammenzunge statt ihrer aufsteigen.

Sie sehen hier eine andere dünne blattförmige Flamme, die von einem gewöhnlichen Fischschwanzbrenner (Fig. 117 a. f. S.) ausgeht. Sie mögen Töne beliebiger Höhe singen, die Flamme wird nicht einmal zittern. Sie mögen Pfeifen, Stimmgabeln, Glocken und Trompeten anwenden, ohne bessern Erfolg. Eine kaum bemerkbare Bewegung im Innern der Flamme zeigt sich, wenn diese schrille Pfeife dicht daneben angeblasen wird. Drehe ich den Hahn weiter auf, so kommt die Flamme an die Grenze des Flackerns, und nun sehen Sie beim Pfeifen eine ganz aussergewöhnliche Erscheinung. Die Flamme schickt sieben flackernde Zungen aus (Fig. 118). So lange der Ton anhält,

Fig. 117.

Fig. 118.

strecken sich diese Zungen hervor und sind in heftigster Bewegung; in dem Moment, wo er aufhört, verschwinden sie, und die Flamme wird ruhig.

Nehmen wir statt eines Fischschwanz- einen Fledermausbrenner, so bekommen wir diese breite, ruhige Flamme (Fig. 119), die für den stärksten Ton, der hier zu erlangen wäre, völlig unempfindlich ist. Die Flamme wird aus diesem kleinen Gasreservoir *) gespeist, wodurch es in meiner Hand liegt, den Druck stärker zu machen, als er in den Gasröhren dieses Gebäudes ist. Ich ver-

*) Ein entsprechend belasteter Gasbeutel lässt sich auch für diese Experimente benutzen.

grössere die Flamme, und nun erfolgt beim Pfeifen ein leichtes Flackern des Randes. Endlich drehe ich das Gas soweit auf, dass die Flamme beinahe an zu brausen fängt, wie es geschieht, wenn der Druck zu gross ist. Ich pfeife nun, die Flamme braust und nimmt plötzlich die Form wie in Fig. 120 an.

Fig. 119.

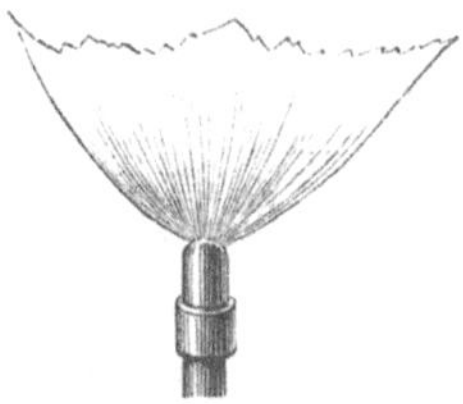

Fig. 120.

Schlage ich in einiger Entfernung mit einem Hammer auf einen Amboss, so streckt die Flamme sofort ihre Zungen aus.

Eine wichtige Bedingung für den Erfolg dieser Experimente kam folgendermaassen zufällig zum Vorschein: Ich befand mich in einem Zimmer, welches zwei Fischschwanzflammen erleuchteten. Die eine davon hüpfte, wenn man pfiff, die andere nicht. Der Hahn der nicht sensitiven Flamme wurde zugedreht und dadurch grösserer Druck auf die andere Flamme verursacht; sie flackerte und wurde heruntergedreht. Nun zeigte sie sich aber unempfindlich, wie nahe man sie auch dem Stadium des Flackerns bringen mochte; die schmale Oeffnung, die der halb zugedrehte Hahn liess, schien die Einwirkung des Schalles zu hindern. Wenn das Gas ganz aufgedreht und die Flamme nur dadurch kleiner gemacht wurde, dass man den Hahn des andern Brenners öffnete, so wurde sie wieder sensitiv. Bis dahin hatte man eine grosse Zahl von Brennern, darunter einige mit einfachen Oeffnungen probirt, und bei sehr vielen davon die Wirkung gleich Null gefunden. Als man jedoch auf den Fingerzeig, den diese Beobachtung gab, Rücksicht nahm und die Brenner, welche die Flammen speisten, weit öffnete, wurden auch die widerspenstigsten Brenner dadurch sensitiv gemacht.

Dr. Leconte's Beobachtung ist Ihnen auf diese Weise bequem und deutlich vor Augen gebracht. Bei unseren nächstfolgenden, viel feineren Experimenten ist die Anwendung der eben erwähnten Maassregel noch viel wichtiger.

Herr Barret, der frühere Assistent im hiesigen Laboratorium, bemerkte zuerst, dass eine hohe Flamme, die aus einem alten Brenner mit einer einzigen Oeffnung brannte, kürzer wurde, wenn die höheren Noten einer kreisförmigen Platte angegeben wurden, und indem er dann besser passende Brenner wählte, gelang es ihm, die Flamme ausserordentlich empfindlich zu machen *). Berücksichtigt man die oben erwähnte Bedingung, so ist es leicht, die Verkürzung der Flamme sogar in gesteigertem Maassstabe zu erhalten. Sie haben nun eine Flamme vor sich, die 18 Zoll lang ist und stark raucht. Wenn ich pfeife, so fällt die Flamme bis zu 9 Zoll; der Rauch hört auf, und die Lichtstärke nimmt zu.

Je nach Umständen kann eine lange Flamme durch diese Tonschwingungen verkürzt und eine kurze Flamme

*) Mr. Barret's eigenen Bericht über seine Experimente findet der Leser im Philosophical Magazine, März 1867.

verlängert werden. Hier sind zum Beispiel zwei Flammen, die von sehr groben Brennern, aus Zinnröhren bestehend, ausgehen. Die eine Flamme (Fig. 121) ist lang, gerade und rauchig; die andere (Fig. 122) kurz, zackig und hell. Beim Pfeifen wird die lange Flamme kurz, zackig und glänzend wie Fig. 123; die gezackte Flamme dagegen wird lang und rauchig, wie Fig. 124. In Bezug

Fig. 121. Fig. 122. Fig. 123. Fig. 124. Fig. 125. Fig. 126.

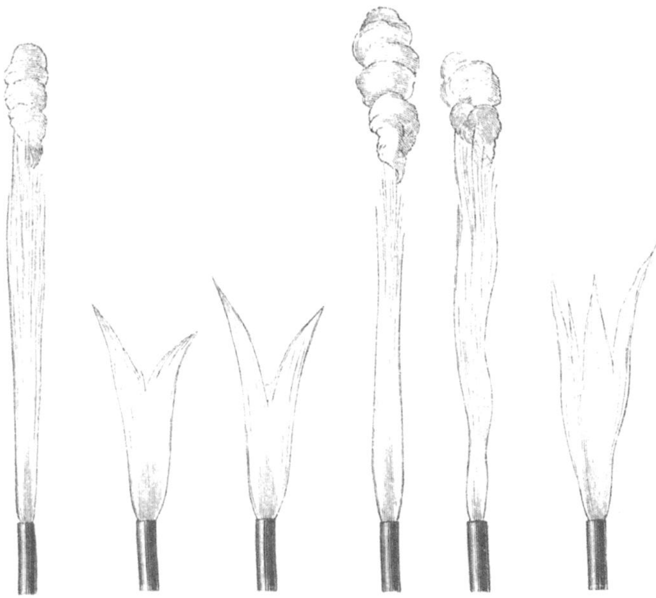

auf ihr Verhalten beim Pfeifen ist daher die eine Flamme das Widerspiel der andern.

Fig. 125 zeigt eine andere rauchige Flamme, die beim Pfeifen die Form von Fig. 126 annimmt.

Die vorhergehenden Experimente zeigen, wie Flammen

durch Tonschwingungen verlängert und verkürzt werden. Sie können aber auch Drehung verursachen. Ich habe hier verschiedene selbstgemachte Brenner, aus denen flache Flammen aufsteigen, die alle ungefähr 10 Zoll hoch sind, und deren grösste Breite 3 Zoll beträgt. Die Brenner sind absichtlich so geformt, dass die Flammen kurz und gabelförmig werden. Wenn gepfiffen wird, wendet sich die Fläche der Flamme um 90 Grad seitwärts und bleibt in ihrer neuen Stellung, so lange der Ton anhält.

Sie sehen nun eine Flamme von wunderbarer Ruhe und Helle vor sich. Sie brennt aus einer einzigen kreisförmigen Oeffnung in einem nabelförmigen Eisenstück. Dieser Brenner, dessen Flamme nur bei sehr grossem Druck ins Flackern kommt, ist absichtlich gewählt, damit Sie recht deutlich den allmäligen Uebergang von Apathie zu Empfindlichkeit daran beobachten können. Die Flamme ist nun 4 Zoll hoch und ganz unempfindlich gegen Schall. Durch Steigerung des Druckes mache ich sie 6 Zoll hoch; sie ist aber noch immer unempfindlich. Ich mache sie 12 Zoll hoch, und ein kaum merkbares Zittern antwortet auf das Pfeifen. Mache ich sie 16 oder 17 Zoll hoch, so hüpft sie lebhaft in dem Augenblick, wo auf einen Amboss geschlagen oder gepfiffen wird. Ich steigere den Druck noch mehr, so dass die Flamme nun 20 Zoll lang wird, und Sie bemerken, wie sie in bestimmten Zwischenräumen zittert, was anzeigt, dass sie dem Brausen nahe ist. Noch ein wenig mehr Druck und sie braust und verkürzt sich zugleich bis zu 8 Zoll. Ich lasse nun im Druck wieder etwas nach; die Flamme wird wieder 20 Zoll lang, steht aber auf dem Punkte zu brausen und kürzer zu werden. Wie die singenden Flammen, die von der Stimme den Anstoss erhielten, steht sie am Rande eines Abgrundes, und der richtige Ton stösst sie hinab. Sie verkürzt sich beim Pfeifen, gerade wie sie es that, als der Druck zu stark wurde. Diese Wirkung erinnert uns an die Geschichte der Schweizer Maulthiertreiber, von denen man sagt, dass sie an gewissen Stellen ihre Glocken abnehmen, damit das Geklingel nicht eine Lawine zum Fallen brächte. Das Gleichgewicht des Schnees müsste ungemein genau abgewogen sein, wenn dieser Fall sich ereignen sollte. Ich glaube auch nicht, dass er je vorkam; jedenfalls aber erläutert unsere Flamme die Theorie solchen Vorganges. Wir bringen sie an die Grenze des Fallens, und die Tonwellen beschleunigen das, was schon drohte. Dies ist die einfache Theorie aller dieser sensitiven Flammen.

Wenn die Flamme flackert, so ist das Gas in der Oeffnung des Brenners in Schwingung gerathen, und umgekehrt, wenn das Gas in der Oeffnung in Schwingung gerathen ist, so flackert die Flamme, wenn sie dem Stadium des Flackerns vorher nahe genug gestanden hat. Also wirken die Tonschwingungen, wenn sie das Gas beim Ausströmen aus dem Brenner treffen, ebenso wie eine Steigerung des Druckes im Gasbehälter. Wir haben uns hier in der That die physikalische Ursache des Flackerns bei zu starkem Druck klar gemacht, was, so gewöhnlich es ist, doch, so viel ich weiss, bisher noch nie erklärt wurde. Das Gas erleidet in der Brenneröffnung Reibung, die den Strom, wenn er mit genügender Kraft ausströmt, in den Zustand der Schwingung versetzt, der das Flackern verursacht. Weil das Flackern auf diese Weise entsteht, kann ein verschwindend kleines Maass von Kraft in der Form von Schwingungen im richtigen Zeitmaass die gleiche Wirkung hervorbringen, als eine bedeutende Steigerung des Druckes. Steigerung des Druckes ist nur ein gröberes Mittel um eine Flamme zum Flackern zu bringen.

Nicht alle Töne haben den gleichen Einfluss auf die Flamme; es gehören Wellen von besonderm Zeitmaass dazu, um die grösste Wirkung auszuüben. Einflussreich sind die Wellen, die im Tact mit den Schwingungen geschehen, welche das Gas selbst durch Reibung gegen die Ränder der Oeffnung hervorbringt. Bei einigen von den Flammen, die Sie bis jetzt gesehen haben, machte ein leises, tiefes Pfeifen mehr Eindruck als ein scharfes. Bei der Flamme, die ich hier habe, müssen die anregenden Schwingungen sehr schnell, und der Ton also hoch und scharf sein. Ich habe hier eine Stimmgabel, die 256 Mal in der Secunde vibrirt und einen klaren, starken Ton giebt. Er hat auf diese Flamme keinerlei Wirkung. Ausserdem sind hier drei andere Gabeln, die 320, 384 und 512 Schwingungen in der Secunde machen. Keine von ihnen bringt den geringsten Eindruck auf die Flamme hervor. Wie Sie wissen, können aber diese Gabeln ausser ihren Grundtönen eine Reihe von Obertönen von grosser Höhe geben. Ich lasse sie tönen. Die Schwingungen der verschiedenen Gabeln betragen nun 1600, 2000, 2400 und 3200 in der Secunde. Bei jedem dieser Töne hüpft die Flamme; am schnellsten und lebendigsten jedoch antwortet sie dem höchsten Ton der Reihe.

Schlägt man mit einem Hammer auf ein Brett, so antwortet die Flamme; schlägt man mit demselben Hammer auf einen Amboss, so erfolgt die Antwort viel lebhafter und entschiedener. Der Grund davon ist, dass der Klang des Ambosses mehr von den höheren Tönen enthält, für welche die Flamme empfindlich ist.

Der starke Ton, den unsere umgekehrte Glocke giebt, wenn er von ihrer Resonanzröhre verstärkt wird, hat keinen Einfluss auf die Flamme. Die Glocke tönt, aber die Flamme bleibt unberührt. Ich bringe ein kleines Geldstück in Berührung mit der schwingenden Fläche. Das Rasseln, was dadurch entsteht, enthält die hohen Töne, für welche die Flamme empfindlich ist. Sie verkürzt sich augenblicklich, flackert und braust, so wie das Geldstück die Glocke berührt. Ich halte eine kleinere Glocke in der Hand, deren Hammer durch ein Uhrwerk in Bewegung gesetzt wird. Mein Assistent geht mit der Glocke an das entgegengesetzte Ende der Gallerie und macht dort den Hammer los. Die Schläge folgen sich rhythmisch, und bei jedem fällt die Flamme von 20 Zoll zu 8 Zoll Höhe und braust dabei.

Auch die Schnelligkeit, mit der sich der Schall durch die Luft fortpflanzt, wird durch diese Experimente gut gezeigt; denn zwischen dem Schlag der Glocke und dem Sinken der Flamme ist kein Zeitintervall zu bemerken.

Wenn der Ton, der die Flamme beeinflusst, von sehr kurzer Dauer ist, so lässt sich ein sonderbarer und lehrreicher Effect bemerken. Die Seiten der Flamme erscheinen plötzlich von ihrer Mitte an abwärts ausgefranzt und mit leuchtenden Zungen besetzt, während der mittlere Flammenstrahl weder seine Höhe noch seine Dicke verändert. Die Flamme ist im Normalzustande in Fig. 127 und mit den Franzen in Fig. 128 (a. f. S.) dargestellt. Die Wirkung ist allein der Verzögerung des Eindrucks auf der Netzhaut des Auges zuzuschreiben. Die Flamme fällt in der That so tief als die Franzen, steht aber so schnell wieder auf, dass das Auge gar keine Verkürzung bemerkt*).

*) Diese Experimente lassen sich auf mannigfache Weise verändern. Man kann dabei andere brennbare Gase als Leuchtgas anwenden. Auch hat man mit Gasmischungen schöne und auffallende Resultate erhalten. Es wurde dabei gefunden, dass ein unbeschreiblich kleiner Theil mechanisch vertheilter Unreinigkeit den grössten Einfluss ausübt.

Die wunderbarste aller bis jetzt entdeckten Flammen steht nun vor Ihnen. Sie brennt aus der einzigen Oeffnung eines Steatitbrenners und hat eine Höhe von 24 Zoll. Der leiseste Schlag auf einen entfernten Amboss lässt sie auf 7 Zoll fallen. Wenn ich diesen Bund Schlüssel schüttele, so wird die Flamme heftig bewegt und braust laut. Lässt man in einer Entfernung von 60 Fuss ein Sixpencestück auf anderes Geld in eine Hand fallen, so wird die Flamme niedergeschlagen. Ich kann nicht durch das Zimmer gehen, ohne die Flamme zu bewegen. Das Knarren meiner Stiefel bringt sie in heftige Unruhe, ebenso das Knittern oder Zerreissen eines Stückes Papier und das Rascheln eines seidenen Kleides. Sie wird sogar von dem Niederfallen eines Regentropfens erschüttert. Ich halte eine Uhr an die Flamme, deren Ticken Niemand von Ihnen hören kann, aber Sie sehen alle die Wirkung auf die Flamme, die bei jedem Tick fällt. Ebenso bringt das Aufziehen der Uhr Unruhe hervor. Das entfernte Gezwitscher eines Sperlings schlägt sie nieder und das Zirpen eines Heimchens würde ebenso wirken. Ich habe auf eine Entfernung von 90 Fuss gegen die Flamme hin gezischt und sie dadurch zum Fallen und Brausen gebracht. Ich werde einige Strophen von Spenser sprechen:

Fig. 127.

Fig. 128.

Fig. 129.

Her ivory forehead full of bounty brave,
Like a broad table did itself dispread;
For love his lofty triumphs to engrave,
And write the battles of his great godhead.
All truth and goodness might therein be read,
For there their dwelling was, and when she spake,
Sweet words, like dropping honey she did shed;
And through the pearls and rubies softly brake
A silver sound, which heavenly music seemed to make*).

Die Flamme sucht aus meinen Worten einzelne Töne heraus. Manche hebt sie nur durch ein leichtes Nicken hervor, bei anderen verneigt sie sich entschiedener und für einige macht sie das allertiefste Compliment, während sie für viele ein vollkommen taubes Ohr hat.

In Fig. 129 ist diese hohe, gerade, leuchtende Flamme abgebildet. Wenn ich in einiger Entfernung davon zische oder einen Bund Schlüssel schüttele, fällt sie zu der Form von Fig. 130 zusammen, indem die ganze Länge von *a* bis *b* plötzlich verschwindet. Auch wird das Licht zugleich so gut wie ausgelöscht, so dass nur ein bleicher, fast nicht leuchtender Rest bleibt. Die Abbildungen sind nach Photographien der Flamme gemacht.

Fig. 130.

Als wir im Laboratorium mit der Flamme experimentirten, haben wir sie immer die „Vocalflamme" genannt, weil die verschiedenen Vocalklänge verschie-

---

*) Da solche Strophen gewählt sind, in denen die auf die Flamme einwirkenden Consonanten und Vocale besonders oft vorkommen, konnten sie nicht übersetzt werden. Anmerkung des Uebersetzers.

den auf sie wirken. Wir wissen bereits, wie diese Klänge gebildet werden, dass sie sich durch die Beimischung der höheren Töne zum Grundton von einander unterscheiden. Unsere Flamme ist für diese höheren Töne, nicht für den Grundton empfindlich. Ich spreche ein lautes, volltönendes *U*, die Flamme bleibt ruhig. Ich ändere den Ton in *O*, da zittert sie. Nun spreche ich *I*, und sie wird stark bewegt. Ich spreche hinter einander die Worte „Nute, Note, Niete". Auf das erste erfolgt keine Antwort, beim zweiten zuckt die Flamme, beim dritten geräth sie in grössere Bewegung, und der Ton *A* wirkt noch stärker. Wenn wir nicht die Constitution der Vocalklänge kennten, so würde dies Verhalten der Flamme ein unlösbares Räthsel sein. So aber ist es nur ein Beweis für die Theorie der Vocalklänge. Die Flamme ist für hohe Töne am empfindlichsten; daraus könnten wir schliessen, dass der Klang *A* höhere Noten enthält als der Klang *I*; dass *I* höhere Noten als *O* und *O* höhere als *U* enthält*). Ich brauche nicht erst zu sagen, dass dies vollkommen mit der Analyse von Helmholtz übereinstimmt.

Diese Flamme ist auch ganz besonders empfindlich für den Buchstaben *S*. Wenn die entfernteste Person der Zuhörerschaft mich auszischen wollte, so würde die Flamme augenblicklich ihre Sympathie kundgeben. Ein Gezisch enthält die Elemente, die diese Flamme am stärksten berühren. Das Gas strömt mit einem Zischen aus seinem Brenner, und deshalb macht ein äusserer Ton dieser Art ausserordentliche Wirkung. Ich habe eine Metallbüchse voll comprimirter Luft. Ich drehe den Hahn für

*) Anmerkung: Die höchsten Obertöne des *I* sind wahrscheinlich nicht zur Wirkung gekommen. H. H.

einen Augenblick auf, so dass ein Puff herauskommt, da duckt sich die Flamme augenblicklich, nicht etwa wegen eines Luftzuges, der von der Büchse zu der Flamme gelangt wäre, denn ich stehe in einer Entfernung, bei der daran gar nicht zu denken ist; es ist vielmehr der Ton, der die Flamme afficirt. Ich schicke Jemand an das entfernteste Ende der Gallerie, wo er die comprimirte Luft in Stössen herauslässt. Bei jedem Puff fällt die Flamme plötzlich. So bringt das Zischen der an der einen Oeffnung ausströmenden Luft die Flamme an der anderen Oeffnung in Aufregung.

Zum Schluss stelle ich diese Spieluhr auf den Tisch und lasse sie spielen. Die Flamme benimmt sich wie ein empfindendes Wesen, verbeugt sich leicht vor einzelnen Tönen, knixt aber tief vor anderen.

Ich hatte anfangs die Absicht, das Capitel der sensitiven Flammen mit einer Reihe von Experimenten einzuleiten, die Ihnen, nachdem Sie die Flamme gesehen haben, allerdings nicht mehr so viel Eindruck machen können als vorher. Die eben beschriebene sonderbare Erscheinung rührt nicht von der Flamme als solcher her. Man erhält in der Hauptsache dieselben Wirkungen, wenn man einen Strahl unentzündeten Gases, Kohlensäure, Wasserstoff oder selbst nur Luft, unter gehörigem Druck aus einer Oeffnung treten lässt. Da man aber keines dieser Gase bei seinem Wege durch die Luft sehen kann, so müssen wir es mit irgend einer Substanz verbinden, die seine Bewegungen theilt und sie zugleich dem Auge sichtbar macht. Viele von Ihnen werden sich der Methode erinnern, die wir anwandten, um Luftwirbel sichtbar zu machen. Wenn wir auf eine Membran klopfen, die das weite Ende eines grossen mit Rauch gefüllten Trichters schliesst, so erhalten wir schöne Rauchringe, die uns die

Bewegung der Luft zeigen. Vermischen wir in dem gegenwärtigen Falle Rauch mit unseren Gasstrahlen, so können wir ebenfalls ihren Lauf verfolgen, und bei diesem Verfahren erweist sich das unentzündete Gas als ebenso empfindlich wie die Flammen. Die Rauchstrahlen hüpfen, sie verkürzen sich, sie zertheilen sich in Gabeln, oder verlängern sich zu Säulen, wenn die passenden Noten angegeben werden. Die Experimente werden in folgender Weise gemacht. Unter einem Gasometer stehen zwei kleine Schüsseln, von denen eine mit Chlorwasserstoffsäure, die andere mit Ammoniak gefüllt ist. Dadurch werden Salmiakdämpfe gebildet, die sich mit dem Gas des Behälters mischen. Wir können, wie schon gesagt, Leuchtgas, Kohlensäure, Luft oder Wasserstoff verwenden, sie geben alle gute Wirkungen. Hier bewährt wieder unser vortrefflicher Steatitbrenner seinen Vorzug vor den anderen, wie er es schon bei den Flammen that. Ich kann aus ihm eine schmale Rauchsäule aufsteigen lassen. Das Pfeifen aber, was so viel Eindruck auf die Flamme machte, bleibt völlig wirkungslos; auch die höchsten Noten einer Panspfeife haben keine Wirkung. Wenn aber eine gewisse Pfeife in der Mitte des Instruments angeblasen wird, so fällt die Rauchsäule und bildet einen kurzen Stengel mit einem dicken, krausen Kopf. Sie wird auch von einem Klopfen auf den Tisch heruntergedrückt, als wenn ein verticaler Wind auf sie stiesse. Bei jedem Schlag fällt sie. Ein Schlag auf einen Amboss dagegen macht wenig oder gar keine Wirkung. Die Töne, die hier wirken, liegen in der That viel tiefer als die, welche bei den Flammen am einflussreichsten waren.

Manche dieser Rauchsäulen schrumpfen im Verhältniss zu ihrer Länge viel bedeutender zusammen als die Flammen. Ein Schlag auf den Tisch lässt einen 18 Zoll hohen Rauchstrahl zu einem buschigen Strauss, dessen Stengel einen Zoll lang ist, zusammensinken. Ausserdem gehorcht die Rauchsäule der Stimme. Ein Husten wirft sie nieder und zu dem Klange einer Spieluhr tanzt sie. Bei einzelnen Tönen sammelt sich nur die Spitze der Rauchsäule zu einem Bouquet. Bei anderen bildet sich der Strauss auf halber Höhe, während bei gewissen Noten von bestimmter Tonhöhe die Säule sich zu einer geballten Wolke zusammenzieht, die kaum mehr als einen Zoll über dem Ende des Brenners steht. Wird die Musik fortgesetzt, so besteht die Thätigkeit der Rauchsäule in raschen Sprüngen von einer Form zur andern. Fig. 131 zeigt verschiedene Formen des tanzenden Strahles.

Fig. 131.

In einer vollkommen ruhigen Atmosphäre steigen diese schlanken Rauchsäulen manchmal zu einer Höhe von beinahe zwei Fuss auf, und verschwinden an der Spitze scheinbar in Luft. Alsdann stehen unsere empfindlichsten Flammen an Feinheit weit unter diesen Rauchsäulen, und ihre wirbelnden Ringe sind, wenn auch weniger frappant als die Flammen, doch oft viel zierlicher. Nicht nur einzelne Worte, sondern jedes Wort und jede Silbe der angeführten Spenser'schen Stanze bringt einen wirklich sensitiven Rauchstrahl in die grösste Unruhe. Um solche

Erfolge zu erzielen, muss man aber eine vollkommen ruhige Atmosphäre haben. Flammenexperimente sind in der That in einer Atmosphäre möglich, wo mit Rauchstrahlen gar nichts anzufangen ist *).

Wir haben bisher unsere Aufmerksamkeit auf Strahlen entzündeten und unentzündeten Leuchtgases, Kohlensäure, Wasserstoffs und Luft gerichtet, wir wollen uns nun zu Wasserstrahlen wenden. Und hierbei treffen wir auf eine Reihe von Experimenten von ungewöhnlicher Schönheit, die schon vor langer Zeit gemacht sind und eine gewisse Verwandtschaft mit den eben beschriebenen zeigen. Es sind dies Felix Savart's Experimente über flüssige Strahlen, die an dieser Stelle schon in verschiedener Weise wiederholt, bestätigt und verändert worden sind. Wenn man in den Boden eines Gefässes voll Wasser ein rundes Loch macht, so wird der hinabfliessende flüssige Strahl zwei unverkennbar verschiedene Theile zeigen. Der Theil des Strahles zunächst der Oeffnung ist klar und ruhig und gleicht einem soliden Glasstabe. Nach unten zu nimmt sein Durchmesser ab bis zu einem Punkte grösster Zusammenziehung, von dem abwärts der Strahl trübe und unruhig aussieht. Der Lauf des Strahles zeigt ausserdem regelmässige Anschwellungen und Zusammenziehungen. Savart hat den Strahl in der Weise, wie Fig. 132 sie zeigt, abgebildet. In dieser Figur ist *a* das Ende des Strahles an der Oeffnung; der Theil *an* ist klar und ruhig, während sich die ganze Strecke unter *n* in zitternder Bewegung befindet. Dem Auge erscheint dieser untere Theil des Strahles un-

---

*) Könnte man die unentzündeten Gasstrahlen ohne irgend welche Beimischung von Rauch sehen, so zweifle ich nicht daran, dass ihre Empfindlichkeit noch grösser sein würde.

Fig. 132.

Fig. 133.

Fig. 134.

unterbrochen, doch wird der Finger, mit dem man schnell hindurchfährt, manchmal nicht nass. Dies könnte natürlich nicht vorkommen, wenn der Strahl wirklich continuirlich wäre. Durch den obern Theil des Strahles kann man nicht durchsehen, dagegen kann man es durch den untern Theil desselben, selbst wenn man Quecksilber als Flüssigkeit nimmt. Thatsächlich löst sich der Strahl bei *n* in flüssige Kügelchen auf, und seine scheinbare Continuität rührt von der Nachdauer des Eindrucks her, den die fallenden Tropfen auf die Netzhaut machen. Wenn sich die Tropfen in Zwischenräumen von einer Zehntel-Secunde oder noch weniger folgen, so wird der Eindruck, den ein Tropfen macht, schon von seinem Nachfolger erneuert, ehe er Zeit hat zu verschwinden; daher lässt sich keine

Unterbrechung des Zusammenhangs bemerken. Wenn man beim Betrachten des unruhigen Theiles des Strahles den Kopf plötzlich senkt, so löst sich die Säule für einen Augenblick in getrennte Tropfen auf. Die einfachste Art, den Strahl in seine ursprünglichen Tropfen zu scheiden, ist vielleicht die, welche ich schon seit langer Zeit anzuwenden pflege, nämlich den Strahl in einem dunklen Zimmer durch eine Reihe elektrischer Blitze zu erleuchten. Jeder Blitz zeigt die Tropfen, als ob sie vollkommen unbeweglich in der Luft lägen.

Könnte das Bild des Strahles, wie ein einzelner Blitz ihn erleuchtet, festgehalten werden, so würde es gleich dem in Fig. 133 (a. v. S.) sein. Und hier entdeckt sich uns die Ursache jener Anschwellungen und Zusammenziehungen, die der unruhige Theil des Strahles zeigt. Die Tropfen verändern beim Fallen beständig ihre Form. Wo sie sich zuerst von dem klaren Theil des Strahles lösen, haben die Tropfen die Form länglicher Sphäroide, deren längste Axe vertical steht. Diese Form kann aber eine Flüssigkeit nicht behalten, wenn sie der Kraft ihrer eigenen Atome anheim gegeben ist. Das Sphäroid sucht eine Kugel zu werden. Darum verkürzt sich der längere Durchmesser; aber, wie ein Pendel, das in seinen Ruhezustand zurückkehren will, geht die Zusammenziehung der verticalen Axe zu weit, und der Tropfen wird ein oben und unten abgeplattetes Sphäroid. Nun bilden sich also die Zusammenziehungen des Strahles an den Stellen, wo die längste Axe des Tropfens vertical, und die Anschwellungen da, wo sie horizontal steht. Man wird bemerken, dass zwischen jeden zwei der grösseren Tropfen ein dritter viel kleinerer liegt. Jedesmal, dass ein grosser Tropfen sich löst, wird durch eine Art Ruck des zurückfahrenden Strahles hinter ihm ein kleiner Trabant losgeschüttelt. Nach Savart bleibt ihre Erscheinung nie aus.

Dieses Abbrechen eines flüssigen Strahles in Tropfen ist der Gegenstand vieler Erörterungen geworden. Ich halte dafür, dass der Grund davon das Zittern ist, in welches der Strahl durch seine Reibung an den Rändern der Oeffnung geräth. Savart führte seine Schwingungen auch auf diese Stelle zurück, obwohl er nicht glaubte, dass sie von Reibung herrührten. Was auch die Ursache sein mag, jedenfalls bestehen die Schwingungen und werden von Tonwellen mächtig beeinflusst, die auch den klaren Theil des Strahles kürzer machen, als er sonst sein würde. Inmitten einer grossen Stadt ist es kaum möglich, die Ruhe der Luft zu haben, die der Strahl zur vollen Ausdehnung seines dichten Theils beansprucht; doch gelang es Savart, seinen Strahl den Einflüssen solcher unregelmässigen Schwingungen so weit zu entziehen, dass der klare Theil sich bis zu einer Länge, wie Fig. 134 sie zeigt, ausdehnte. Fig. 132 also giebt einen Strahl, der den unregelmässigen Erschütterungen der Stadt Paris ausgesetzt ist, während Fig. 134 einen Strahl zeigt, der unter ganz denselben Bedingungen erzeugt, aber diesen Schwingungen entzogen ist.

Die Tropfen, in die sich der Strahl endlich auflöst, bereiten sich schon im klaren Theil vor, wo sie sich als ringförmige Knoten zu erkennen geben, die immer deutlicher werden, bis sie sich schliesslich trennen. Sie haben ihre Entstehung an der Oeffnung selbst und folgen einander schon bei mässigem Druck mit solcher Schnelligkeit, dass ein schwacher musikalischer Ton erregt wird. Lässt man die Tropfen auf ein Häutchen fallen, so kann damit die Höhe dieses Tones bestimmt werden. Nun aber kommen wir zu dem Punkt, der die Erscheinungen der flüssigen Strahlen mit denen der sensitiven Flammen und Rauchstrahlen verbindet. Wenn ein Ton, der im Einklange mit dem des Strahles ist, in seiner Nähe angegeben wird, so verkürzt sich der klare Theil augenblicklich; die Höhe des Tones kann auch bis zu gewissen Grenzen wechseln, und doch wird Verkürzung eintreten, allein der übereinstimmende Ton ist stets am wirksamsten. Wir haben in unserm Laboratorium kürzlich Savart's Experimente über senkrecht hinabfliessende Strahlen mit überraschendem Erfolge wiederholt. Der klare Theil des Strahles wurde durch den Ton einer Orgelpfeife verkürzt, die in 90 Fuss Entfernung stand, und nur mässige Stärke, aber die richtige Höhe hatte.

Der treffliche französische Forscher liess seinen Strahl auch horizontal und in verschiedenen Neigungen zum Boden ausströmen und fand, dass in gewissen Fällen Tonschwingungen einen Strahl in zwei oder drei Arme theilen konnten. Bei jenen Experimenten ging die Flüssigkeit durch eine Oeffnung in einer dünnen Platte. Wir wollen anstatt dessen wieder unsern beliebten Steatitbrenner nehmen; denn auch bei Versuchen mit Wasser zeigt er sich seinesgleichen so überlegen, wie bei den Flammen und Rauchstrahlen. Er wird uns ausserdem einige ganz neue Wirkungen vorführen. Durch eine Kautschukröhre ist der Brenner mit der Wasserleitung des Hauses verbunden, und wenn wir ihn schief nach oben richten, giebt er uns einen schönen, parabolischen Strahl (Fig. 135). In bestimmter Entfernung von der Oeffnung löst sich der Strahl in schöne Kügelchen, deren Bewegungen nicht schnell genug sind, um den Strahl ununterbrochen erscheinen zu lassen. Am Scheitelpunkt des Parabols ist der Perlenregen mehr als einen Zoll breit, und weiter von der Oeffnung sind die Tropfen noch weiter von einander zerstreut. Streicht man mit einem Violinbogen eine Stimmgabel, die 512 Schwingungen in der Secunde ausführt, so schliessen sich die verstreuten Tropfen, wie von ihrer gegenseitigen Anziehung bewegt, plötzlich an einander und bilden einen scheinbar ununterbrochenen flüssigen Bogen, der einige Fuss hoch und weit ist (Fig. 136). So lange die richtige Note ge-

Fig. 135.

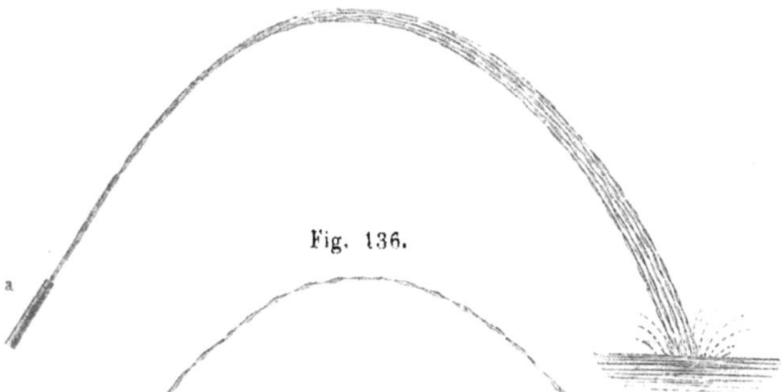

Fig. 136.

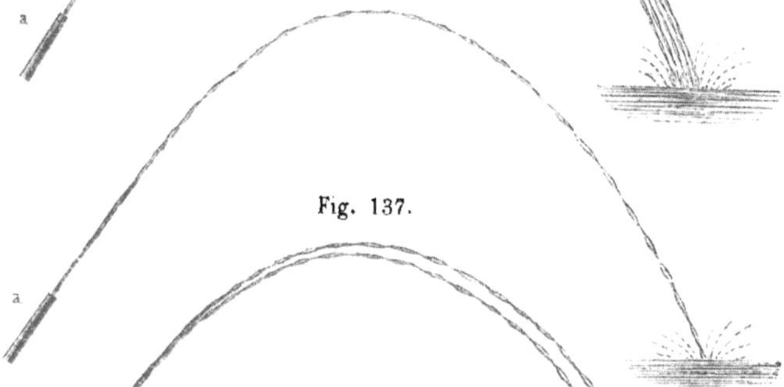

Fig. 137.

halten wird, sieht der Strahl wie ein gefrorenes Band aus, so bewegungslos erscheint er. Ich dämpfe die Gabel;

da wird der Bogen auseinander geschüttelt, und wir haben dasselbe Spiel der flüssigen Perlen wie vorher. Doch lässt jeder Strich mit dem Bogen die Tropfen wieder in ihre gemeinsame Marschlinie zurückfallen.

Eine Stimmpfeife oder eine Orgelpfeife, welche den Ton dieser Stimmgabel giebt, wirkt ebenfalls mächtig auf den Strahl. So auch meine Stimme. Indem ich ihr die richtige Tonhöhe bei mässiger Stärke gebe, sammele ich damit die zerstreuten Tropfen. Allem Anschein nach hat meine Stimme auf eine Entfernung von 60 Fuss eben so viel Wirkung auf den Strahl, als wenn ich dicht neben der Ausflussstelle des Strahles stehe.

Der Eindruck von Tonschwebungen auf den Strahl ist ebenfalls lehrreich und schön. Man kann sie entweder durch Orgelpfeifen oder durch Stimmgabeln hervorrufen. Sie sehen hier zwei Gabeln, deren eine 512 Mal und die andere 508 Mal in der Secunde schwingt. In unserer nächsten Vorlesung werden Sie erfahren, dass wir, wenn diese beiden Gabeln zusammen tönen, vier Schläge in der Secunde erhalten müssen. Ich lasse beide Gabeln klingen und finde, dass der flüssige Strahl seine Perlen in Einklang mit den Schlägen sammelt und wieder verstreut. Steht man neben dem Strahl, so bemerkt man im Tact mit den Schlägen eine rhythmische Bewegung der Lichtpünktchen, die sich im Strahl spiegeln. Auch das abwechselnde Vor- und Zurückgehen des Punktes, wo sich die Tropfen zu bilden anfangen, geschieht im gleichen Tempo und ist äusserst interessant. Die Empfindlichkeit dieses Strahles hat einen erstaunlichen Grad erreicht, so dass sie sich sogar mit der des Ohres selbst messen kann. Stellt man die beiden Stimmgabeln auf einen entfernten Tisch und lässt die Schläge allmälig hinsterben, so setzt der Strahl seinen Rhythmus fast so lange fort, als man noch etwas hören kann. Ein noch stärker sensitiver Strahl möchte sich sogar dem Ohre überlegen zeigen; eine erstaunenswerthe Thatsache, wenn man die wunderbare Feinheit dieses Organs in Betracht zieht *).

Wenn ich eine Leydener Flasche in den Ring einer starken Inductionsspirale einschalte, so erhalte ich, wie Viele unter Ihnen wissen werden, eine Reihe blendender Lichtblitze von der Dauer eines Augenblicks. Ich verdunkele das Zimmer und erleuchte den Strahl hinter einander mit einer Reihe von Blitzen. So werden die Tropfen deutlich gemacht, da sich jeder in einen kleinen Stern von durchdringendem Glanz verwandelt. Sie sind weit aus einander gestreut. Ich rufe den Strahl in dem passenden Tone an, da sammelt er seine Tropfen zu einer Perlenschnur von unvergleichlicher Schönheit. Ich schweige, und der Strahl zerfällt. Ich rufe wieder und noch einmal reihen sich die vereinzelten Sterne längs der Curve an einander. Während dem schüttle ich sanft die Kautschukröhre, welche das Wasser zuleitet, und erhalte nun verschlungene Ketten leuchtender Perlen.

Bei diesen Experimenten schliessen sich die Tropfen des Strahles zu einem gebogenen Band an einander, wenn der passende Ton angegeben wird; aber durch Veränderung des Experimentes kann man ihn sich auch in zwei oder mehr solche Bänder theilen lassen, wie Fig. 137 zeigt. Abbildungen sind hierbei jedoch wirkungslos; denn das Wunderbare dieser Versuche hängt allein von dem plötzlichen Uebergange des Strahles von einem Zustande

*) Als diese beiden Stimmgabeln in Berührung gebracht wurden mit einem Gefäss, von dem ein flüssiger Strahl ausging, hielt die sichtbare Einwirkung auf den Strahl noch an, nachdem die Gabeln schon lange nicht mehr zu hören waren.

in den andern ab. Die Ueberraschung liegt in der Bewegung, und die kann ja keine Zeichnung wiedergeben*).

*) Die Experimente über tönende Flammen sind in der letzten Zeit durch meinen Assistenten bedeutend ausgedehnt worden. Lässt man eine Flamme gegen die andere reiben, so können verschiedene musikalische Töne entstehen, von denen einzelne denen einer Trompete, andere denen einer Lerche gleichen. Durch die Reibung unentzündeter Gasstrahlen werden ähnliche nur weniger schlagende Wirkungen erreicht. Wenn man die beiden Flammen eines Fischschwanzbrenners auf eine Platinplatte stossen lässt, wie es bei Scholl's „Perfectoren" vorkommt, so sind die Töne trompetenartig und sehr laut.

Uebersicht der sechsten Vorlesung.

Wenn eine Gasflamme in einer Röhre brennt, so wird die Luft, indem sie über der Flamme hin geht, in Schwingung versetzt, wodurch musikalische Töne entstehen.

Bringt man die hohe Temperatur der Luftsäule über der Flamme in Anschlag, so ist die Höhe der Note gleich der einer offenen Orgelpfeife von derselben Länge als die Röhre.

Die Schwingungen der Flamme, während der Ton anhält, bestehen darin, dass die Flamme in rhythmischer Reihenfolge ganz oder halb erlischt, dazwischen aber ihre Helle zeitweilig wiedergewinnt.

Die Regelmässigkeit der Erscheinung kann mittelst eines concaven Spiegels gezeigt werden, der ein Bild der schwingenden Flamme auf einen Schirm wirft. Wenn das Bild scharf und deutlich ist, so macht die Rotation des Spiegels aus dem einzelnen Bilde eine Reihe getrennter Bilder der Flamme. Die dunklen Stellen zwischen den Bildern entsprechen dem Verlöschen der Flamme, während die Bilder selbst ihr Wiederaufbrennen anzeigen.

Ausser dem Grundton der betreffenden Röhre kann die Flamme auch noch die höheren Obertöne derselben geben. Die Theilung der Luftsäule ist dabei gleich der einer offenen Orgelpfeife, wenn deren Obertöne angegeben werden.

Giebt man einen Ton an, der fast im Einklange ist mit einer Röhre, in der eine schweigende Flamme brennt, so hüpft die Flamme, und wenn ihre Stellung in der Röhre richtig gewählt ist, wird der fremde Ton sie sogar zum Singen veranlassen.

Während die Flamme singt, erregt ein Ton, der beinahe aber nicht ganz im Einklange mit ihrem eigenen ist, Schläge, und man sieht die Flamme im Rhythmus der Schläge hüpfen. Das Hüpfen kommt auch vor, wenn die Stellung der Flamme in ihrer Röhre nicht so ist, dass sie singen kann.

Freie Flammen.

Wenn der Druck auf das Gas, welches eine freie Flamme speist, gesteigert wird, so nimmt die Flamme bis zu einem gewissen Punkte an Umfang zu. Wenn aber der Druck zu stark wird, so braust oder flackert die Flamme.

Das Brausen oder Flackern der Flamme kommt von den Schwingungen her, in welche das Gas an der Oeffnung des Brenners geräth, wenn der Druck, der es hindurchtreibt, sehr stark wird.

Wenn ausserdem noch durch einen fremden Ton Schwingungen an der Oeffnung des Brenners erzeugt werden, so wird die Flamme schon unter geringerem Druck flackern, als wenn sie sich selbst überlassen wäre.

Das Gas, was unter übertriebenem Drucke steht, wird beim Durchgang durch den Brenner in Schwingungen von bestimmter Dauer versetzt. Um die grösste Wirkung auf die Flamme auszuüben, muss der äussere Ton Schwingungen enthalten, die mit denen des ausströmenden Gases zusammenpassen.

Wenn solcher Ton gewählt und die Flamme dem Punkte des Flackerns nahe genug gebracht ist, bildet sie ein akustisches Reagens von unvergleichlicher Feinheit.

Auf eine Entfernung von 90 Fuss zum Beispiel würde das Zwitschern eines Sperlings die Flamme in Aufruhr bringen können.

Es ist nicht die Flamme als solche, der wir diese Erscheinungen zuzuschreiben haben. Wir erhalten im Allgemeinen ähnliche Wirkungen, wenn wir Strahlen von unentzündetem Leuchtgas, Kohlensäure, Wasserstoff oder Luft anwenden. Diese Strahlen können durch Rauch sichtbar gemacht werden, und die Rauchstrahlen zeigen eine Empfindlichkeit für Tonwellen, die sogar die der Flammen übertrifft.

Wenn eine glänzende sensitive Flamme ein sonst dunkles Zimmer erleuchtet, in dem man eine passende Glocke anschlagen lässt, so erfolgt, durch den Ton erregt, ein regelmässig wiederkehrendes Verlöschen des Lichtes. Jeder Schlag der Glocke ist von einer augenblicklichen Dunkelheit im Zimmer begleitet.

Savart's Experimente über den Einfluss von Tonschwingungen auf Wasserstrahlen gehören zu derselben Classe von Erscheinungen. Dieser Gegenstand ist in der vorhergehenden Vorlesung mit genügender Ausführlichkeit und doch fast so kurz wie ein Resumé behandelt.

Siebente Vorlesung.

Gesetz der schwingenden Bewegungen in Wasser und Luft. — Superposition der Schwingungen. — Interferenz und Coincidenz der Tonwellen. — Aufhebung von Ton durch Ton. — Combinirte Wirkung zweier fast im Einklange befindlicher Töne. — Theorie der Schwebungen. — Optische Darstellung des Princips der Interferenz. — Zunahme der Intensität durch Auslöschung eines Theils der Schwingungen. — Combinationstöne. — Bedingungen ihrer Erzeugung. — Erläuterung durch Versuche. — Differenztöne und Summationstöne. — Die Theorien von Young und Helmholtz.

Im Hafen von Cowes habe ich oftmals von einem Kahne aus die Masten und Taue der Schiffe beobachtet, wie sie sich im Wasser spiegelten. Die Bilder der Taue verriethen den Zustand der Wasseroberfläche; durch lange und breite Unregelmässigkeiten wurde der Durchgang der grösseren Wellen, durch kleinere Einschnitte die kleinen Kräuselungen angezeigt, welche wie Parasiten über die Oberfläche der grossartigeren Wogen dahinliefen. Die See war im Stande, sich den Anforderungen aller dieser Wellenschwankungen, ob gross oder klein, anzupassen. Und auch, wenn ich die Oberfläche mit meinem Ruder berührte, oder die Tropfen von demselben in das Wasser fallen liess, fand sich noch Raum für die winzigen so entstehenden Wellen. Diese Gliederung der Wasserfläche durch die Wellen und die kleinen Kräuselungen fand nur in meiner beschränkten Beobachtungskraft ihre Grenze; jede Welle und jede kleine Kräuselung der Wasserfläche machten ihren Anspruch auf Platz geltend, und behielten ihre individuelle Existenz inmitten der Menge von anderen Bewegungen, welche auf dem Wasser umherwogten.

Das Gesetz, welches dieser Jagd der Wogen, diesem Sichkreuzen und Ineinandermischen der unzähligen Wellen zu Grunde liegt, lautet: dass die resultirende Bewegung jedes Wassertheilchens die Summe der demselben mitgetheilten individuellen Bewegungen ist. Wenn auf irgend ein Wassertheilchen im gleichen Moment von zwei Seiten her ein Anstoss erfolgt, der es zu heben strebt, so wird es von einer Kraft gehoben, welche gleich der Summe von beiden Anstössen ist. Finden zwei Stösse statt, wovon der eine dahin gerichtet ist, das Theilchen zu heben, der andere es niederzudrücken, so wird die Wirkung gleich der Differenz zwischen beiden Stössen sein. Wenn ich also von der Summe der Bewegungen spreche, so meine ich die algebraische Summe, und betrachte die Bewegungen, welche das Theilchen zu heben suchen, als positiv, diejenigen, welche es niederzudrücken suchen, als negativ.

Wenn man zwei Steine 20 bis 30 Fuss von einander in ruhiges Wasser wirft, so bildet sich um jeden Stein eine Reihenfolge von sich ausdehnenden kreisförmigen Wellen, deren jede einzelne aus einem Kamm und einer Furche besteht. Nach einiger Zeit berühren sich die Wellen, und zertheilen die Oberfläche in kleine Erhöhungen und Vertiefungen. Wo der Kamm mit dem Kamme zusammentrifft, wird das Wasser zu doppelter Höhe gehoben; wo

Furche und Furche zusammentreffen, wird es zu doppelter Tiefe niedergedrückt. Wo Kamm und Furche zusammentreffen, sehen wir das Wasser auf seine gewöhnliche Höhe zurückgeführt. Die resultirende Bewegung an jedem Punkte des Wassers ist, wie bereits gesagt wurde, die algebraische Summe der Bewegungen, welche auf diesen Punkt einwirken. Und wenn, anstatt zweier Erregungspunkte, ihrer 10 oder 100 oder 1000 wären, so wäre die Wirkung dieselbe. Das wirkliche Resultat könnte unsere Beobachtungskraft übersteigen, allein das oben gegebene Gesetz würde sich dennoch bewähren.

Anstatt des gegenseitigen Durchschneidens der Wellen von zwei verschiedenen Erregungsmittelpunkten aus können wir directe und reflectirte Wellen, von demselben Punkte aus erregt, sich gegenseitig durchkreuzen lassen. Viele von Ihnen wissen, welche schöne Wirkung es giebt, wenn Licht von den kleinen Wellen einer in einem gewöhnlichen Becken enthaltenen Wassermasse zurückgeworfen, und von unserem Schirme aufgefangen wird. Wenn man Quecksilber anwendet, so wird die Wirkung noch viel glänzender. Hierbei kann man, durch eine geeignete Art der Erregung, directe und reflectirte Wellen sich kreuzen und ineinander winden, und durch eine wunderbare Selbstanalyse ihre verwickelten Knoten wieder entwirren lassen. Die nebenstehende Figur (Fig. 138), welche aus dem Werke der Brüder Weber entnommen ist, wird Ihnen einen Begriff von der Schönheit dieser Wirkungen geben. Sie stellt das Wogen vor, welches in einem runden Gefäss durch das Durchschneiden von directen und reflectirten Wellen entsteht; der Erregungspunkt, welcher durch den kleinsten Kreis auf der Figur angedeutet ist, liegt hier gerade in der Mitte zwischen dem Centrum und dem äussern Rande des Gefässes.

Diese Eigenschaft des Wassers, die verschiedensten Eindrücke anzunehmen und weiter zu führen, besitzt auch die Luft, und sie gewährt jeder beliebigen Anzahl von Tonwellen Platz zur Existenz und Bewegung. Dieselbe Luft ist im Stande, die Schwingungen von 1000 Instrumenten zu gleicher Zeit zu empfangen und fortzuführen.

Fig. 138.

Wenn wir versuchen uns eine solche Bewegung der Luft anschaulich zu machen, dem geistigen Auge, so zu sagen, diese directen und zurückgeworfenen Wellenstösse vorzuführen, so versagt die Einbildungskraft uns ihre Dienste. Trotzdem bleibt inmitten dieser Verwicklungen das oben angegebene Gesetz stehen, indem jedes Lufttheilchen durch die resultirende Bewegung bewegt wird, welche die algebraische Summe aller ihm mitgetheilten individuellen Bewegungen ist. Das Wunderbarste von Allem ist, dass das menschliche Ohr, obwohl nur ein Luftcylinder von der Dicke eines Federkieles auf dasselbe einwirkt, dennoch die Bestandtheile der Bewegung wahrzunehmen, ja selbst, durch einen Act der Aufmerksamkeit unterstützt, jeden einzelnen Ton aus diesem luftigen Gewirr zu unterscheiden im Stande ist.

Ich streiche mit meinem Bogen über eine Stimmgabel, welche ich zur Unterscheidung *A* nennen will, und bewirke, dass dieselbe eine Reihenfolge von Tonwellen durch die Luft sendet. Ich stelle nun eine zweite Stimmgabel, *B*, hinter die erste und versetze auch diese in Schwingung. Von *B* gehen Wellen aus, und diese durchziehen die Luft, welche bereits durch Wellen von *A* bewegt wird. Man wird leicht einsehen, dass die Gabeln so zu schwingen vermögen, dass die Verdichtungswellen der einen mit den Verdichtungswellen der anderen zusammenstimmen, ebenso wie die Verdünnungswellen der einen mit denen der anderen. Ist dies der Fall, so werden sich die beiden Stimmgabeln gegenseitig unterstützen. Die verdichteten Stellen werden sich stärker verdichten, die verdünnten Stellen mehr verdünnen, und da die Stärke des Tones von dem Dichtigkeitsunterschiede zwischen Verdichtungen und Verdünnungen abhängt, so werden die beiden sich gegenseitig unterstützenden, schwingenden Stimmgabeln einen viel intensivern Ton hervorbringen, als wenn jede allein vibrirte.

Man wird jedoch leicht einsehen, dass die beiden

Stimmgabeln auch in einem solchen Verhältniss zu einander stehen können, dass die eine da Condensation hervorbringt, wo die andere Verdünnung bewirkt, und dass eine Stimmgabel zum Beispiel die Lufttheilchen vorwärts drängt, während die andere sie zurück treibt. Sind die sich entgegenstehenden Kräfte gleich, so werden die so angetriebenen Lufttheilchen sich weder vorwärts noch rückwärts bewegen, und Ruhe der Luft, welche der Stille entspricht, wird das Resultat davon sein. So ist es möglich, indem man den Ton einer Stimmgabel zu dem einer andern hinzufügt, die Töne von beiden verschwinden zu machen. Es ist dies eine Erscheinung, welche deutlicher als irgend eine andere die Wellenbewegung charakterisirt. Diese Erscheinung führte in der Optik zur Theorie von der Undulation des Lichtes, für welche gleichfalls der Hauptbeweis darin liegt, dass wir Dunkelheit hervorbringen können, indem wir Licht zu Licht fügen, eben wie wir Stille hervorbringen können, indem wir Ton zu Ton fügen.

Während der Schwingungen einer Stimmgabel wird die Entfernung zwischen ihren beiden Zinken abwechslungsweise vergrössert und verkleinert. Lassen Sie uns die Bewegung, welche die Entfernung vergrössert, die Schwingung nach aussen, die, welche sie verringert, die Schwingung der Gabel nach innen nennen. Und lassen Sie uns annehmen, dass unsere beiden Stimmgabeln *A* und *B* die Grenzen ihrer Schwingung nach aussen und innen in demselben Moment erreichen. In diesem Falle sind die Phasen ihrer Bewegung, um mich eines technischen Ausdruckes zu bedienen, dieselben. Der Einfachheit halber wollen wir unsere Aufmerksamkeit auf die rechts befindlichen Zinken *A* und *B* (Fig. 139 a. f. S.) der beiden Gabeln beschränken, und die beiden anderen Zinken ausser Acht lassen; und nun fragen wir uns, welches die Entfernung zwischen den Zinken *A* und *B* sein muss, damit die Verdichtungen und Verdünnungen der beiden, die hier durch die hellere und dunklere Schattirung angedeutet sind, zusammenfallen? Etwas Nachdenken wird uns sofort zeigen, dass, wenn die Entfernung von *B* zu *A* gleich der Länge einer ganzen Tonwelle ist, Coincidenz zwischen den beiden Wellensystemen

Fig. 139.

eintreten muss. Dasselbe wird offenbar stattfinden, wenn die Entfernung zwischen *A* und *B* zwei, drei oder vier, kurz jede Anzahl von ganzen Wellenlängen beträgt. In allen solchen Fällen wird Coincidenz der beiden Wellensysteme, und in Folge dessen Verstärkung des Tones der einen Stimmmgabel durch den Ton der andern eintreten. Sowohl die Wellenberge als die Wellenthäler zwischen *A* und *C* sind in diesem Falle ausgesprochener, als sie es sein würden, wenn man eine der Gabeln weg liesse.

Allein wenn die Zinke *B* nur um eine halbe Wellenlänge von *A* absteht, was wird dann geschehen? Offenbar werden alsdann die Wellenthäler des einen Systems mit den Wellenbergen des andern zusammentreffen, und wir haben alsdann Interferenz; die Luft rechts von *A* wird zur Ruhe gebracht werden, wie dies in Fig. 140 gezeigt ist, wobei die Gleichförmigkeit der Schattirung die Abwesenheit von Verdichtungen und Verdünnungen bedeutet. Wenn *B* zwei halbe Wellenlängen hinter *A* folgt, so haben wir, wie bereits gesagt wurde, Coincidenz; folgt *B* nach drei halben Wellenlängen, so haben wir wieder Interferenz. Oder, allgemein ausgedrückt, wir haben Coincidenz oder Interferenz, je nachdem die Entfernung zwischen den zwei Gabelzinken eine gerade oder ungerade Zahl von halben Wellenlängen beträgt. Genau dasselbe findet bei den Lichtwellen statt. Wenn aus

Fig. 140.

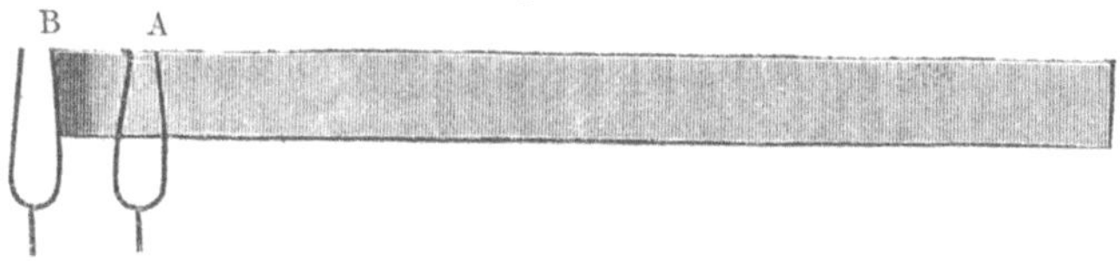

irgend einer Ursache ein System von Aetherwellen um eine gerade Anzahl von halben Wellenlängen hinter einem andern System zurück ist, so unterstützen sich die beiden Systeme, wenn sie sich vereinigen, und wir haben mehr Licht. Folgt jedoch ein System in irgend einer ungeraden Zahl von halben Wellenlängen auf das andere, so interferiren sie gegenseitig, und eine Zerstörung des Lichtes ist die Folge dieses Zusammentreffens.

Sir John Herschel schlug zuerst vor, einen Strom von Tönen in zwei Theile von verschiedener Länge zu theilen, welche sich dann später wieder vereinigen und gegenseitig interferiren sollten. Dieser Gedanke ist kürzlich mit Erfolg von Dr. Quincke ausgeführt und durch Herrn König noch weiter ausgebildet worden. Fig. 141 (a. f. S.) wird das Princip dieses Versuches sofort anschaulich machen. Die Röhre *of* theilt sich bei *f* in zwei Zweige, deren einer um *n*, der andere um *m* geführt wird. Beide Zweige werden bei *g* wieder vereinigt und endigen in einen gemeinschaftlichen Canal *gp*. Der Theil der Röhre *bn*, welcher über *ab* hingleitet, kann, wie die Figur zeigt, ausgezogen werden, und so kann die Länge der beiden Zweige, durch welche die Tonwellen sich fortpflanzen müssen, sehr verschieden gemacht werden. Bringt man eine schwingende Stimmgabel an *o* und das Ohr an *p*, so werden, wenn die beiden Seitenzweige

Fig. 141.

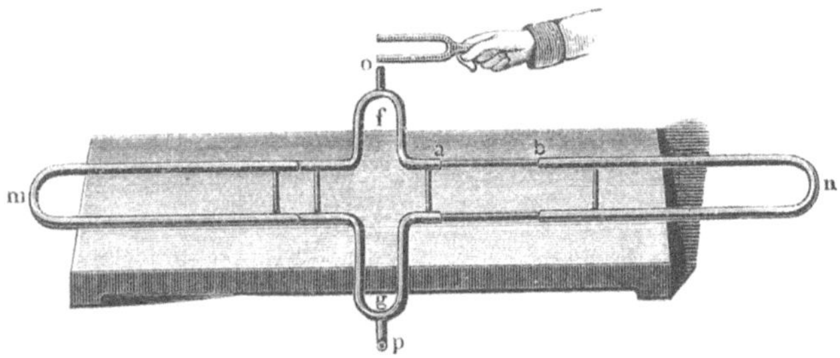

gleichlang sind, die Tonwellen aus beiden das Ohr zu gleicher Zeit erreichen, und der Ton der Stimmgabel wird hörbar sein. Zieht man *ab* aus, so wird man schliesslich einen Punkt erreichen, wobei der Ton der Gabel aufhört. Dies tritt ein, wenn die Entfernung *ab* ein Viertel von einer Tonwelle beträgt; oder in anderen Worten, wenn der ganze rechte Seitentheil eine halbe Wellenlänge länger ist, als der linke. Zieht man *bn* noch weiter aus, so wird der Ton wieder hörbar, und wenn die doppelte Entfernung *ab* eine ganze Wellenlänge beträgt, so erreicht der Ton sein Maximum. Also haben wir entweder Interferenz oder Coincidenz der beiden Reihen von Tonwellen, je nachdem der Längenunterschied der beiden Seitentheile eine halbe oder eine ganze Wellenlänge beträgt. Bei Ausführung des Versuchs sollte man die Röhre *of* so weit verlängern, bis der directe Ton der Stimmgabel nicht mehr gehört wird, indem alsdann die Aufmerksamkeit des Ohres völlig auf die Töne, welche ihm durch die Röhre zukommen, concentrirt wird. Es ist klar, dass man die Wellenlänge jedes einfachen Tones mittelst dieses Instrumentes sehr leicht auffinden kann. Es ist nur nöthig, den Wegunterschied, welcher vollkommene Interferenz herbeiführt, festzustellen. Zweimal dieser Unterschied ist die Wellenlänge; und wenn die Anzahl der Schwingungen zugleich bekannt ist, so kann man unmittelbar die Geschwindigkeit des Schalls in der Luft daraus berechnen.

Jede der beiden hier vor Ihnen befindlichen Stimmgabeln führt genau 256 Schwingungen in der Secunde aus; und wenn sie zusammengestimmt sind, fliessen ihre Töne in vollkommenem Einklange ab. Ich belaste nun die eine derselben mit einem Stückchen Wachs, und bewirke dadurch, dass sie sich etwas langsamer bewegt, als die andere. Nehmen wir der Einfachheit halber an, das Wachs vermindere die Zahl der Schwingungen auf 255 in der Secunde; was muss geschehen, wenn beide Stimmgabeln zugleich zum Tönen gebracht werden? Wenn sie in demselben Momente anfangen, so dass die Wellenberge mit den Wellenbergen und die Wellenthäler mit den Wellenthälern coincidiren, so ist es klar, dass dieser Zustand nicht andauern kann. Die beiden Stimmgabeln fangen bald an, entgegengesetzte Einwirkungen auf die sie umgebende Luft auszuüben. Bei der 128sten Schwingung werden ihre Phasen in vollkommenstem Gegensatze sich befinden, indem die eine der andern um eine halbe Wellenlänge voraus ist. Hier erzeugt die eine Stimmgabel eine Verdichtung, da wo die andere eine Verdünnung erzeugt; und das Resultat ist, dass die beiden Gabeln sich in diesem bestimmten Moment gegenseitig völlig neutralisiren, und wir keinen Ton mehr haben. Von dieser Zeit an jedoch unterstützen sich die Stimmgabeln gegenseitig mehr und mehr, bis am Ende einer Secunde, wenn die eine ihre 255ste, die andere ihre 256ste Schwingung vollendet hat, der Zustand wieder eben so ist, wie am Anfange. Verdichtung coincidirt alsdann wieder mit Verdichtung und Verdünnung mit Verdünnung, so dass wieder die volle Wirkung beider Töne auf das Ohr zu Stande kommt.

Es ist klar, dass wir unter solchen Umständen nicht den fortdauernden Fluss vollkommenen Einklanges haben können. Wir haben im Gegentheile abwechselnde Verstärkungen und Abschwächungen des Tones. Wir erzielen in der That den Effect, welcher den Musikern unter den Namen „Schwebungen“ oder „Stösse“ bekannt ist, und der, wie wir hier erklärt haben, eine Wirkung der Interferenz ist.

Ich belaste diese Gabel nun noch etwas schwerer, indem ich ein Vierpencestück an dem Wachse befestige; die Coincidenzen und Interferenzen folgen sich rascher als zuvor, und wir haben nun auch eine viel geschwindere Reihenfolge von Stössen. Bei unserm letzten Versuche vollführte die eine Gabel eine Schwingung mehr in der Secunde, als die andere, und wir hatten eine Schwebung innerhalb dieser Zeit. Im gegenwärtigen Falle vibrirt eine Gabel 250 Mal, die andere 256 Mal in der Secunde, die Anzahl der Stösse innerhalb einer Secunde ist hierbei 6. — Bei einigem Nachdenken muss es klar werden, dass eine Schwebung stattfinden muss innerhalb des Zeitabschnittes, welchen eine Gabel bedarf, um eine Schwingung mehr auszuführen, als die andere; und da in dem vorliegenden Falle sechs solcher Zeitabschnitte innerhalb einer Secunde vorkommen, so müssen sechs Stösse während der Zeit eintreten. Kurz, die Zahl der Stösse in der Secunde ist immer gleich der Differenz zwischen den beiden Schwingungszahlen.

Diese Stösse können durch alle tönenden Körper hervorgebracht werden. Die zwei hier vor Ihnen befindlichen Orgelpfeifen geben gewaltige Schläge, wenn man sie zu gleicher Zeit anbläst. Sie werden bemerken, dass die eine etwas länger als die andere ist. Hier sind zwei andere Pfeifen, welche jetzt vollkommen zusammenstimmen, da sie genau gleichlang sind. Allein ich brauche nur meinen Finger an die Mündung der einen Pfeife, Fig. 142, zu bringen, um ihre Schwingungszahl zu verringern und diese lauten und raschen Stösse hervorzubringen. Auch wenn ich meine Hand an die obere Oeffnung der Pfeife bringe, verringere ich ihre Schwingungszahl und bringe Schläge hervor, welche sich um so rascher folgen, je mehr ich die Oeffnung der Pfeife zuhalte. Durch einen stärkern Luftstrom bringe ich die beiden ersten Obertöne der Pfeifen hervor. Auch diese höheren Töne interferiren, und Sie hören diese schärferen Stösse.

Fig. 142.

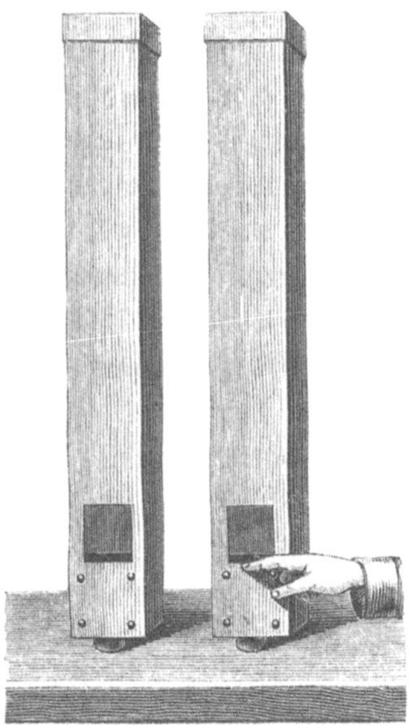

Zwei singende Flammen geben bei weitem das schönste Beispiel dieser Erscheinung. Sie haben jetzt zwei solcher Flammen vor sich; die Röhren, welche dieselben umgeben, sind mit teleskopischen Schiebern versehen. Im Augenblicke finden keine Stösse statt, weil die Röhren nicht hinreichend nahe im Einklange sind. Ich verlängere nach und nach die kürzere Röhre, indem ich ihren Schieber ausziehe. Rasche Schläge lassen sich jetzt hören; jetzt werden sie langsamer, jetzt noch langsamer, und jetzt singen beide Flammen in völligem Einklange. Indem ich das Ausziehen des Schiebers fortsetze, mache ich die eine Röhre zu lang. Die Stösse fangen wieder an und werden rascher, bis sie schliesslich so schnell auf einander folgen, dass sie dem Ohre nur noch als Rauhigkeit bemerklich werden. Sie bemerken, wie die Flammen im Tacte mit den Schlägen innerhalb ihrer Röhren tanzen. Wie bereits gesagt wurde, bringen diese Stösse eine ruhige Flamme innerhalb einer Röhre zum Zittern, und wenn die Stimme auf die richtige Höhe gebracht ist, und die Stellung der Flamme günstig gewählt ist, so bringen die Stösse sie zum Singen. Mit den Flammen grosser Rosenbrenner und mit zinnernen Röhren von 3 bis 9 Fuss Länge erzielen wir, wie Sie bemerken, Stösse von ausserordentlicher Kraft.

Sie haben soeben die Stösse gehört, welche zwei beinahe gleichgestimmte Orgelpfeifen hervorbringen. Zwei ähnliche Pfeifen sind hier vor Ihnen (Fig. 143), deren jede jedoch in der Mitte mit einer Membran versehen ist, welche auf eine Flamme einwirken soll*). Zwei kleine Röhren gehen von den durch die Membran geschlossenen Stellen aus und vereinigen sich später, so dass die Mem-

*) Beschreibung in der fünften Vorlesung.

branen von beiden Orgelpfeifen mit derselben Flamme in Verbindung stehen.

Durch die Schieber $s\,s'$ oben an den Pfeifen können diese nach Gutdünken in Einklang oder Dissonanz gebracht werden. Ich blase nun beide Pfeifen an. Sie stimmen nicht zusammen, und die Schläge, welche sie hervorbringen, erfolgen mit grosser Geschwindigkeit, während die mit den Membranen verbundene Flamme im

Fig. 143.

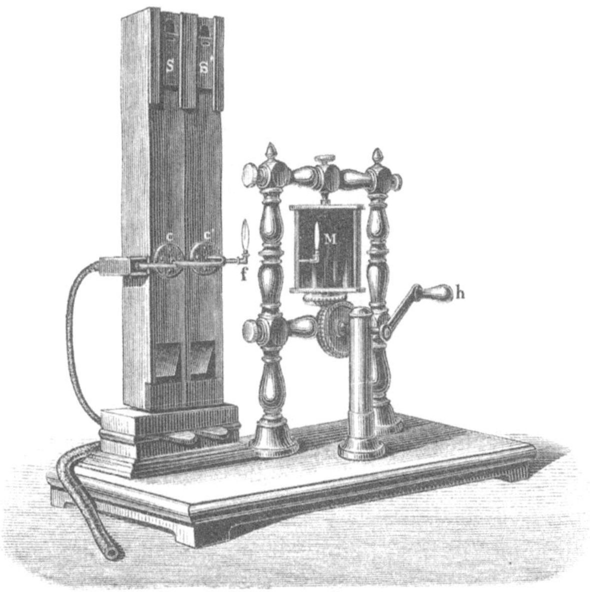

Tacte nach den Schlägen tanzt. Ich bringe sie nun mehr zum Einklange; die Stösse werden langsam, und die Flamme lässt periodisch ihr Licht verschwinden und scheint ganz zu erlöschen. Ein Process, welcher an denjenigen des Ein- und

Ausathmens erinnert, findet hier bei der Flamme statt. Wenn man den Spiegel jetzt dreht, so bringt die Flamme einen leuchtenden Streifen auf dem Schirme hervor. Derselbe ist an gewissen Stellen zusammenhängend, meistens aber in gesonderte Flammenbilder zertheilt. Die zusammenhängenden Stellen entsprechen den Perioden der Interferenz, wobei die beiden Wellenzüge sich gegenseitig vernichten.

Anstatt beide Pfeifen auf eine Flamme einwirken zu lassen, können wir mit jeder Pfeife eine solche verbinden. Das Verhalten der Flammen ist alsdann sehr lehrreich. Nehmen wir an, beide Flammen befänden sich in derselben verticalen Linie, so dass die eine genau unter der andern stände. Indem wir die Pfeifen in Einklang bringen und den Spiegel drehen, lösen wir jede Flamme in eine Kette von Bildern auf; allein wir bemerken, dass die Bilder der einen Flamme genau in die Zwischenräume der Bilder von der andern passen. Die Perioden des Erlöschens der einen Flamme fallen also mit den Perioden des Wiederaufleuchtens der andern zusammen. Das Experiment beweist, dass, wenn zwei gleichgestimmte Pfeifen so nahe an einander gestellt werden, ihre Schwingungen in entgegengesetzten Phasen stattfinden. Hieraus folgt, dass die zwei Schwingungssysteme sich beständig gegenseitig neutralisiren, so dass man in einer kleinen Entfernung von den Pfeifen ihren Grundton nicht mehr unterscheiden kann. Aus diesem Grunde gereicht es bei einer Orgel nicht zum Vortheil, wenn man mehrere Pfeifen von derselben Tonhöhe dicht neben einander anbringt.

Bei den Stössen erreicht die Schwingungsbreite der Luft periodisch ein Maximum und ein Minimum. Vermittelst der schönen Methode von L i s s a j o u s können wir diese abwechselnde Ab- und Zunahme sichtbar machen. Wenn ich eine grosse Stimmgabel T' (Fig. 144) gegenüber der elektrischen Lampe L aufstelle, fällt ein leuchtender Strahl auf den Spiegel, wird auf den Spiegel der zweiten Stimmgabel T reflectirt und von da auf den Schirm zurückgeworfen, wo er eine glänzende Scheibe bildet. Sie werden bemerken, dass beide Gabeln bei diesem Versuche aufrecht stehen. Ich ziehe meinen Bogen über die Gabel T'; der Strahl wird, wie bei dem

Fig. 144.

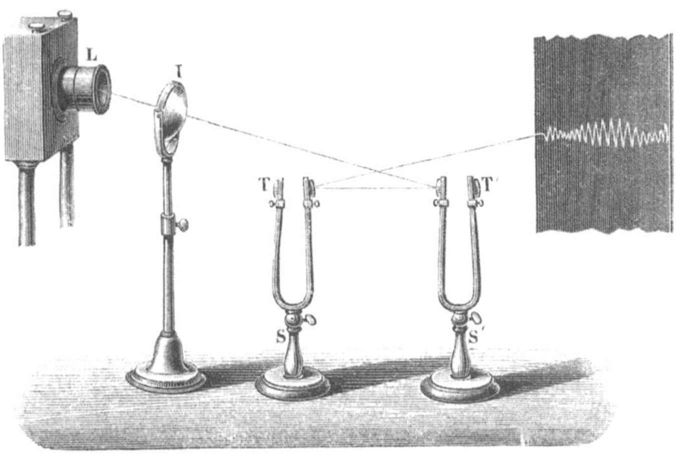

Versuche in unserer zweiten Vorlesung, auf und ab bewegt, so dass die Scheibe auf dem Schirme zu einem 3 Fuss langen Streifen wird. Ich versetze jetzt die Gabel T in Bewegung, und nach kurzem Nachdenken wird Ihnen klar werden, dass die beiden Gabeln sich nun entweder gleichsinnig, oder aber widersinnig bewegen können, und dass der Lichtstreifen folglich entweder verlängert oder verkürzt werden wird. Es ist eine Sache des Zufalls, wie sich die Dinge gestalten. Wenn ich dadurch, dass ich meinen Bogen über die zweite Gabel ziehe, die Schwingungen in zusammenstimmende Phasen bringe, so wird der Streifen verlängert; sind die Phasen entgegengesetzt, so wird die völlige oder theilweise Neutralisation der einen Gabel durch die andere stattfinden. Heute trifft es nun zufällig so, dass die zweite Gabel die Wirkung der ersten etwas verstärkt, so dass der Lichtstreifen jetzt 4 Fuss lang wird. Ich habe diese Gabeln so vollkommen als möglich gestimmt, so dass jede von ihnen geradezu 64 Schwingungen in der Secunde ausführt; das ursprüngliche Verhältniss ihrer Phasen bleibt demzufolge constant, und deshalb bemerken Sie ein allmäliges Kürzerwerden des Lichtstreifens, gerade wie bei dem Erlöschen der Schwingungen einer einzelnen Stimmgabel. Der Lichtstreifen schwindet allmälig zu der ursprünglichen Scheibe zusammen, welche bewegungslos auf dem Schirme bleibt.

Ich befestige nun ein Dreipencestück mit Wachs an die Zinke der einen Gabel und verringere dadurch die Geschwindigkeit ihrer Schwingungen. Die Phasen der beiden Gabeln können jetzt keine constanten Beziehungen zu einander behalten. Eine Gabel kommt der andern immer mehr voraus, und demgemäss werden ihre Phasen zuweilen coincidiren, zuweilen aber auch sich entgegenstehen müssen. Achten Sie auf das Resultat. Im gegenwärtigen Augenblicke verstärken sich die beiden Gabeln, und wir haben einen 4 Fuss langen leuchtenden Streifen auf dem Schirme. Derselbe zieht sich langsam zusammen, bis er nur noch die Grösse einer Scheibe behält; allein die Wirkung dauert hier nur während des einen Moments des völligen Gegensatzes. So wie dieser vorüber ist, fangen die Gabeln wieder an, sich zu unterstützen, und die Scheibe verlängert sich abermals zu einem Streifen. Der

Vorgang ist ziemlich langsam. Ich beschleunige ihn, indem ich noch ein Sixpencestück auf der bereits belasteten Gabel befestige. Der Lichtstreifen dehnt und verkürzt sich jetzt in ganz regelmässigem Rhythmus. Wo der Streifen am längsten ist, wirken die Gabeln zusammen, wo er am kürzesten ist, wirken sie gegen einander.

Diese optisch wahrnehmbare Wirkung wird auch der Luft dieses Zimmers mitgetheilt. Abwechselungsweise ruhen und vibriren die Lufttheilchen, und daher kommt es, dass man Stösse hört, welche in vollkommen gleichem Tact mit den Veränderungen der Figur auf dem Schirme vor sich gehen.

Der Zeitraum, welcher zwischen Maximum und Maximum oder zwischen Minimum und Minimum verstreicht, ist so lang, als eine Gabel braucht, um eine Schwingung mehr als die andere auszuführen. Jetzt beträgt er ungefähr zwei Secunden. Innerhalb zwei Secunden erfolgt also ein Stoss. Ich verstärke die Dissonanz, indem ich die Last vergrössere; die rhythmischen Verlängerungen und Verkürzungen wechseln jetzt rascher, während auch das intermittirende Summen der Gabeln sehr deutlich zu hören ist. Wenn Sie auf Ihre Uhr blicken wollen, werden Sie bemerken, dass jetzt sechs solcher Verlängerungen und Verkürzungen in dem Zeitraum erfolgen, welcher vorhin für zwei derselben nöthig war, und man hört zugleich drei Stösse in der Secunde. Indem ich die Gabel noch schwerer belaste, kann ich die Abwechslungen so rasch aufeinander folgen machen, dass das Auge denselben nicht mehr zu folgen vermag, während die Stösse aufhören einzeln hörbar zu sein, und dem Ohr nur noch als eine Art von Rauhigkeit erscheinen.

Bei den Versuchen mit einer einzelnen Stimmgabel in unserer zweiten Vorlesung fing ich den Strahl, welchen die Stimmgabel zurückwarf, mit einem Spiegel auf, und indem ich denselben drehte, dehnte sich der leuchtende Strahl auf dem Schirm zu einer langen wellenförmigen Linie aus. Ich erklärte Ihnen damals, dass die Stärke des Tones von der Tiefe jener Welleneinschnitte abhänge. Im gegenwärtigen Beispiel haben wir keinen andauernden, sondern einen unterbrochenen Ton. Wenn die Schwingungsweite also die Stärke des Tones bedeutet, und man das hier befindliche Bild in eine wellenförmige Linie auszieht, so sollten die Bogen an einigen Stellen sehr tief sein, während sie an anderen ganz und gar verschwinden müssen. Dies ist der Fall. Mit ein wenig Geschicklichkeit lasse ich den Spiegel der Gabel *C* einen kleinen Winkel beschreiben, und nun haben Sie eine bogenförmige Linie, die aus Anschwellungen und Zusammenziehungen besteht, wie sie sich theilweise in Fig. 144, vollständiger jedoch in Fig. 145 zeigt, so dass die Anschwellungen mit den Perio-

Fig. 145.

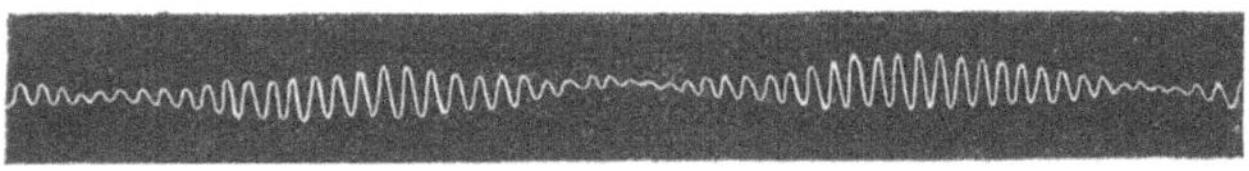

den der Coïncidenz, die Zusammenziehungen mit denen der Interferenz correspondiren *).

Wir haben hiermit die allgemeine Wahrheit ausreichend erläutert, dass zwei vibrirende Körper, wovon jeder einzelne einen musikalischen Ton hervorzubringen vermag, diesen gegenseitig vernichten können, wenn sie gleichzeitig wirken. Hieraus folgt, dass wenn zwei vibrirende

*) Diese Figur giebt uns ein schwaches Bild des Thatbestandes. Der Lichtstreifen war 2 Zoll breit, und die Tiefe der Einbiegungen wechselte zwischen 3 Fuss und Null.

Körper sich gegenseitig neutralisiren, wir die Tonwirkung des einen dadurch zum Vorschein bringen können, dass wir die des andern unterdrücken. Es kommt sehr oft vor, wenn zwei Stimmgabeln auf ihrem Resonanzboden im Einklange schwingen, dass durch das Anhalten der einen der Ton an Stärke zunimmt.

Ich kann diesen Punkt noch ausführlicher vermittelst der in unserer vierten Vorlesung gezeigten schwingenden Glocke erläutern. Indem ich die zugehörige Resonanzröhre einer der Knotenlinien der Glocke gegenüber anbringe, hören Sie wohl einen Ton, aber derselbe ist keineswegs so stark, als wenn man die Röhre einem der Schwingungsbäuche gegenüber bringt. Der Grund hiervon ist, dass die Schwingungen einer Glocke auf den beiden Seiten einer Knotenlinie einander entgegenlaufen, und deshalb mit einander interferiren. Indem ich eine Glasplatte zwischen die Glocke und die Röhre setze, fange ich die Schwingungen auf einer Seite der Knotenlinie auf; und eine augenblickliche Verstärkung des Tones ist die Folge davon.

Eine Scheibe eignet sich noch besser zu diesem Versuche. Sie haben bereits gehört, dass bei einer schwingenden Scheibe je zwei aneinanderstossende Sectoren zu gleicher Zeit sich nach entgegengesetzter Richtung hin bewegen. Wenn der eine steigt, fällt der andere; während die Knotenlinie die Stelle bezeichnet, wo weder Steigen noch Fallen vorkommt. Im Augenblicke, wo irgend einer der Sectoren eine Verdichtung in der über ihm befindlichen Luft erzeugt, bringt der anstossende Ausschnitt eine Verdünnung in derselben Luft hervor. Interferenz und eine theilweise Zerstörung des Tones von einem der Sectoren durch den andern ist das Resultat hiervon. Und hier erlauben Sie mir, Ihrer Aufmerksamkeit ein Instrument zu empfehlen, durch welches der verstorbene William Hopkins das Princip der Interferenz erläuterte. Die Röhre AB (Fig. 146) theilt sich bei B in zwei Theile. Das Ende A ist durch eine Membran geschlossen. Indem ich Sand auf diese Membran streue und die Enden der beiden Theile über zwei aneinander stossende Sectoren einer vibrirenden Scheibe halte, ist keine, oder höchstens eine sehr schwache Bewegung des Sandes wahrzunehmen. Hier neutralisiren sich in der That die Wellen der beiden Sectoren, indem sie durch gleiche und entgegengesetzte Schwingungen erzeugt werden. Bringe ich die Enden der beiden Theile jedoch so über die Scheibe, dass sie einen Sector überspringen, wie in Fig. 146, so wird der Sand von der Membran

Fig. 146.

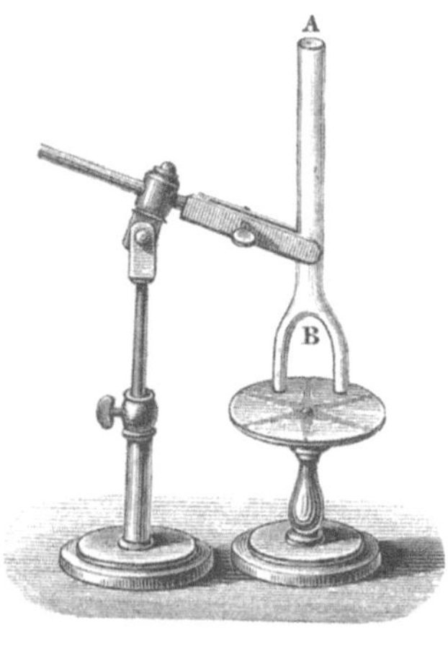

Fig. 147.

herabgeworfen, und beweist, dass wir in diesem Falle Coincidenz der Schwingungen bei den beiden Sectoren haben.

Wir sind jetzt auf einen sehr lehrreichen Versuch

vorbereitet, welchen wir Mr. Lissajous verdanken. Ich theile diese Messingscheibe in sechs schwingende Sectoren ein, und indem ich meine Handfläche nahe an irgend einen derselben bringe, mache ich dessen Schwingungen unwirksam. Der Ton wird verstärkt. Wenn ich meine beiden Hände über zwei anstossende Sectoren halte, bemerken Sie keine Verstärkung des Tones. Halte ich sie jedoch über abwechselnde Sectoren, wie in Fig. 147, so ist eine deutliche Verstärkung des Tones die Folge davon. Durch einfaches Heben und Senken meiner beiden Hände kann ich diese ausgesprochenen Intensitätsunterschiede hervorbringen. Durch das Annähern meiner Hände fange ich die Schwingungen der zwei Sectoren ab; da ihre Interferenz nach rechts und links aufgehoben wird, tönen die übrigen Abtheilungen um so lauter. Auch wenn ich eine Hand über der Oberfläche der Scheibe hin und her bewege, werden Sie eine Steigerung und Verminderung des Tones wahrnehmen. Der Ton steigert sich, wenn meine Hand sich über einer schwingenden Abtheilung befindet; er wird schwächer, wenn die Hand über einen Knotenpunkt weilt. Also, indem wir einen Theil der Schwingungen opfern, steigern wir die Wirkung der übriggebliebenen. Aehnliche Versuche können mit leuchtender und strahlender Wärme ausgeführt werden. Wenn man von zwei leuchtenden Strahlen, welche sich durch Interferiren gegenseitig zerstören, den einen wegnimmt, so wird Licht an die Stelle der Dunkelheit treten; und wenn man von zwei interferirenden dunklen Wärmestrahlen den einen auffängt, so tritt Wärme an die Stelle von Kälte.

Sie werden die beinahe vollständige Tonlosigkeit der Stimmgabel bemerkt haben, wenn eine solche in freier Hand gehalten wird. Diese Tonschwäche der Gabel rührt zum grossen Theil von Interferenz her. Die Zinken vibriren immer in entgegengesetzter Richtung, wobei die eine da eine Verdichtung erzeugt, wo bei der andern eine Verdünnung der Luft stattfindet, so dass eine Vernichtung des Tones erfolgt. Indem ich einfach eine Pappröhre über die eine Zinke halte, so dass ihre Schwingungen theilweise aufgefangen werden, bringe ich eine Verstärkung des Tones hervor. Eine einzelne Zinke erweist sich also wirkungsvoller als beide zusammen. Man kann die Gabel so stellen, dass der Ton in der einen Zinke völlig durch den der andern aufgehoben wird. Diese Stellungen sind leicht zu finden, wenn man die Gabel anschlägt und sie dann vor dem Ohre herumdreht. Wenn der Rücken einer Zinke mit dem Ohre parallel steht, ist der Ton hörbar; ebenso wenn die Seitenflächen der beiden Zinken parallel mit dem Ohre stehen; allein der Ton wird vollkommen zerstört, wenn die Kante einer Zinke dem Ohre in einer gewissen Stellung vorgehalten wird. Während einer ganzen Umdrehung einer Gabel finden wir vier Stellungen, wobei der Ton gänzlich verschwindet.

Es mögen *a*, *b* (Fig. 148) die zwei Enden einer aufrecht stehenden Stimmgabel vorstellen, welche von oben herab gesehen wird. Wenn das Ohr nach *c* oder *e* oder nach *d* oder *f* gebracht wird, ist der Ton hörbar.

Längs der vier punktirten Linien jedoch neutralisiren sich die Wellen, welche von den beiden Zinken erzeugt werden, vollständig, und längs dieser Linien wird kein Ton gehört. Weber hat bewiesen, dass diese Linien hyperbolische Curven seien, und dem Principe der Interferenz gemäss muss dieses auch ihr Charakter sein.

Dieser bemerkenswerthe Fall von Interferenz, welcher zuerst von Dr. Thomas Young beobachtet und durch die Brüder Weber gründlich untersucht wurde, kann für Sie alle vermittelst der Resonanz vernehmbar gemacht werden. Ich habe hier ein Gefäss, welches mit dieser Stimmgabel mächtig mittönt. Indem ich die Gabel über das Gefäss halte, drehe ich sie langsam um. Bei vier Stellungen haben Sie diesen lauten Wiederhall; bei vier anderen absolute Stille, während abwechselndes Steigen und Fallen des Tones die Umdrehung der Gabel begleitet. Indem ich die Gabel mit der Kante nach unten und mit ganz erloschenem Tone über das Gefäss halte, schiebe ich eine Papprröhre über eine ihrer Zinken, wie in Fig. 149, und eine laute Resonanz

Fig. 148.

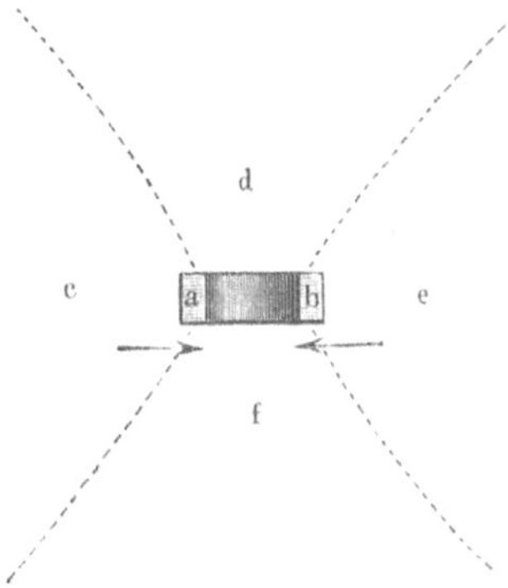

Fig. 149.

zeigt an, dass die Vibrationen von der einen Zinke fortgenommen sind. Um diese Wirkung zu erzielen, muss die Gabel über das Centrum des Gefässes gehalten werden, so dass die Luft symmetrisch auf beiden Seiten derselben vertheilt ist. Bewegt man die Gabel vom Centrum nach einer der Seiten, ohne ihre Inclination im geringsten zu ändern, so erfolgt ein lauter Klang. Jedoch ist auch Interferenz nahe an der Seite des Gefässes möglich. Hält man die Gabel nicht mit der Kante nach unten, sondern beide Zinken in derselben horizontalen Ebene, so findet man bald eine Stelle nahe am Rande des Gefässes, wo jeder Ton erlischt. Wenn man vollständig von einer Seite nach der andern über die Oeffnung des Gefässes hinfährt, kann man zwei solcher Stellen entdecken.

Eine Menge verschiedener Versuche, wodurch man die Wirkung der Interferenz erläutern kann, wird sich dem denkenden Geiste darbieten. Es ist leicht, zum Beispiel ein Gefäss zu finden, das die Resonanz für eine schwingende Platte giebt. Ich setze ein solches Gefäss über eine schwingende Abtheilung dieser Scheibe; die Resonanz ist sehr stark; setze ich es über eine Knotenlinie, so hört die Resonanz plötzlich auf. Ich setze ein Stück Pappe zwischen das Gefäss und die Scheibe in der Weise, dass die Schwingungen auf einer Seite der Knotenlinie abgeschnitten werden; augenblicklich ertönt das Gefäss von den Schwingungen der andern Seite. Ferner, wenn man zwei Gabeln, welche mit derselben Geschwindigkeit vibriren, über zwei Resonanzgefässe hält, so fliesst der Ton von beiden im Einklange gleichmässig ab. Wenn man ein Stückchen Wachs auf einer der Gabeln befestigt, so hört man mächtige Schläge. Nimmt man das Wachs weg, stellt sich der Einklang wieder her. Ich halte eine dieser im Einklange ertönenden Gabeln in eine Spiritusflamme und erwärme dieselbe; durch den Wechsel der Temperatur wird ihre Elasticität verändert; und nun bringt sie diese langen lauten Schläge mit ihrer unerwärmten Gefährtin hervor. Ich belaste diese kalte Gabel ein wenig und finde den Einklang wieder hergestellt; die Hitze hat also die Elasticität des Stahles vermindert*).

Ich kühle nun die Gabel ab, setze sie auf ihren Resonanzkasten zurück und ziehe meinen Bogen über dieselbe hin. Sowohl das Holz als die Luft des Kastens werden dadurch in tönendes Schwingen versetzt. In der That ist der Kasten so construirt, dass die darin befindliche Luft mit der Gabel klingt. Ich belaste die andere Gabel und bringe sie, wie bei Fig. 150, an die Oeffnung des

Fig. 150.

Kastens; laute Schläge folgen hierauf. Ich theile dieses Gefäss durch eine senkrechte Scheidewand und bringe

*) Bei seinen wundervollen Versuchen über das Stimmen fand Scheibler in den Schwebungen einen Prüfstein für ausserordentlich zarte Temperaturunterschiede.

eine der Gabeln über eine der Hälften, die andere Gabel über die zweite Hälfte des Gefässes. Die beiden Halbcylinder von Luft bringen durch ihre Interferenz Stösse hervor. Ich nehme die Scheidewand jetzt heraus; die Schläge bleiben so laut wie zuvor, indem die eine Hälfte derselben Luftsäule mit der andern interferirt*).

Die intermittirenden Klänge mancher Glocken, welche man dann am deutlichsten hört, wenn ihre Töne schwächer werden, sind eine Wirkung der Interferenz. In Folge von mangelhafter Symmetrie vibrirt die Glocke in einer Richtung etwas schneller als in der andern, wie wir bereits in der vierten Vorlesung auseinander setzten, und Schwebungen sind die Folge des Zusammentreffens zweier verschiedener Schwingungsgeschwindigkeiten.

Combinationstöne.

Wir müssen jetzt von der Frage der Interferenz zur Betrachtung einer neuen Gattung musikalischer Klänge übergehen, als deren Urheber man lange Zeit die Stösse ansah. Die hier erwähnten Töne bedürfen zu ihrem Entstehen einer Verbindung von zwei verschiedenen musikalischen Tönen. Wo unter den richtigen Bedingungen eine solche Vereinigung stattfindet, werden solche Combinationstöne erzeugt, welche ganz verschieden sind von den sie verursachenden ursprünglichen Tönen. Diese Combinationstöne wurden im Jahre 1745 von einem deutschen Organisten Namens Sorge entdeckt, allein die

*) Mr. Wheatstone und Sir John Herschel haben, so viel ich weiss, diesen Versuch unabhängig von einander ausgeführt.

Veröffentlichung seiner Entdeckung erregte nur wenig Aufmerksamkeit. 1754 wurden sie, davon unabhängig, von dem berühmten italienischen Violinspieler Tartini beobachtet und nach ihm Tartini'sche Töne genannt.

Um solche Töne zu erzeugen, ist es wünschenswerth, wenn nicht nothwendig, dass die beiden ursprünglichen Töne möglichst intensiv seien. Helmholtz zieht die Sirene jedem andern Instrumente zum Hervorbringen derselben vor, und mit diesem Instrumente sind sie auch sehr leicht zu erzeugen. Es bedarf zuerst einiger Aufmerksamkeit seitens des Zuhörers, um den Combinationston von der übrigen Klangmasse abzusondern; allein mit einiger Uebung kommt man leicht dahin, und obwohl es dem ungeübten Ohre zuerst nicht gelingen mag, den Ton auf diese Weise zu zerlegen, wird doch die Klangfarbe in ganz unverkennbarer Weise durch das Hinzukommen der Combinationstöne beeinflusst. Ich habe hier eine Dove'sche Sirene vor mir; ich versetze sie in Rotation und öffne zwei Reihen von Löchern zu gleicher Zeit. Trotz aller Aufmerksamkeit, welche ich darauf verwende, ist es mir bis jetzt unmöglich, auch nur eine Spur von einem Combinationston zu vernehmen. Ich treibe das Instrument stärker an, und nun höre ich zum ersten Male ein leises, dumpfes Dröhnen, das sich mit den zwei ursprünglichen Tönen vermischt. Ich treibe die Sirene immer schneller an, und während dessen steigt der tiefe Combinationston rasch in die Höhe und ist jetzt für mich, der ich ganz in der Nähe des Instrumentes stehe, deutlich hörbar. Die zwei geöffneten Löcherreihen zählen 8 und 12 Löcher. Der Combinationston ist in diesem Falle genau so, als ob wir eine Reihe von vier Löchern in der drehenden Scheibe geöffnet hätten; d. h. er ist genau eine Octave tiefer, als der tiefere der beiden ursprünglichen Töne. Ich öffne jetzt zwei andere Löcherreihen mit 12 und 16 Löchern. Hier ist der Combinationston ganz deutlich hörbar und entspricht wiederum dem Tone, der von der Reihe von 4 Löchern gegeben würde. Seine Schwingungszahl beträgt also ein Drittel der Schwingungszahl des tiefern ursprünglichen Tones. Ich öffne abermals zwei neue Reihen mit 10 beziehungsweise 16 Löchern. Der Combinationston dieser beiden Töne würde demjenigen entsprechen, welchen eine Reihe von 6 Löchern auf unserer rotirenden Scheibe hervorbringen würde. In allen diesen Fällen entspricht der Combinationston einer Reihe von Schwingungen, deren Anzahl gleich ist der Differenz der Schwingungszahl der primären Töne.

Wenn ich hier von dem Combinationstone spreche, so meine ich denjenigen, der bei diesem Versuche wirklich gehört wird. Allein dieser ist nicht der einzig vorhandene Ton. Durch feinere Untersuchungsmethoden kann man das Dasein noch anderer Combinationstöne beweisen. Diejenigen, welchen wir unsere Aufmerksamkeit geschenkt haben, sind jedoch ihrer Stärke wegen die wichtigsten. Helmholtz hat sie Differenztöne genannt wegen des oben angeführten Gesetzes.

Um diese Combinationstöne hörbar zu machen, müssen wie gesagt die ursprünglichen Töne möglichst stark sein. Sind letztere schwach, so bleiben die Combinationstöne unhörbar. Ich kenne keine Methode, wodurch diese Töne auf einfachere und deutlichere Weise hervorgebracht werden könnten, als vermittelst passender singender Flammen. Hier vor mir sind zwei gewöhnliche Gasflammen, über welche ich zwei Glasröhren setze, die mit Papierschiebern versehen sind, um die Länge der Röhren innerhalb gewisser Grenzen verändern zu können. Beide

Flammen bringen jetzt mächtige Töne hervor, die, selbst erzeugt und selbst erhalten, keinerlei Muskelkraft seitens des Beobachters bedürfen, um sie in Gang zu halten. Die Länge der kürzern Röhre ist in diesem Augenblicke $10^3/_8$ Zoll, die der andern 11,4 Zoll. Ich lausche auf den Klang, und inmitten des schrillen Tones kann ich einen tiefen Combinationston unterscheiden. Der Grund, warum er so tief ist, ist offenbar: da die beiden Röhren fast gleich lang sind, ist die Differenz zwischen ihren Schwingungen sehr gering, und der Ton, welcher dieser Differenz entspricht, also sehr tief. Allein ich verlängere nun eine der Röhren vermittelst ihres Schiebers; der Combinationston steigt allmälig und schwillt jetzt so weit an, dass manche unter Ihnen denselben hören werden. Ich verkürze die Röhre und der Combinationston fällt wieder. Indem ich auf diese Weise den Schieber bald hebe bald senke, lasse ich den Combinationston steigen und fallen, entsprechend dem Gesetze, dass die Zahl seiner Schwingungen der Differenz zwischen den Schwingungszahlen der ursprünglichen Töne gleichkommt.

Wir können mit leichter Mühe die wirkliche Schwingungszahl bestimmen, welche irgend einem dieser Combinationstöne entspricht. Der Klang der Flamme ist der der offenen Röhre, welche dieselbe umgiebt, und wir wissen, dass die Länge einer solchen Röhre die Hälfte von der durch sie hervorgebrachten Tonwelle beträgt. Die Wellenlänge, welche unserer $10^3/_8$ Zoll langen Röhre entspricht, beträgt $20^3/_4$ Zoll. Die Geschwindigkeit des Schalles in der Luft von der Temperatur dieses Zimmers ist 1120 Fuss in der Secunde. Verwandeln wir diese Fuss in Zoll und theilen wir sie mit $20^3/_4$, so finden wir, dass die Zahl der Schwingungen, welche der Länge von $10^3/_8$ Zoll entspricht, 648 in der Secunde beträgt.

Allein man darf nicht vergessen, dass die Luft, worin die Schwingungen thatsächlich ausgeführt werden, viel elastischer ist als die Luft in diesem Zimmer. Die Flamme erhitzt die Luft innerhalb der Röhre, und die Schwingungen müssen deshalb rascher erfolgen, als dies in einer gwöhnlichen Orgelpfeife von derselben Länge der Fall sein würde. Um die Anzahl der Schwingungen genau zu bestimmen, müssen wir die Sirene zu Hülfe nehmen. Vermittelst dieses Instrumentes sehe ich, dass die Luft innerhalb unserer $10^3/_8$ Zoll langen Röhre 717 Schwingungen in der Secunde ausführt. Die Differenz von 69 Schwingungen in der Secunde ist der Erwärmung der Luftsäule zuzuschreiben. Kohlensäure und Wasserdämpfe sind ausserdem auch noch Verbrennungsproducte der Flamme, und müssen durch ihre Gegenwart auf die Geschwindigkeit der Schwingungen einwirken.

Wenn wir auf dieselbe Weise die Schwingungszahl unserer 11,4zölligen Röhre bestimmen, so finden wir, dass sie 667 in der Secunde beträgt; die Differenz zwischen dieser Zahl und 717 ist 50, und dies ist die Schwingungszahl, welche unserm ersten tiefen Combinationston entspricht.

Allein diese Zahl giebt noch nicht die Grenze der Hörbarkeit an. Indem ich die 11,4 zöllige Röhre unverändert lasse, verlängere ich ihre Nachbarin, bis der Combinationston nahe an die Grenzen meiner Gehörsfähigkeit streift. Ich will nicht über die Grenzen sicherer Wahrnehmung hinausgehen; und jetzt, wenn meine kürzere Röhre 11 Zoll misst, kann ich noch immer den tiefen Combinationston deutlich hören. Ich finde, dass die Zahl der Schwingungen, welche in dieser 11zölligen Röhre stattfinden, 700 ist. Wir haben bereits die Zahl der in der 11,4zölligen Röhre stattfindenden auf 667 festgesetzt, 700 — 667 = 33, welches die entsprechende Schwingungszahl für den Combinationston ist, den ich bei gespannter Aufmerksamkeit noch deutlich hören kann. Wir sind jetzt nahe an der Grenze, welche Helmholtz für die musikalische Vernehmbarkeit festsetzte, angelangt. Ich nehme abermals diese Röhre von $17^3/_8$ Zoll Länge und lasse sie mit der $10^3/_8$zölligen Röhre zusammentönen. Es entsteht dadurch ein bedeutend höherer Combinationston als alle früheren. Die genaue Zahl der in der längern Röhre stattfindenden Schwingungen ist 459; die der $10^3/_8$zölligen Röhre ist, wie wir bereits wissen, 717 — demnach 717 — 459 = 258 — welches die Zahl ist, welche dem jetzt hörbaren Combinationston entspricht. Dieser Ton ist beinahe genau derjenige von einer unserer Stimmgabeln, welche, wie Sie sich erinnern werden, 256 Mal in der Secunde schwingt.

Und nun lassen Sie uns einen Augenblick einen Halt machen, wozu dieses Resultat uns einladet. Hier ist die wohlbekannte Gabel, welche mit der eben angegebenen Geschwindigkeit vibrirt. Sie ist an ihrem Resonanzkasten befestigt, und ich berühre sie mit meinem Bogen so leise, dass der Ton allein kaum gehört werden kann; allein derselbe vereinigt sich alsbald mit dem Combinationstone und die durch ihre Verbindung erzeugten Schläge werden ganz deutlich hörbar. Indem ich meine Stimmgabel belaste und so ihre Tonhöhe verändere, oder indem ich meinen Papierschieber aufziehe und so die Tonhöhe der Flamme verändere, kann ich die Geschwindigkeit dieser Stösse verändern, gerade wie ich es that, um zwei einfache Töne mit einander zu vergleichen. Eine leise Veränderung in der Flammenstärke bringt dieselbe Wirkung hervor. Sie werden gewiss bemerken, wie schön diese Resultate in einander eingreifen.

Wenn ich in der Mitte zwischen der Sirene und einer schrill singenden Flamme stehe und die Tonhöhe der Sirene allmälig steigere, so wird der Combinationston bald hörbar und schwillt zuweilen zu aussergewöhnlicher Stärke an. Wenn eine Stimmpfeife nahe an der Flamme angeblasen wird, lässt sich der Combinationston auch vernehmen, und scheint uns in diesem Falle im Ohre oder wohl gar im Gehirn zu entstehen. Beim allmäligen Ausziehen des Pfeifenstempels verändert sich die Tonhöhe dem bereits besprochenen Gesetze gemäss.

Die Combinationstöne, welche bei der Verbindung der gewöhnlichen harmonischen Intervalle*) entstehen, sind in der nachfolgenden Tabelle enthalten:

Intervalle	Verhältniss der Schwingungszahlen	Differenz	Der Combinationston ist tiefer als der tiefste primäre Ton um
Octave	1 : 2	1	0
Quinte	2 : 3	1	1 Octave
Quarte	3 : 4	1	1 Duodecime
Grosse Terz	4 : 5	1	2 Octaven
Kleine Terz	5 : 6	1	2 Octaven und 1 grosse Terz
Grosse Sexte	3 : 5	2	1 Quinte
Kleine Sexte	5 : 8	3	Grosse Sexte

Der berühmte Thomas Young glaubte, diese Combinationstöne seien der Zusammenwirkung rascher Stösse,

*) Ein Gegenstand, den wir in unserer nächsten Vorlesung behandeln werden.

welche sich wie die periodischen Impulse gewöhnlicher musikalischer Töne an einander ketten, zuzuschreiben. Diese Erklärung stimmte mit der Thatsache, dass die Zahl der Schläge, wie die der Schwingungen des Combinationstones, gleich der Differenz ist zwischen den zwei Schwingungssystemen, welche die Schläge verursachen. Diese Erklärung ist jedoch ungenügend. Die Schläge fallen viel mehr ins Gehör, als irgend ein andauernder Ton. Man kann sie noch deutlich hören, wenn jeder der beiden Töne, wodurch sie hervorgerufen werden, bereits unhörbar geworden ist. Dies rührt theils von unserm Gehörsinne, theils von der Thatsache her, dass, wenn zwei gleich starke Töne Schläge hervorrufen, die Schwingungsweite der Lufttheilchen zeitweilig zerstört, zeitweilig aber auch verdoppelt wird. Durch Verdoppelung der Schwingungsweite vervierfachen wir aber die Tonstärke. Deshalb, wenn zwei gleich starke Töne Schläge hervorbringen, so wechselt der Ton unaufhörlich zwischen Stille und einem Klang, der vier Mal so stark ist, als jeder der beiden interferirenden Töne.

Wenn die Combinationstöne also den Schlägen ihrer beiden ursprünglichen Töne zuzuschreiben wären, so müssten sie auch dann gehört werden, wenn letztere schwach sind. Allein sie werden unter solchen Umständen nicht gehört. Diese Thatsache veranlasste Helmholtz, den Gegenstand nochmals zu untersuchen. Ich habe bereits Gelegenheit gehabt, Ihnen zu sagen, dass, wenn verschiedene Töne durch dieselbe Luftmasse gehen, jeder einzelne dieser Töne durch die Luft geht, als ob er allein vorhanden wäre; und dass unter gemischten Tönen jeder einzelne Bestandtheil des Gemisches seine eigene Individualität, aber nichts mehr, behauptet. Dies ist aber nur dann genau der Fall, wenn die Amplitude der schwingenden Theilchen unendlich klein ist. Der Mathematiker kommt durch das blosse Raisonnement zu diesem Schlusse. Das Gesetz ist auch in der Praxis richtig, wenn die Bewegungen ungemein klein sind; allein es ist nicht richtig, wenn letztere eine gewisse Grenze überschritten haben. Schwingungen, welche eine ausgiebigere Bewegung verursachen, erzeugen noch secundäre Wellen, welche an das Ohr als Combinationstöne anschlagen. Nachdem Helmholtz dieses bewiesen hatte, schloss er ferner, dass auch die Summe der ursprünglichen Töne so gut, als die Differenz zwischen denselben Combinationstöne hervorzubringen im Stande seien. Er entdeckte so seine Summationstöne, noch ehe er dieselben gehört hatte; und indem er dieses Resultat der Probe des Experimentes unterwarf, fand er, dass diese Summationstöne wirklich physikalisch existiren. Dieselben werden zwar nicht durch die Young'sche, wohl aber durch die Helmholtz'sche Theorie vollständig erklärt.

Eine andere Folge dieser Abweichung vom Gesetze der Superposition besteht darin, dass ein einzelner tönender Körper, welcher die Luft stärker erschüttert, als es die Grenzen des Gesetzes von der Superposition der Schwingungen zulassen, auch secundäre Wellen erregt, welche mit den harmonischen Tönen des schwingenden Körpers correspondiren. So ist zum Beispiel die Schwingungszahl des ersten Obertones einer Stimmgabel, wie wir dies in unserer vierten Vorlesung erörtert haben, 6¼mal grösser, als die des Grundtones. Allein Helmholtz zeigte, dass eine Stimmgabel, welche nicht mittelst eines Bogens, sondern durch kräftiges Anschlagen an einen Klotz zum

Tönen gebracht wird, deutlich die Octave ihres Grundtones giebt, welche Octave den secundären Wellen, die beim Ueberschreiten des Gesetzes von der Superposition entstehen, zuzuschreiben ist.

Diese Betrachtungen machen es Ihnen gewiss augenscheinlich, dass eine Verbindung von musikalischen Tönen ein viel verwickelterer dynamischer Zustand ist, als Sie dies bisher angenommen haben. Bei einer Orchestermusik haben wir nicht nur die Grundtöne jeder Saite und jedes Blasinstrumentes, sondern wir haben auch die Obertöne von jedem, welche zuweilen bis zum Sechszehnten der betreffenden Reihe zu hören sind. Ausserdem haben wir noch Combinationstöne, sowohl Summationstöne als Differenztöne; alle schwirren durch dieselbe Luftmasse, und alle prallen an dasselbe Trommelfell an. Wir haben interferirende Grundtöne, interferirende Obertöne und interferirende Combinationstöne. Und ausserdem interferiren die Glieder jeder einzelnen Gattung mit den Gliedern jeder andern Gattung. Die Phantasie zieht sich machtlos vor dem Versuche zurück, sich den physikalischen Zustand der Atmosphäre, durch welche alle diese Töne hindurchgehen, vorzustellen. Und wie wir in unserm nächsten Vortrage sehen werden, ging das Ziel der Musik durch alle Jahrhunderte, während welcher sie zur Freude der Menschheit gedient hat, dahin, die Dinge auf empirischem Wege so zu ordnen, dass das Ohr nicht von den Misstönen, welche diese mannigfaltigen Interferenzen hervorrufen, zu leiden habe. Die bei solcher Arbeit beschäftigten Musiker wussten nichts von den physikalischen Thatsachen und Principien, welche ihren Anstrengungen zu Grunde lagen; sie wussten davon nicht mehr, als die Erfinder des Schiesspulvers von dem Gesetze der Atomgewichte.

Sie versuchten und versuchten, bis sie einen befriedigenden Erfolg erreicht hatten, und erst jetzt, seitdem der Geist der Wissenschaft sich dieser Materie bemächtigt hat, steigt Ordnung aus dem Chaos empor, und es zeigt sich, dass die Resultate des Empirismus mit den Naturgesetzen zusammenstimmen.

Uebersicht der siebenten Vorlesung.

Wenn mehrere Wellensysteme, welche von verschiedenen Erregungsmittelpunkten ausgehen, sich in Wasser oder Luft verbreiten, so ist die Bewegung jedes Theilchens die algebraische Summe der verschiedenen Bewegungen, welche ihm mitgetheilt werden.

Wenn bei Wasser die Wellenberge eines Systemes mit denjenigen eines andern Systemes coincidiren, so werden höhere Wellen als Ergebniss dieses Zusammentreffens von zwei Systemen entstehen. Allein, wenn die Wellenberge eines Systemes mit den Wellenfurchen des andern Systemes coincidiren, so zerstören sich die beiden Systeme gegenseitig, entweder theilweise oder ganz.

Diese gegenseitige Zerstörung der beiden Wellensysteme wird Interferenz genannt.

Dieselben Bemerkungen sind auf die Tonwellen anzuwenden. Wenn bei zwei Tonwellensystemen Verdichtung mit Verdichtung und Verdünnung mit Verdünnung zusammentrifft, so ist der durch diese Coincidenz erzeugte Ton lauter, als ein Ton, der durch ein einzelnes System hervorgebracht wird. Allein wenn die Verdichtungen des einen Systemes mit den Verdünnungen des andern coincidiren, so wird eine theilweise oder totale Zerstörung beider Systeme die Folge sein.

Bringt man zwei Orgelpfeifen von derselben Tonhöhe auf denselben Blasebalg und versetzt man sie in Schwingung, so beeinflussen sie sich in der Weise, dass, während die Luft aus der Mündung der einen Röhre austritt, sie in die der andern Röhre eindringt. In dem Augenblicke, wo die eine eine Verdichtung erzeugt, bringt also die andere eine Verdünnung hervor. Die Töne zweier solcher Pfeifen heben sich gegenseitig auf.

Wenn zwei musikalische Klänge von nahe gleicher Tonhöhe zu gleicher Zeit ertönen, wird der Fluss des Tones durch Stösse oder Schläge gestört.

Diese Schläge sind der abwechselnden Coincidenz und Interferenz der zwei Tonwellensysteme zuzuschreiben. Wenn beide Töne von gleicher Stärke sind, bringt ihre Coincidenz einen vier Mal so starken Ton hervor, während ihre Interferenz absolute Stille erzeugt.

Die Wirkung zweier auf diese Weise vereinigter Töne ist eine Reihe von Schlägen, welche wir „Schwebungen" genannt haben, und die durch „Pausen" von einander getrennt sind.

Die Anzahl der Schwebungen in der Secunde ist gleich der Differenz der Schwingungszahlen der beiden schwebenden Töne.

Beim Tönen einer Glocke oder einer Scheibe neutralisiren sich theilweise die Schwingungen, welche auf den entgegengesetzten Seiten derselben Knotenlinie stattfinden; bei einer Stimmgabel neutralisiren sich theilweise die Schwingungen ihrer beiden Zinken. Durch Abschneiden von einem Theile der Schwingungen kann in solchen Fällen der Ton verstärkt werden.

Wenn ein Lichtstrahl nach einander von den Zinken zweier Stimmgabeln, welche Schwebungen geben, zurückgeworfen wird und dann auf einen Schirm fällt, so wird die Intermittenz des Tones durch die abwechselnde Verlängerung und Verkürzung des Lichtstreifens auf dem Schirme angezeigt.

Das eben angeführte Gesetz von der Superposition der Schwingungen trifft nur dann genau zu, wenn die Schwingungsweite sehr gering ist. Wenn die Luft durch einen tönenden Körper so heftig erregt wird, dass das Gesetz nicht mehr anwendbar ist, entstehen secundäre Wellen, welche den harmonischen Tönen des tönenden Körpers entsprechen.

Wenn zwei Töne so intensiv sind, dass sie die Grenzen der ungestörten Superposition überschreiten, so verbinden sich ihre secundären Wellen, um Combinationstöne zu bilden.

Es giebt zwei Arten von Combinationstönen; die Schwingungszahl der einen Classe ist gleich der Differenz der Schwingungszahl der primären Töne, während die Schwingungszahl der andern Classe deren Summe entspricht. Die ersteren werden Differenztöne, die letzteren Summationstöne genannt.

Achte Vorlesung.

Verbindung musikalischer Klänge. — Je kleiner die Zahlen sind, welche ihr Schwingungsverhältniss ausdrücken, desto vollkommener ist die Harmonie. — Begriffe der Pythagoräer über musikalische Consonanz. — Euler's Theorie der Consonanz. — Physikalische Analyse der Frage. — Theorie von Helmholtz. — Die Dissonanz rührt von den Schlägen oder Stössen her. — Interferenz der Grundtöne und der Obertöne. — Graphische Darstellung der Consonanz und Dissonanz. — Töne der diatonischen Scala. — Die Schwingungen der musikalischen Intervalle werden sichtbar gemacht. — Lissajous' Zeichnungen. — Mittönen. — Mechanismus des Gehörs. — Max Schultze's Hörhärchen. — Die Hörsteinchen. — Corti'sche Fasern. — Schluss.

Der Gegenstand unseres heutigen Vortrages umfasst zwei Gebiete: ein physikalisches und ein ästhetisches. Wir haben heute die Frage der musikalischen Consonanz durchzunehmen; musikalische Töne, welche in bestimmter gegenseitiger Verbindung stehen, zu untersuchen, und den Grund, warum manche Verbindungen dem Ohre angenehm, andere ihm unangenehm sind, darzulegen.

Hier sind zwei Stimmgabeln, die an ihren Resonanzkasten befestigt sind. Ich ziehe einen Violinbogen über beide nach einander hin: sie tönen jetzt zusammen und ihr vereinter Klang erscheint unserm Ohre wie der Ton einer einzigen Stimmgabel. Jede dieser Gabeln führt

256 Schwingungen in der Secunde aus. Zwei musikalische Töne fliessen so in einem vollkommen vereinten Strome dahin und bringen diesen vollkommenen Einklang hervor, wenn das Verhältniss ihrer Schwingungen sich wie 1 : 1 verhält.

Hier habe ich zwei andere Stimmgabeln, welche ich ebenfalls durch Bestreichen mit meinem Bogen zum Tönen bringe. Auch diese beiden Töne fügen sich harmonisch und schön zusammen. Vermittelst unserer Sirene habe ich bereits das Schwingungsverhältniss der Stimmgabeln festgestellt und dabei gefunden, dass diese grössere 256 Schwingungen, die kleinere aber 512 Schwingungen in der Secunde ausführt. Für jede Tonwelle, welche die erstere aussendet, sendet die zweite ihrer zwei aus. Ich brauche den hier anwesenden Musikern weder zu sagen, dass die jetzt hörbare Tonverbindung aus einem Grundton und seiner Octave besteht, noch dass diese beiden Töne, deren Schwingungszahlen sich wie 1 : 2 verhalten, nächst dem vollkommenen Einklange am harmonischsten zusammenfliessen.

Ich versetze jetzt zwei andere Stimmgabeln in gleichzeitige Schwingung. Die Verbindung ihrer beiden Töne ist dem Ohre sehr angenehm, allein die Consonanz ist kaum so vollkommen, als in den beiden letzten Fällen. Es besteht hier eine kaum merkliche Rauheit, welche beim Grundton und seiner Octave fehlt. Diese Rauheit ist jedoch zu unbedeutend, um den Ton für das Ohr anders als angenehm erscheinen zu lassen. Ich sehe nach den Zahlen, welche diesen Gabeln aufgedrückt sind und finde, dass die eine 256 und die andere 384 Schwingungen in der Secunde ausführt. Diese beiden Zahlen stehen im Verhältniss von 2 : 3 zu einander; die eine

Gabel schickt also dem Ohre zwei, die andere drei Tonwellen in derselben Zeit. Die hier gegenwärtigen Musiker wissen, dass die beiden jetzt tönenden Noten durch das musikalische Intervall einer Quinte von einander getrennt sind. Nächst der Octave ist dieses die angenehmste Verbindung für das Ohr.

Ich wechsle abermals die Stimmgabeln und lasse zwei andere gleichzeitig ertönen. Auch diese Tonverbindung klingt noch immer angenehm, jedoch nicht in gleichem Grade wie die letzte. Die dort hervorgetretene Rauheit ist hier noch ein wenig ausgesprochener. Eine dieser Gabeln führt 384, die andere 512 Schwingungen in der Secunde aus; die beiden Zahlen stehen im Verhältniss von 3 : 4 zu einander. Das gegenwärtige Intervall werden die Musiker als eine Quarte erkennen. Bei vollkommenem Einklange ist also das Schwingungsverhältniss wie 1 : 1. Bei einem Ton und seiner Octave wie 1 : 2, bei einer Quinte wie 2 : 3, bei einer Quarte wie 3 : 4. Wir bemerken hier die allmälige Entwicklung des merkwürdigen Gesetzes, dass die Verbindung zweier Töne dem Ohre desto angenehmer ist, je kleiner die Zahl ist, welche das Verhältniss ihrer Schwingungen ausdrückt. Ich gehe zu zwei anderen Gabeln über, deren Schwingungsverhältniss sich wie 4 : 5 verhält; die Harmonie ist in diesem Falle weniger vollkommen, als in irgend einem der vorhergehenden. Beim Verhältniss von 5 : 6 oder dem der kleinen Terze ist der Einklang gewöhnlich noch unvollkommener, und wir nähern uns jetzt einer Grenze, jenseits welcher ein musikalisches Ohr keine Tonverbindung mehr ertragen wird. Hier sind zum Beispiel zwei Stimmgabeln, deren Schwingungsverhältniss wie 13 : 14 ist; Sie würden die Verbindung ihrer Töne als durchaus misslautend bezeichnen.

Man darf jedoch nicht denken, dass die Wahl dieser Verbindungen wissenschaftlichen Kenntnissen entsprungen sei. Sie sind auf empirischem Wege lange, ehe man etwas von ihrer Zahleneinfachheit wusste, und nur in Rücksicht auf die Befriedigung, die sie gewährten, ausgewählt worden.

Pythagoras that den ersten Schritt zur physikalischen Erklärung dieser musikalischen Intervalle. Dieser grosse Denker spannte eine Saite auf und theilte dieselbe alsdann in drei gleiche Theile. An einem der Theilungspunkte befestigte er dieselbe und machte auf diese Weise zwei Saiten daraus, wovon die eine doppelt so lang war als die andere. Er liess beide zu gleicher Zeit tönen und fand, dass der Ton, welchen das kürzere Ende ergab, die höhere Octave des Tones vom längern Ende war. Hierauf theilte er seine Saite in zwei Theile, welche im Verhältniss von 2 : 3 zu einander standen, und fand, dass das Intervall zwischen den Tönen eine Quinte betrug. So fand Pythagoras, indem er seine Saite an verschiedenen Punkten abtheilte, dass die sogenannten consonanten Intervalle der Musik gewissen Längenverhältnissen seiner Saite entsprechen; und er machte die sehr wichtige Entdeckung, dass, je einfacher das Verhältniss der beiden Theile seiner Saite, desto vollkommener die Harmonie der beiden Töne war. Pythagoras blieb hierbei stehen, und es blieb den Forschern späterer Jahrhunderte vorbehalten, zu zeigen, dass die Saiten dieses Ergebniss in Folge des Verhältnisses ihrer Länge zu der Zahl ihrer Schwingungen liefern. Es blieb lange ein Räthsel, warum die Einfachheit Befriedigung gewähre, und Euler's Erklärung, dass die menschliche Seele über einfache Rechnungen ein natürliches Vergnügen empfinde, blieb lange Zeit die einzige angebliche Lösung desselben.

Die Doppelsirene, deren Abbildung ich hier (Fig. 151) gebe, macht es uns möglich, alle diese und noch viele andere Tonverbindungen zu erhalten. Und dieses Instrument besitzt vor allen anderen den Vorzug, dass wir augenblicklich das Schwingungsverhältniss von jeden beliebigen zwei Tönen herausbringen können, wenn wir einfach die ihnen entsprechende Anzahl der Löcher zählen. Wir brauchen uns deshalb nicht auf die Ergebnisse der in Paris abgestempelten Stimmgabeln zu verlassen, sondern wir haben das Mittel, zu absoluter Gewissheit in Bezug auf die Verbindung musikalischer Töne zu gelangen, selbst in Händen. Allein ehe wir zu diesen Combinationen schreiten, will ich Ihnen die Wirkung der Doppelsirene etwas genauer erklären, als es mir bisher nöthig oder wünschenswerth schien.

Das Instrument besteht, wie Sie wissen, aus zwei Dove'schen Sirenen *C'* und *C*, welche durch eine gemeinschaftliche Axe verbunden sind, jedoch in der Weise, dass die obere Sirene *C'* umgekehrt aufgesetzt ist. Jede Sirene ist mit vier Reihen von Oeffnungen versehen, welche die folgende Reihenfolge von Zahlen haben:

	Obere Sirene Zahl der Oeffnungen	Untere Sirene Zahl der Oeffnungen
Erste Reihe	16	18
Zweite Reihe	15	12
Dritte Reihe	12	10
Vierte Reihe	9	8

Die Zahl 12 ist, wie Sie bemerken, gemeinschaftlich bei beiden Sirenen. Ich öffne jetzt die Reihe Zwölf bei beiden und treibe Luft in das Instrument ein; beide Töne fliessen in vollkommenstem Einklange fort, und diese Harmonie bleibt sich gleich, wie sehr ich auch den Ton in die Höhe treibe. Sie haben indessen bereits in

Fig. 151.

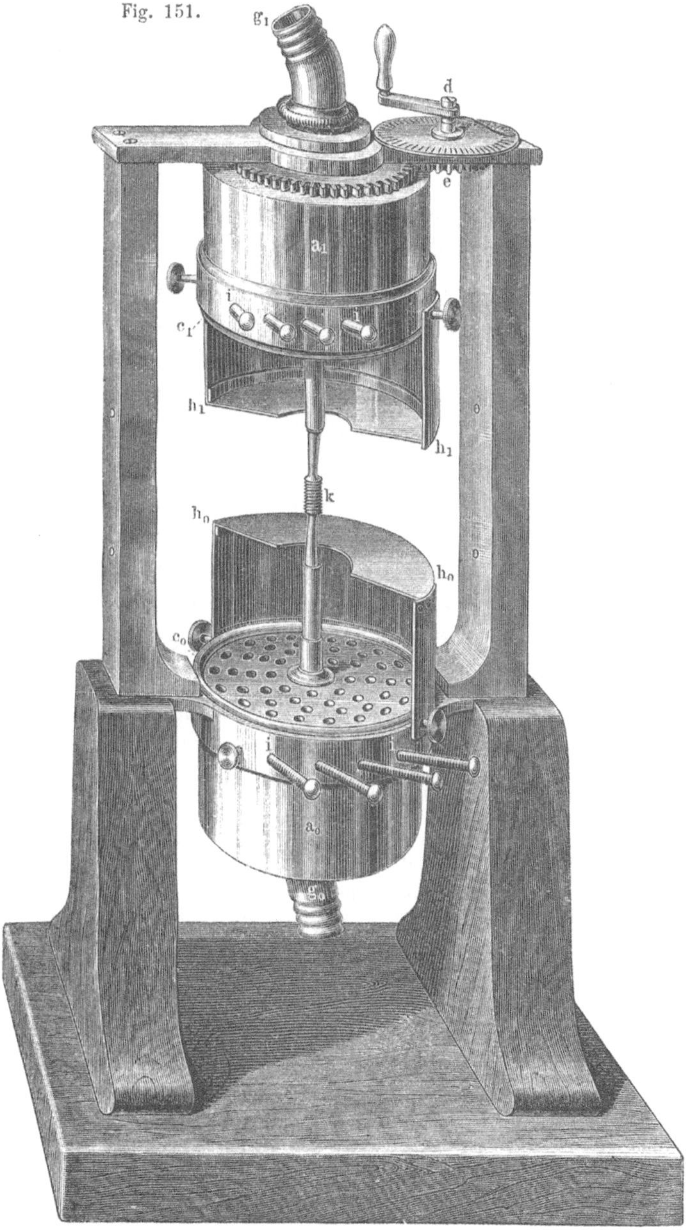

unserer zweiten Vorlesung gesehen, dass wir durch Umdrehung der Kurbel an der obern Sirene bewirken können, dass die Oeffnungen ihres Windkastens *C'* entweder denen der rotirenden Scheibe sich entgegenbewegen oder aber vor ihnen zurückweichen, und dass dieses es uns möglich macht, die Tonhöhe der obern Sirene innerhalb enger Grenzen entweder zu steigern oder zu verringern. Diese Veränderung der Tonhöhe zeigt sich augenblicklich durch Schläge an. Je schneller die Kurbel gedreht wird, desto mehr wird der Ton der obern Sirene sich über den der untern erheben oder unter denselben herabsinken, und desto schneller werden folglich die Schläge erfolgen. Die Drehung der Kurbel steht zu der Drehung des Windkastens in folgendem Verhältniss: dass wenn die Kurbel eine Drehung von einem halben rechten Winkel macht, der Windkasten durch $^1/_6$ eines rechten Winkels sich dreht, was $^1/_{24}$ seines ganzen Umkreises ausmacht. Allein in dem jetzt vorliegenden Falle, wo der Kreis durch 12 Oeffnungen unterbrochen ist, verursacht die Drehung durch $^1/_{24}$ des Umkreises, dass die Löcher des oberen Windkastens genau in denselben Momenten geschlossen sind, wenn die der untern Sirene geöffnet werden, und vice versa. Es ist deshalb klar, dass die Pausen zwischen den Luftstössen der untern Sirene, welche mit den Verdünnungen ihrer Tonwellen zusammenfallen, durch die Luftstösse oder Verdichtungen der obern Sirene gefüllt sind. In der That fallen die Verdichtungen der einen mit den Verdünnungen der andern zusammen, und das absolute Aufhören alles Tones beider Sirenen ist die Folge davon.

Es mag Ihnen scheinen, dass ich die Sache etwas übertreibe, denn wenn die Kurbel in die Lage gebracht ist, welche der absoluten Stille entspricht, hören Sie noch immer einen Ton. Und wenn ich die Kurbel auf diese Weise beständig umdrehe, so tritt wohl ein abwechselndes Anschwellen und Sinken des Tones ein, allein das Sinken kommt keineswegs der absoluten Stille gleich. Der Grund hiervon ist folgender: Der Ton dieser Sirene ist ein sehr zusammengesetzter. Durch die Heftigkeit und Plötzlichkeit ihrer Stösse bringt sie nicht nur solche Wellen hervor, welche der Zahl ihrer Oeffnungen entsprechen, sondern die aufgestörte Luft geräth auch noch in secundären Wellen, welche sich mit den ursprünglichen Wellen des Instrumentes genau in derselben Weise vereinigen, wie die harmonischen Obertöne einer Saite oder einer offenen Orgelpfeife sich mit dem Grundton vermischen. Die Sirene giebt also beim Anblasen ausser dem Grundton noch dessen Octave, Duodecime, Doppeloctave u. s. w. an. Das heisst, sie bringt die Luft in Schwingungen, welche die zwei-, drei- und vierfache Geschwindigkeit der Grundschwingung haben. Wenn wir nun die obere Sirene durch $^1/_{24}$ ihres Umkreises drehen, zerstören wir zwar den Grundton vollkommen. Allein wir zerstören seine Octave nicht*). Deshalb, wenn ich die Kurbel so einstelle, dass der Grundton zerstört wird, erlange ich anstatt der Stille den vollen ersten harmonischen Oberton des Instrumentes.

Sie werden bemerken, dass Helmholtz sowohl seine obere, als seine untere Sirene mit runden Messingkapseln, *B B'*, umgeben hat, deren jede aus zwei Hälften besteht, wovon in unserer Figur jedoch nur die eine angegeben ist. Diese Kapseln verstärken durch ihre Resonanz den Grundton des Instrumentes und machen es uns möglich, dessen

*) Noch irgend einen der Töne, deren Schwingungszahlen gerade Vielfache des Grundtones sind.

Veränderungen viel leichter zu folgen. Es bedarf einer gewissen Geschwindigkeit der Drehung, um das Maximum der Resonanz der Messingkapseln hervorzurufen; allein wenn diese Geschwindigkeit erreicht ist, schwillt der Grundton zu grosser Stärke an, und wenn alsdann die Kurbel gedreht wird, erfolgen die Schläge mit aussergewöhnlicher Kraft.

Doch, wie ich bereits gesagt habe, sind die Pausen zwischen den Schlägen des Grundtones nicht Intervalle von absoluter Stille, sondern sie sind durch die höhere Octave ausgefüllt, und deshalb ist grosse Vorsicht nöthig, wenn man das Instrument anwendet, um Schwingungszahlen zu bestimmen. Um zu erfahren, wie oft eine kleine singende Flamme innerhalb einer Secunde erlosch und sich wieder anzündete, setzte ich einmal eine Sirene in eine gewisse Entfernung von der Flamme, blies das Instrument an und sah nach einiger Zeit, wie die Flamme im Zusammenklange mit hörbaren Stössen tanzte. Ich nahm es als ausgemachte Sache an, dass der Einklang beinahe erreicht sei, und bestimmte unter dieser Voraussetzung die Schwingungszahl. Dieselbe war ausserordentlich niedrig; ja ich hatte Grund zu der Annahme, dass sie kaum halb so hoch war, als sie hätte sein müssen. Woran lag dies? Einfach daran, dass ich mich mit der Octave des Grundtones statt mit diesem selbst beschäftigt hatte. Diese Octave und die Flamme brachten durch ihr Zusammenfallen Schläge hervor, und deshalb gab der Zähler des Instrumentes, welcher die Anzahl der Schwingungen nicht der Octave, sondern des Grundtones angiebt, eine nur die Hälfte betragende Zahl an. Ich brachte später den Grundton selbst zum Einklange mit der Flamme. Als Beide beinahe unisono waren, wurden abermals Schläge gehört, und das Hüpfen der Flamme geschah nun mit viel grösserer Energie, als zuvor bei der Octave. Der Zähler des Instrumentes zeigte jetzt erst genau die Schwingungszahl der Flamme.

In der That sind die ersten Töne, welche man bei der Sirene hört, stets Obertöne. Sie sind die ersten, die andauernd tönen und bereits als glatte musikalische Töne dahinfliessen, während der Grundton noch immer im Zustande der Intermittenz sich befindet. Das Instrument ist jedoch so zart construirt, dass sehr schnell eine Drehungsgeschwindigkeit erreicht wird, welche den Grundton über seine Begleiter erhebt; und wenn man diese Geschwindigkeit durch schwaches Antreiben des Blasebalges zu mässigen sucht, so geschieht dies auf Kosten der Intensität der Obertöne. Daher ist es zur Untersuchung der Obertöne wünschenswerth, ein Mittel zu finden, wodurch ein starker Luftstrom bei langsamer Drehung möglich wird.

Helmholtz liess eine Feder leicht gegen die Scheibe der Sirene drücken und, indem er die Drehungsgeschwindigkeit sehr langsam zunehmen liess, war er im Stande, das Uebergewicht der Obertöne im Anfang und den schliesslichen Sieg des Grundtones zu beobachten. Er vertraute nicht auf die directe Wahrnehmung der Tonhöhe, sondern bestimmte den Ton nach der Zahl der Schläge, welche einer Umdrehung der Kurbel an der obern Sirene entsprachen. Angenommen, es seien 12 Löcher oben und 12 unten geöffnet, so bringt eine Umdrehung der Kurbel durch 45^{0} Intermittenz und Aufhören des Grundtones hervor. Die Coincidenzen dieses Tones kommen am Schlusse jeder Drehung von 90^{0} vor. Deshalb müssen auf den Grundton vier Schläge auf je 360^{0} oder auf je eine ganze Umdrehung der Kurbel kommen. Nun fand aber Helmholtz, als er zuerst diese

Einrichtung traf, dass von den im Anfange hörbaren Schlägen nicht 4, sondern 12 auf jede Umdrehung kamen. Es waren dies in der That die Schläge des zweiten Obertones, dessen Schwingungszahl dreimal grösser als die des Grundtones ist. Diese Schläge erfolgten so lange, als die Zahl der Luftstösse nicht über 30 oder 40 stieg. Innerhalb dieser Grenzen war der zweite Oberton verhältnissmässig so stark, dass man seine Schläge mit Ausschliessung aller anderen hörte. Zwischen 40 und 80 fiel die Zahl der Schläge von 12 auf 8 für je eine Drehung der Kurbel. Innerhalb dieses Intervalls war der erste Oberton oder die Octave des Grundtones am stärksten und seine Schläge am deutlichsten. Die Zahl der Schläge sank erst dann auf 4 für je eine Drehung, als die Luftstösse über 80 gestiegen waren; oder in anderen Worten, erst wenn die Drehungsgeschwindigkeit diese Grenze überschritten hatte, war der Grundton im Stande, sein Uebergewicht über seine Begleiter geltend zu machen.

Das vor Ihnen befindliche Instrument ist jetzt so gestellt, dass bei der gehörigen Drehungsgeschwindigkeit der Grundton glatt und mächtig vortritt. Und nun wollen wir unsere Töne in bestimmter Ordnung verbinden, während die hier anwesenden musikalisch Gebildeten die musikalische Verwandtschaft derselben bestimmen sollen. Sie haben bereits den Fluss des vollkommenen Einklanges gehört, wenn die zwei Reihen von 12 Löchern geöffnet sind. Ich öffne jetzt eine Reihe von 8 Löchern in der obern, von 16 in der untern Sirene. Das musikalische Ohr wird dieses Intervall, wie bereits bemerkt wurde, als eine Octave feststellen. Ich öffne jetzt eine Reihe von 9 Löchern in der obern und von 18 in der untern Sirene, und das Intervall bleibt abermals eine Octave. Dies beweist, dass das Intervall nicht dadurch gestört wird, dass man die absoluten Schwingungszahlen verändert, so lange das Verhältniss der beiden Zahlen sich gleich bleibt. Diese Wahrheit wird noch frappanter erläutert, wenn man mit ganz langsamer Drehung anfängt und die Sirene bis zur höchsten Tonhöhe antreibt; so lange die Löcher im Verhältniss von 1 : 2 bleiben, behalten wir beständig das Intervall einer Octave. Ich öffne abermals eine Reihe von 10 Löchern in der obern und 15 in der untern Sirene. Das Verhältniss ist hier wie von 2 : 3, und jeder hier anwesende Musiker weiss, dass dies dem Intervall einer Quinte entspricht. Wenn ich ein System von 12 Löchern in der obern und von 18 in der untern Sirene öffne, so verändere ich dadurch das Intervall nicht. Durch das Oeffnen zweier Reihen von 9 und 12 oder von 12 und 16 Löchern ergiebt sich das Intervall einer Quarte, indem das Verhältniss in beiden Fällen wie von 3 : 4 ist. In ähnlicher Weise geben uns die zwei Serien von 8 und 10, oder die beiden anderen von 12 und 15 Löchern das Intervall einer grossen Terz, indem das Verhältniss hier wie von 4 : 5 ist. Und öffne ich nun noch die Reihen von 10 und 12 oder von 15 und 18 Löchern, so bekommen wir das Intervall einer kleinen Terz, welches dem Verhältniss von 5 : 6 entspricht.

Diese Versuche erläutern zweierlei Punkte: erstens, dass ein musikalisches Intervall nicht durch die absolute Schwingungszahl der beiden verbundenen Noten, sondern durch das Verhältniss ihrer Schwingungen bestimmt wird. Zweitens, und hier kann ich mich vertrauensvoll an das musikalische Gehör derer, die diesen Erörterungen gefolgt sind, wenden, dass, je kleiner die beiden Zahlen sind, welche das Schwingungsverhältniss der beiden Töne ausdrücken, desto vollkommener auch der Zusammenklang der beiden Töne ist.

Die vollkommenste Consonanz ist der Einklang 1 : 1, hierauf folgt die Octave 1 : 2, hierauf die Quinte 2 : 3, dann die Quarte 3 : 4, dann die grosse Terz 4 : 5 und schliesslich die kleine Terz 5 : 6. Es steht auch in meiner Macht, zwei Reihen von 8 und 9 Löchern zu öffnen. Dieses Intervall entspricht einem ganzen Tone in der Musik. Es ist dies eine Dissonanz. Ich kann auch zwei Reihen von 15 und 16 Löchern öffnen, und das so entstehende Intervall beträgt einen halben Ton; es ist dies jedoch eine scharfe und schneidende Dissonanz.

Woher kommt dies nun? Warum muss die kleinere Zahl die vollkommenere Consonanz ausdrücken? Die Versuche zur Beantwortung dieser Frage waren theils metaphysischer, theils physikalischer Natur. Die Pythagoräer fanden eine geistige Beruhigung in der Antwort: „Alles ist Zahl und Harmonie.“ Auch glaubten sie, das Zahlenverhältniss zwischen den sieben Tönen der musikalischen Scala drücke die Entfernungen der Planeten von ihrem centralen Feuer aus; daher sprachen sie von dem „Reigentanz der Weltkörper und der Musik der Sphären“, welche unter allen Sterblichen nur Pythagoras, nach der Aussage seiner Schüler, zu hören befähigt war. Können wir nicht im Vorbeigehen diesen schönen Aberglauben mit den Dingen vergleichen, welche in unseren Tagen in der menschlichen Phantasie Raum gewonnen haben? Wäre der Charakter, welchen der Aberglaube zu verschiedenen Zeiten annimmt, ein Maassstab für den Fortschritt oder Rückschritt der Menschheit, so hätte wahrlich das neunzehnte Jahrhundert wenig Ursache, sich stolz zu fühlen im Vergleich mit dem sechsten Jahrhundert v. Chr. Ein ernstlicherer Versuch, um den vollkommneren Einklang der kleineren Zahlenverhältnisse auf metaphysischem Wege zu erklären, wurde von dem berühmten Mathematiker Euler gemacht; und diese Erklärung, wenn man sie so nennen will, brachte lange Zeit hindurch die Frager zum Schweigen, wenn sie sie vielleicht auch nicht befriedigte. Euler analysirt die Ursache des Vergnügens. Wir finden Gefallen an Ordnung, und es ist uns sehr angenehm, „Mittel zu beobachten, welche zu einem Zwecke führen.“ Allein die Anstrengung, diese Ordnung zu entdecken, darf nicht so gross sein, dass sie uns ermüdet. Wenn die Verhältnisse, welche wir entwirren müssen, zu verwickelt sind, so können wir die Ordnung wohl sehen, uns aber nicht daran erfreuen. Je einfacher der Ausdruck eines Gesetzes ist, desto grösser ist unser Genuss dabei. Daher der Vorzug der einfachen musikalischen Verhältnisse vor den verwickelteren. Consonanz wäre also nach Euler das geistige Vergnügen, das von dem Gewahrwerden eines Gesetzes herrührt, ohne dass Anstrengung des Geistes damit verbunden wäre.

Allein bei dieser Theorie übersah man, dass Pythagoras selbst, der zuerst über diese musikalischen Intervalle Versuche anstellte, nichts von dem Verhältniss der Schwingungen wusste. Man vergass, dass die grosse Mehrzahl derer, die ihre Freude an der Musik und das schärfste Gehör für die Entdeckung einer Dissonanz haben, sich genau in der Lage von Pythagoras befinden und nichts von Schwingungen und deren Verhältnissen wissen. Und man kann füglich hinzusetzen, dass auch der Gelehrte, welcher über alle diese Punkte vollkommen unterrichtet ist, dennoch seinen musikalischen Genuss durch diese Kenntnisse nicht gesteigert findet. Euler's Erklärung ist also nicht befriedigend für den Verstand, und es war einem deutschen Naturforscher unserer Tage vorbehalten, nach einer sehr tiefgehenden Analyse der ganzen Frage die physikalische Ursache der Consonanz und der Dissonanz festzustellen; eine Ursache, welche so einfach und befriedigend erscheint, nun sie einmal klar aufgestellt ist, dass man sich nur wundern kann, warum sie so lange auf einen Entdecker warten musste.

Verschiedene Ausdrücke in den vorausgehenden Vorträgen haben bereits die Helmholtz'sche Erklärung der Consonanz und Dissonanz theilweise vorbereitet. Lassen Sie mich hier einen Versuch wiederholen, der fast von selbst diese Erklärung Ihrem Geiste aufdrängen wird. Sie sehen hier zwei brennende Gasflammen, welche ich in singende Flammen verwandeln kann, indem ich sie in Röhren einschliesse. Die Röhren sind von gleicher Länge, und die Flammen singen nun unisono. Mittelst dieses Teleskopenschiebers verlängere ich die eine Röhre ein wenig; Sie hören jetzt diese deutlichen Stösse, welche so langsam auf einander folgen, dass man sie mit leichter Mühe zählen kann. Ich verlängere die Röhre abermals um ein Stück. Die Schläge folgen sich jetzt so rasch, dass sie kaum mehr gezählt werden können. Jetzt möchte ich die Musiker bitten, mir mit Aufmerksamkeit zu folgen, während ich die Geschwindigkeit der Schwebungen allmälig erhöhe. Es ist ganz offenbar, dass das Rasseln, welches Sie jetzt vernehmen, sich nur durch seine Schnelligkeit von den langsamen vorhin gehörten Schwebungen unterscheidet. Es findet auch nicht die leiseste Unterbrechung in der Aufeinanderfolge der Schläge statt. Wir beginnen langsam und steigern allmälig die Geschwindigkeit, und jetzt folgen sie sich so rasch, dass sie jene eigenthümlich knarrende Wirkung hervorbringen, welche jeder Musiker eine Dissonanz nennen würde. Ich will nun den Vorgang umkehren und von den raschen Stössen zu langsameren übergehen. Ich verkürze nach und nach die vorhin verlängerte Röhre. Dieselbe continuirliche Veränderung der Erscheinung tritt ein. Die Stösse trennen sich allmälig mehr und mehr von einander, bis sie schliesslich langsam genug sind, um gezählt werden zu können. Auf diese Weise machen die singenden Flammen es für uns möglich, die Stösse mit Sicherheit zu verfolgen, bis dieselben aufhören, Stösse zu sein, und sich in eine Dissonanz verwandeln.

Dieser Versuch beweist endgültig, dass eine Dissonanz durch eine rasche Folge von Stössen hervorgebracht werden kann; und wahrscheinlich wäre diese Ursache der Dissonanz früher entdeckt worden, wenn nicht der menschliche Geist durch Young's Theorie der „Combinationstöne“ vom rechten Wege abgelenkt worden wäre. Young bildete sich ein, dass die Stösse, falls sie rasch genug erfolgten, in einander flössen, um einen Combinationston zu bilden. Er stellte sich vor, die Stösse fügten sich genau in derselben Weise zusammen, wie die einfachen musikalischen Luftstösse, und er wurde in dieser Ansicht durch die bereits erwähnte Thatsache bestärkt, dass der erste Differenzton, d. h. der lauteste Combinationston, ebenso wie die Stösse, einer Schwingungszahl entsprach, welche gleich der Differenz der ursprünglichen Schwingungszahlen war. Allein Thatsache ist, dass die Stösse eine ganz andere Wirkung auf das Ohr hervorbringen, als die regelmässigen Impulse eines gewöhnlichen musikalischen Tones. In der letzten Vorlesung brachte ich einen Combinationston hervor, welcher 33 Schwingungen in der Secunde entsprach. Jener Ton war vollkommen glatt und musikalisch, wohingegen 33 Stösse in der Secunde für das geübte Ohr nach dem Ausspruch von Helmholtz eine ganz unerträgliche Dissonanz ergeben. Demnach konnte der oben erwähnte Combinationston nicht durch die Verbindung von Stössen hervorgebracht worden sein. Finden weniger als 33 Stösse in der Secunde statt, so sind sie dem Ohre weniger unangenehm. Sie können sogar als Nachahmung des Tremolirens der menschlichen Stimme angenehm werden. Bei einer grössern Geschwindigkeit als 33 in der Secunde wird die Rauheit auch geringer, doch ist sie bei 100 Stössen in der Secunde noch immer bemerkbar. Helmholtz setzt die Grenze, wobei sie gänzlich aufhören, auf 132 fest. Daraus lernen wir, dass der Fluss und die Glätte eines durch gewöhnliche Tonwellen hervorgebrachten Tones schon bei einer Schwingungszahl vollkommen sein kann, welche weit unter den Grenzen liegt, wo die Stösse verschwinden. Die Impulse der gewöhnlichen Tonwellen sind in der That sanft abgestuft; bei den Stössen im Gegentheil sind die Grenzen des Tones und der Stille scharf abgeschnitten, und sie unterwerfen das Ohr deshalb jener abgerissenen Intermittenz, welche sich dem Wahrnehmungsvermögen als Dissonanz zu erkennen giebt.

Stimmt nun diese Theorie mit den bisher angeführten Thatsachen überein? Lassen Sie uns zuerst unsere vier Stimmgabeln untersuchen, um zu sehen, ob ihr Verhalten dieser Theorie entspricht. Hier muss ich bemerken, dass wir es nur mit den Grundtönen der Gabeln zu thun haben. Es ist dafür gesorgt, dass ihre Obertöne nicht mitklingen, und sie sind so leise angestossen worden, dass kein Combinationston in irgend bemerklicher Weise sich mit den Grundtönen mischen kann. Indem wir uns erinnern, dass Stösse und Dissonanzen verschwinden, wenn die Differenz zwischen den beiden Schwingungszahlen gleich 0 ist, dass die Dissonanz am stärksten ist, wenn 33 Stösse in der Secunde stattfinden, dass sie allmälig abnimmt und ganz verschwindet, wenn die Stösse die

Zahl von 132 per Secunde erreichen, wollen wir die Töne unserer Stimmgabeln analysiren und mit der Octave beginnen.

Hier sind unsere Schwingungszahlen:

512 — 256; die Differenz = 256.

Es ist klar, dass wir in diesem Falle keine Stösse haben können, da die Differenz zu gross ist, um solche zuzulassen.

Nehmen wir nun die Quinte. Hier sind die Schwingungszahlen:

384 — 256; Differenz = 128.

Diese Differenz ist kaum unter der Zahl 132, bei welcher die Schläge aufhören; die Rauheit muss also sehr gering sein.

Die Quarte hat folgende Zahlen:

384 — 312; Differenz = 72.

Hier sind wir offenbar diesseits der Grenze, wo die Stösse aufhören, und demzufolge ist die Rauheit ziemlich bemerklich.

Die grosse Terz hat folgende Zahlen:

320 — 256; Differenz = 64.

Hier sind wir noch weiter von der Grenze entfernt und folglich ist die Rauheit noch bemerklicher.

Somit sehen wir, dass das Verhalten unserer vier Stimmgabeln vollkommen mit der Erklärung, welche die Dissonanz den Stössen zuschreibt, übereinstimmt.

Hier muss bemerkt werden, dass, wenn man bei der Octave und der Quinte die Schwebungen zu vermeiden wünscht, diese Intervalle rein sein müssen, das heisst, für jede Welle, welche durch die Gabel des Grundtones erregt wird, muss die Octave derselben ganz genau zwei aussenden, während bei der Quinte für jede Welle der einen Gabel drei Wellen von der andern ausgehen müssen.

Wenn ich bei der Octave entweder die eine oder die andere Stimmgabel durch ein kleines Stückchen Wachs belaste, erhalte ich ganz deutliche Stösse. Wenn ich den Resonanzkasten der tiefsten Gabel an mein Ohr und die Octave mit ihrem Kasten in einige Entfernung davon halte, so kann ich die Stösse hören und zwar als Stösse des Grundtones, während die Octave scheinbar keinerlei Eindruck auf mein Ohr hervorbringt. Wenn die Octave rein ist, so bleibt sich das Verhältniss der beiden Noten vom ersten Augenblicke an durchweg gleich. Wenn zum Beispiel die Verdichtungen von einer der kürzeren Wellen mit den Verdichtungen einer längern Welle zusammenfallen, so werden diese Verdichtungen verbunden bleiben, so lange als ihr Verhältniss wie 1 : 2 bleibt. Allein wenn wir von diesem Verhältniss in einem geringen Grade abgehen, so können, obwohl die Verdichtungen anfänglich zusammenfallen, die Schwingungsphasen doch in Gegensatz gerathen, wovon ich Ihnen in unserm letzten Vortrage mannigfaltige Beispiele gab. Und in Folge dieser abwechselnden Coincidenzen und Gegensätze müssen Stösse erfolgen. Dieselben Bemerkungen sind auch auf andere Intervalle als die Octave anzuwenden.

Wir haben uns hier in jedem Falle auf je ein Paar einfacher Töne beschränkt; allein Helmholtz hat die Wichtigkeit der Obertöne und Combinationstöne für die Frage des musikalischen Zusammenklanges dargethan. Bei den Stimmgabeln, womit wir bisher unsere Versuche angestellt haben, sind diese beiden Tongattungen vermieden worden, da ich mein erstes Beispiel leicht fasslich machen wollte. Allein andere Quellen musikalischer Klänge ergeben keine solche einfachen Töne. Die Saiten einer Violine sind zum Beispiel reich an Obertönen, deren Interferenzen in Anschlag gebracht werden müssen, wenn man die Tonverbindung von zwei Saiten beurtheilen will. Und es sei hier bemerkt, dass Obertöne ganz unumgänglich nöthig sind für den musikalischen Charakter der Töne. Reine Töne ohne Obertöne wären gleich reinem Wasser, weichlich und langweilig. Die Töne von weiten gedackten Orgelpfeifen sind beinahe ganz einfach; denn die Neigung zu Unterabtheilungen ist hier so schwach, dass die Obertöne der Pfeifen kaum zur Wirkung kommen. Allein der Ton solcher Pfeifen würde uns trotz seiner Weichheit bald ermüden; er ist ohne Kraft und Charakter und würde das Bedürfniss des Ohres für Glanz und Energie der Klangfarbe nicht befriedigen. Zu einem guten musikalischen Klange gehören in der That einige der ersten Obertöne. Diese letzteren sind so nothwendig, dass man gewöhnlich mit den tieferen Orgelpfeifen kürzere Pfeifen verbindet, welche die harmonischen Obertöne derselben geben. Einem schwingenden Körper, der nicht im Stande ist, Obertöne zu geben, verleiht man diese also auf äusserlichem Wege.

Lassen Sie uns jetzt untersuchen, wie die Wirkung der Obertöne mit der oben gegebenen Theorie der Consonanz und Dissonanz zusammenstimmt. Wir wollen als Beispiel die Octave nehmen, welche das mittlere *A* des Klaviers in sich schliesst. Dieser Ton entspricht 440 Schwingungen in der Secunde, das *C* darunter hat ihrer 264, das *C* darüber 528. Lassen Sie uns ersteres c', letzteres c'' nennen, und indem wir unsere Aufmerksamkeit auf die zwischen c' und c'' liegende Octave richten, wollen wir uns für ihre verschiedenen Intervalle eine klare Uebersicht sowohl über ihre Grundtöne als ihre Obertöne zu bilden suchen, wobei wir alle Obertöne bis zum neunten mit einbegreifen. Die Grundtöne und Obertöne der Octave c' c'' haben folgende Schwingungszahlen:

		1 :	2
Grundton		264	528
Oberton	1.	528	1056
„	2.	792	1584
„	3.	1056	2112
„	4.	1320	2640
„	5.	1584	3168
„	6.	1848	3696
„	7.	2112	4224
„	8.	2376	4752
„	9.	2640	5280

Wenn man diese Töne paarweise vergleicht, ist es unmöglich, in der ganzen Reihenfolge ein Paar zu finden, dessen Differenz geringer als 264 wäre. Da man nun die Schläge oder Stösse nach der Zahl 132 nicht mehr als Dissonanz empfindet, kann in der eben untersuchten Tonverbindung keinerlei Dissonanz stattfinden. Diese Octave ist also eine vollkommene Consonanz.

Lassen Sie uns nun das Intervall einer Quinte untersuchen. Hier haben wir die folgenden Töne und Obertöne:

		2 :	3
Grundton		264	396
Oberton	1.	528	792
„	2.	792	1188
„	3.	1056	1584
„	4.	1320	1980
„	5.	1584	2376
„	6.	1848	2772
„	7.	2112	3168
„	8.	2376	3564
„	9.	2640	3960

Die kleinste Differenz ist hier 132, welche Zahl dem Verschwinden der Dissonanz gleichkommt. Das Intervall einer Quinte ist also in dieser Octave beinahe frei von jeder Dissonanz.

Nehmen wir das Intervall der Quarte.

		3	:	4
Grundton		264		352
Oberton	1.	528		704
„	2.	792		1056
„	3.	1056		1408
„	4.	1320		1760
„	5.	1584		2112
„	6.	1848		2464
„	7.	2112		2816
„	8.	2376		3168
„	9.	2640		3520

Hier haben wir eine Reihe von Differenzen von je 88, allein keine niedriger. Diese Zahl, obwohl sie innerhalb der Grenze ist, wobei die Schläge zur Dissonanz werden, ist doch noch bedeutend genug, um die Rauheit derselben nicht sehr fühlbar werden zu lassen. Das Intervall ist jedoch offenbar nicht so rein, als das der Quinte.

Nun lassen Sie uns die grosse Terz vornehmen. Hier haben wir

		4	:	5
Grundton		264		330
Oberton	1.	528		660
„	2.	792		990
„	3.	1056		1320
„	4.	1320		1650
„	5.	1584		1980
„	6.	1848		2310
„	7.	2112		2640
„	8.	2376		2970
„	9.	2640		3300

Hierbei sind mehrere Differenzen in Betrag von 66. Die Schläge sind dem Maximum der Dissonanz näher als im letzten Falle, und das Intervall ist deshalb als Consonanz weniger vollkommen als das letzte.

Versuchen wir jetzt die kleine Terz. Hier haben wir

		5	:	6
Grundton		264		316,8
Oberton	1.	528		433,6
„	2.	792		950,4
„	3.	1056		1267,2
„	4.	1320		1584,0
„	5.	1584		1900,8
„	6.	1848		2217,6
„	7.	2112		2534,4
„	8.	2376		2851,2
„	9.	2640		3168,0

Zwischen mehreren von diesen Tonpaaren haben wir eine Differenz von 53 Schwingungen. Diese Differenz setzt einen grössern Einfluss der Stösse voraus, als dies bei den Intervallen der Quinte, Quarte und grossen Terz der Fall war. Deshalb steht die kleine Terz als Consonanz den vorhergehenden Intervallen nach.

Somit finden wir, dass in dem Maasse, als die Zahlen, welche das Schwingungsverhältniss ausdrücken, grösser werden, der störende Einfluss der Schläge sich mehr und mehr in dem Intervall bemerklich macht. Dieses Resultat stimmt offenbar ganz mit der Erklärung, welche die Dissonanz auf die Schläge zurückführt. Helmholtz hat es versucht, dieses Resultat graphisch darzustellen, und ich entnehme seinem Werke die zwei nachfolgenden Diagramme. Er nimmt an, wie wir bereits sagten, dass das Maximum der Dissonanz 33 Stössen in der Secunde entspricht, und er sucht die verschiedenen Grade der Dissonanz durch Linien von verschiedener Länge auszudrücken. Die horizontale Linie $c' c''$ (Fig. 152) stellt die Reihenfolge der musikalischen Scala vor, welche wir soeben untersucht haben, und die Entfernung zwischen irgend einem Punkte dieser Linie und der darüber liegenden Curve stellt die Dissonanz vor, welche diesem Punkte entspricht. Es wird hier angenommen, dass die

Fig. 152.

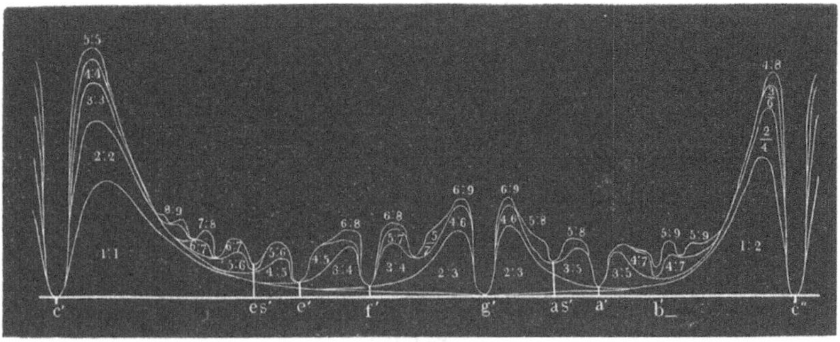

Tonhöhe allmälig steigt und nicht schrittweise springt. Setzen wir zum Beispiel voraus, zwei Violinspieler fangen mit derselben Note *c'* an; während der eine dieselbe hält, verkürzt der andere allmälig und continuirlich seine Saite, bis er seine Tonhöhe auf *c''* gesteigert hat. Die Wirkung auf das Ohr wird durch die unregelmässigen Curven der Linien in Fig. 152 dargestellt. Bald nachdem der Einklang, welcher hier durch den Zusammenstoss beider Linien bei *c'* dargestellt ist, aufgehört hat, erhebt sich die Curve plötzlich und zeigt, dass die hier stattfindende Dissonanz die stärkste unter allen ist. Bei *e* nähert sich die Curve der geraden Linie *c' c''*, und dieser Punkt der Curve entspricht der grossen Terz. Bei *f'* ist die Annäherung noch grösser und dieser Punkt entspricht der Quarte; bei *g'* berührt die Curve beinahe die gerade Linie, wodurch angedeutet wird, dass bei der Quinte, welche diesem Punkte entspricht, die Dissonanz fast ganz aufgehört hat. Bei *a'* haben wir die grosse Sexte, während die *c''*, welches die Octave von *c'* ist, die

Dissonanz wieder ganz verschwindet. Das *es'* und *as'* des Diagrammes bedeuten die kleine Terz und die kleine Sexte.

Wenn wir mit der Steigerung des einen Tones fortfahren, während der Grundton *c'*, von welchem wir vorher ausgingen, als tieferer Ton des Intervalls festgehalten wird, so zeigt die Fig. 153 die verschiedenen Grade der Consonanz und Dissonanz. Dieselbe beginnt mit *c' c''* und reicht bis zur Doppeloctave *c' c'''*, wobei die krumme Linie die Wirkung auf das Ohr darstellt. Wir sehen aus diesen beiden Curven, dass fast immer Dissonanz stattfindet,

Fig. 153.

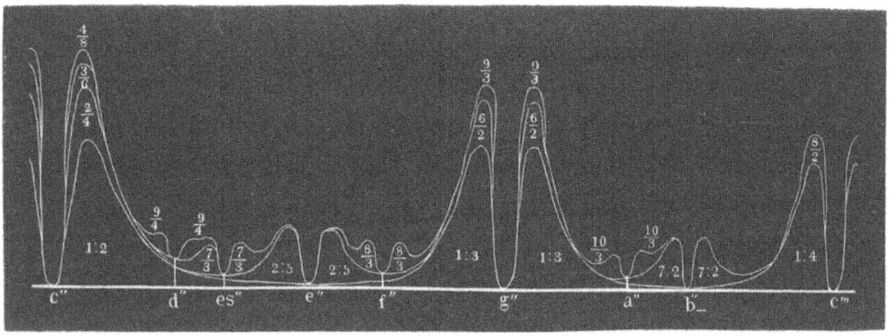

und dass die Dissonanzen nur an gewissen Punkten verschwinden oder zu schwach werden, um die Harmonie zu stören. Diese Punkte entsprechen den Stellen, wo das Schwingungsverhältniss sich durch niedrige gerade Zahlen ausdrücken lässt. Man muss sich erinnern, dass diese Curven auf die Voraussetzung hin construirt sind, die Schläge seien die Ursache der Dissonanz; und die Uebereinstimmung zwischen der Berechnung und Erfahrung erweist genügend die Richtigkeit dieser Annahme.

Sie haben mich nun an die Grenze des physikalischen

Theiles der Akustik begleitet; Sie in das musikalische Gebiet derselben einzuführen, ist jedoch nicht meine Aufgabe. Ich will nur noch hinzufügen, dass, wenn wir drei oder mehr Töne zusammen vergleichen, das heisst, wenn wir sie als Tonstufen einer Melodie wählen, so werden wir durch die eben angeführten Principien geleitet. Wir wählen solche Töne, welche sowohl mit dem Grundtone als gegenseitig harmonische Verhältnisse haben. Bei der Auswahl einer Reihe von paarweisen Tonverbindungen würde uns schon die Einfachheit der Zahlenverhältnisse auf die Töne führen, welche durch die Zahlen 1, $^5/_4$, $^4/_3$, $^3/_2$, $^5/_3$, 2 ausgedrückt werden, indem dies die einfachsten Verhältnisse sind, welche wir innerhalb einer Octave haben können. Allein wenn man die durch diese Zahlen ausgedrückten Töne nach einander klingen lässt, wird man finden, dass die Intervalle zwischen 1 und $^5/_4$ und zwischen $^5/_3$ und 2 grösser als die übrigen sind, und dass sie die Einschiebung einer andern Note noch in beiden Fällen bedürfen. Die gewählten Töne sind solche, die Accorde bilden, nicht mit dem Grundtone, sondern mit dem Tone $^3/_2$, der als Grundton betrachtet wird. Das Verhältniss dieser beiden Noten zum Grundtone ist $^9/_8$ und $^{15}/_8$. Indem man diese Töne einschiebt, haben wir die acht Noten der natürlichen oder diatonischen Scala, wie sie durch die folgenden Benennungen und Zahlenverhältnisse ausgedrückt werden:

Benennung	*C*	*D*	*E*	*F*	*G*	*H*	*A*	*C'*
Intervalle	Prime	Secunde	Terze	Quarte	Quinte	Sexte	Septime	Octave
Schwingungszahlen	1	$^9/_8$	$^5/_4$	$^4/_3$	$^3/_2$	$^5/_3$	$^{15}/_8$	2

Indem man diese Zahlen durch 24 multiplicirt, um Brüche zu vermeiden, ergiebt sich die folgende Reihe von ganzen Zahlen, welche das Verhältniss der Schwingungszahlen der Töne der diatonischen Scala ausdrücken:

24, 27, 30, 32, 36, 40, 45, 48.

Die Bedeutung der Benennungen Terz, Quarte, Quinte etc., welche wir bereits so oft auf die musikalischen Intervalle angewendet haben, wird jetzt ersichtlich; dieselben beziehen sich auf die Stellung der Noten in der Scala.

Schon in unserer zweiten Vorlesung erläuterte ich an einigen Beispielen eine Methode, welche Herr Lissajous ersann, um die musikalischen Schwingungen zu studiren. Vermittelst eines Lichtstrahles, der von einem an der Stimmgabel befestigten Spiegel zurückgeworfen wurde, konnte man die Stimmgabel dazu bringen, ihre eigene Bewegung aufzuschreiben. Bei unserer letzten Vorlesung wurde dieselbe Methode angewendet, um das Phänomen der Schläge optisch zu zeigen. Ich schlage nun vor, dieselbe auch auf die Untersuchung von der Zusammensetzung der Schwingungen anzuwenden, welche die hauptsächlichsten Intervalle der diatonischen Scala bilden. Wir müssen uns jedoch zum vollkommenen Verständniss dieses Gegenstandes durch eine kurze Untersuchung der Schwingungen eines gewöhnlichen Pendels vorbereiten.

Solch ein Pendel hängt hier vor Ihnen. Es besteht aus einem Drahte, der sorgfältig an einer Eisenplatte am Dache dieses Hauses befestigt ist und der eine Kupferkugel von 10 Pfund Gewicht trägt. Ich ziehe das Pendel auf die Seite und lasse es los; es oscillirt beinahe in derselben Ebene hin und her.

Ich sage „beinahe“, weil es praktisch unmöglich ist, ein Pendel so aufzuhängen, dass es nicht ein wenig von der vollkommenen Symmetrie rings um seinen Aufhängepunkt abweicht. In Folge davon entfernt sich das Gewicht früher oder später von der geraden Linie und beschreibt ein längeres oder kürzeres Oval. Dieser Umstand bereitete vor etlichen Jahren denjenigen grosse Schwierigkeiten, welche Foucault's berühmten Versuch zum Beweise der Drehung der Erde wiederholen wollten.

In dem jetzt vorliegenden Falle ist jedoch das Pendel so sorgfältig befestigt, dass seine Abweichung von der geraden Linie anfangs nicht bemerkbar ist. Lassen Sie uns annehmen, seine Schwingungsweite sei durch die punktirte Linie *ab* (Fig. 154) angezeigt. Der Punkt *d*, in der Mitte zwischen *a* und *b*, ist der Ruhepunkt des Pendels. Wird es von diesem Punkte bis zu *b* gezogen und dann los gelassen, so wird es bis zu *d* zurückkehren und in Folge seines Beharrungsvermögens bis zu *a* weiter gehen. Hier kommt es zu einer momentanen Ruhe und kehrt über *d* nach *b* zurück. Und so wird es fortfahren zu schwingen, bis seine Bewegung erschöpft ist.

Fig. 154.

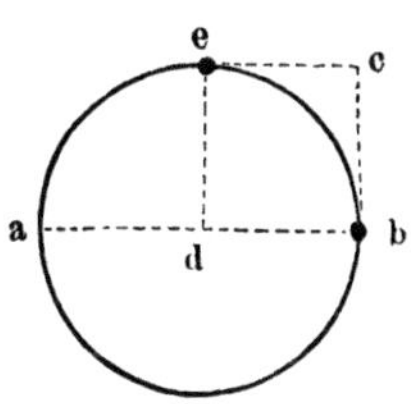

Nachdem das Pendel seine Schwingungsgrenze bei *b* erreicht hat, nehmen wir an, es erhalte einen Stoss in einer zu *ab* senkrechten Richtung, das heisst in der Richtung *bc*. Angenommen, das Pendel bedürfe einer Secunde, um von *b* nach *a* zu schwingen, so wird die Zeit seines Weges von *b* nach *d* eine halbe Secunde betragen *).

Angenommen ferner, die Kraft, welche in *b* einwirkt, sei so gross, dass sie das Gewicht, falls dieses sich nur in dieser einen Richtung bewegen könnte, nach *c* in einer halben Secunde führen würde, und dass die Entfernung *b c* gleich der von *b d* ist, so entsteht die Frage: wo wird sich das Gewicht in der That nach einer halben Secunde befinden? Es ist ganz klar, dass beide Kräfte zur vollkommenen Wirkung kommen, wenn das Pendel in einer halben Secunde den Punkt *e*, der gerade dem Centrum *d* gegenüber liegt, erreicht hat. Um diesen Punkt zu erreichen, kann gezeigt werden, dass es den kreisförmigen Bogen *b e* beschreiben muss, und es wird seinen Weg in demselben Bogen nach *a* fortsetzen und ebenso zu *b* zurückkehren. Auf diese Weise wird die hin und her gehende Schwingung durch den rechtwinklig dagegen gerichteten Stoss in eine Drehung verwandelt, und das Pendel beschreibt dabei einen Kreis, wie Fig. 155 es zeigt.

Wenn die bei *b* angewendete Kraft gross genug ist, um das Gewicht innerhalb einer halben Secunde durch eine grössere Entfernung als *b c* zu treiben, so wird das Pendel eine Ellipse beschreiben, deren kleinere Axe die Linie *a b* sein wird; wenn im Gegentheile die bei *b* angewendete Kraft das Pendel innerhalb einer halben Secunde durch eine kleinere Entfernung als *b c* treibt, so wird das Pendel eine Ellipse beschreiben, deren grössere Axe die Linie *a b* sein wird.

Untersuchen wir nun, was geschieht, wenn der seit-

*) Diese Annahme ist natürlich nur der Einfachheit halber gemacht worden, indem die wirkliche Schwingungsperiode eines 28 Fuss langen Pendels zwischen zwei und drei Secunden beträgt.

liche Stoss in dem Augenblicke angewendet wird, wo das Pendelgewicht durch seinen Ruhepunkt *d* geht. Angenommen, das Pendel bewege sich von *a* nach *b* (Fig. 156) und erhalte bei *d* einen Stoss, der an und für sich genügend wäre, es in einer halben Secunde nach *c* zu treiben, so ist es klar, dass die resultirende Bewegung längs der geraden Linie *dg*, die zwischen *db* und *dc* liegt, stattfinden wird. Das Pendel wird längs dieser Linie nach *d* zurückkehren und weiter bis *h* gehen. In diesem Falle wird das Pendel demnach eine gerade Linie *gh* beschreiben, die schräg zu seiner ursprünglichen Schwingungsrichtung läuft.

Fig. 155.

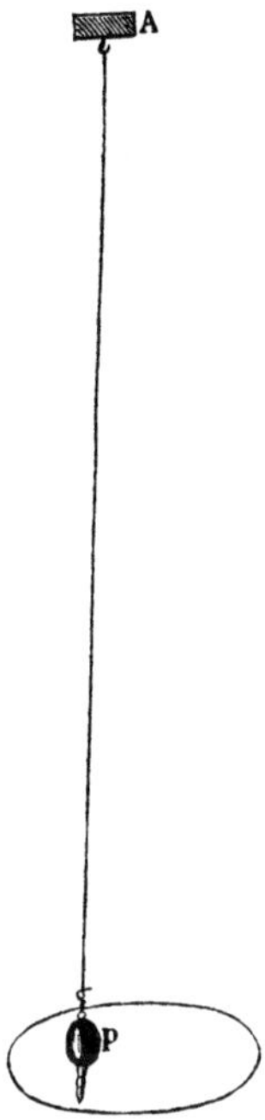

Fig. 156.

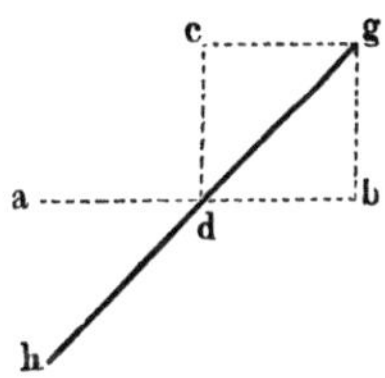

Fig. 157.

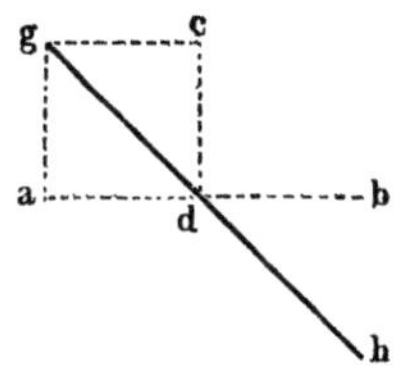

Angenommen, die Richtung der Bewegung sei von *b* nach *a*, anstatt von *a* nach *b* in dem Augenblick, wo ihm der Stoss mitgetheilt wird, so ist es klar, dass die resultirende Bewegung hier abermals eine gerade Linie ist, die schräg zu der ursprünglichen Richtung der Schwingung läuft; allein die schräge Linie wird diesmal die in Fig. 157 dargestellte sein.

Wenn der Impuls dem Pendel weder im Centrum noch am Endpunkte seiner Schwingung, sondern an irgend einem Punkte zwischen beiden mitgetheilt wird, so erhalten wir weder einen Kreis noch eine gerade Linie, sondern in der That etwas, das zwischen beiden liegt. Wir haben eine mehr oder weniger verlängerte Ellipse, deren Axe schräg zu *ab*, der ursprünglichen Schwingungsrichtung, liegt. Wenn der Stoss zum Beispiel bei *d'* (Fig. 158) erfolgt, während das Pendel sich in der Richtung nach *b* bewegt, wird die Stellung der Ellipse diejenige sein, die in Fig. 158 gezeichnet ist; allein wenn der

Fig. 158.

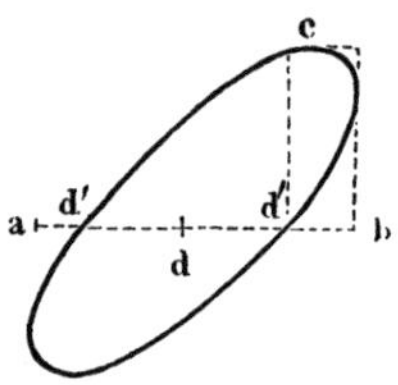

Fig. 159.

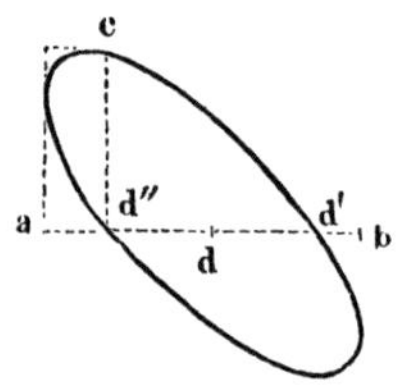

Stoss bei *d'* erfolgt, während die Bewegung nach *a* hin stattfindet, so wird die Stellung der Ellipse die in Fig. 159 dargestellte sein.

Bei dem dünnen Stabe, welchen wir in unserer vierten Vorlesung benutzten, um Wheatstone's Kaleidophon zu erklären, hatten wir eine Verbindung von Schwingungen, ähnlich der hier durch das Pendel ausgeführten; und dieser Verbindung waren die verschiedenen Figuren des Kreises, der Ellipse und der geraden Linie zuzuschreiben, welche man erhielt, wenn der Stab zum Schwingen gebracht wurde. Durch die Methode von Lissajous können wir die zu einander rechtwinkligen Schwingungen von zwei Stimmgabeln verbinden; und dies ist der Gegenstand, den ich Ihnen jetzt gern zeigen möchte. Vor dieser elektrischen Lampe *L* (Fig. 160) befindet sich eine grosse Stimmgabel *T'*, die mit einem Spiegel versehen ist, worauf ich einen schmalen Lichtstrahl *L T'* fallen lasse. Der Strahl wird auf die Versammlung zurückgeworfen. Die Stimmgabel *T'* ist, wie Sie bemerken, auf ihrem Gestelle (das in der Figur nur theilweise dargestellt ist) in horizontaler Lage befestigt, und wird deshalb beim Schwingen den Strahl wagerecht hin und her bewegen. In den Weg dieses reflectirten

Fig. 160.

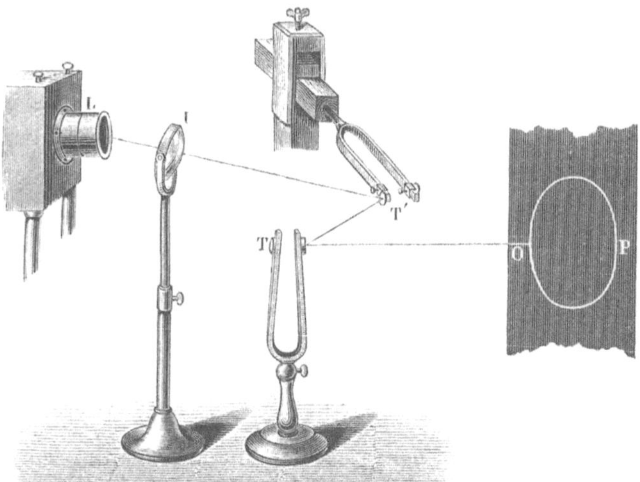

Strahles setze ich eine zweite Stimmgabel *T*, welche auch mit einem Spiegel versehen ist. Diese zweite Gabel ist jedoch aufrecht, und wenn sie schwingt, bewegt sie, wie Sie wissen, den Lichtstrahl auf- und abwärts. Im gegenwärtigen Augenblicke sind beide Gabeln bewegungslos. Der Lichtstrahl wird vom Spiegel der horizontalen zu dem der verticalen Gabel, und von letzterm auf den Schirm geworfen, wo er eine glänzende Scheibe bildet. Ich errege nun den Ton der aufrechten Gabel, während die andere ruhig bleibt. Die Scheibe zieht sich in diesen schönen, leuchtenden, 3 Fuss langen Streifen aus. Ich lasse nun die zweite Gabel tönen, und der gerade Streifen verwandelt sich augenblicklich in diesen prächtigen Ring *op* (Fig. 160) von 36 Zoll Durchmesser. Was haben wir hier vorgenommen? Genau dasselbe, was wir bei unserm ersten Versuche mit dem Pendel thaten. Wir haben einen Lichtstrahl gleichzeitig nach zwei verschiedenen Richtungen hin schwingen lassen, und haben es zufällig so getroffen, dass eine Gabel gerade ihr Schwingungsende erreicht hatte und zu momentaner Ruhe gekommen war, während die andere mit ihrer Maximalgeschwindigkeit durch ihren Gleichgewichtspunkt hindurchging.

Es ist, wie gesagt, ein blosser Zufall, dass wir einen Kreis erzielten; allein es war ein glücklicher Zufall, da er uns gestattet, uns von der genauen Aehnlichkeit zwischen der Bewegung des Lichtstrahles und der des Pendels zu überzeugen. Ich halte beide Gabeln an und lasse sie von Neuem tönen. Sie haben nun eine Ellipse mit schräger Axe vor sich. Nach einigen Versuchen erlangen wir die gerade Linie, die uns zeigt, dass beide Gabeln zu gleicher Zeit ihre Gleichgewichtslage haben. Indem wir auf diese Weise die Schwingungen von zwei Gabeln verbinden, erlangen wir alle Figuren, welche das Pendel zuvor beschrieb.

Wenn die Schwingungen zweier Gabeln in jeder Beziehung gleich sind, so bleibt die Figur, welche sie auf dem Schirme hervorbringen, in der Form unverändert, was auch ihre Gestalt sei, und nimmt nur mit dem Aufhören der Bewegung an Grösse ab. Allein der kleinste Unterschied im Schwingungsverhältniss zerstört diese Gleichmässigkeit des Bildes. Ich versuchte vor der Vorlesung, den Einklang dieser beiden Gabeln so vollkommen als möglich herzustellen, und deshalb haben Sie sehr geringe Veränderungen an der Form der Figur wahrgenommen. Allein dadurch, dass ich ein kleines Gewicht auf der Zinke der einen Gabel entlang schiebe, oder ein Stück Wachs auf einer derselben anbringe, störe ich den Einklang, und nun sehen Sie, wie die Figur langsam aus einer geraden Linie in eine schräge Ellipse und von da in einen Kreis übergeht, worauf sie sich abermals zu einer Ellipse von entgegengesetzter Axenrichtung zusammenzieht und alsdann zu einer geraden Linie wird, deren Richtung im rechten Winkel zur ersten steht; und schliesslich geht sie in umgekehrter Ordnung durch dieselbe Reihenfolge von Figuren wieder zu der geraden Linie zurück, womit wir angefangen haben.

Ehe eine dieser Figuren sich identisch wiederholt, vergeht soviel Zeit, als nöthig ist, damit eine der Gabeln der andern um eine ganze Schwingung voraus kommt. Belaste ich die Gabel noch mehr, so haben wir noch raschern Wechsel, so dass die gerade Linie, die Ellipse und der Kreis in rascher Reihenfolge durcheilt werden. Zuweilen zeigt die glänzende Curve eine scheinbare stereoskopische Tiefe, welche uns beinahe glauben macht, wir hätten einen festen Ring von weissglühendem Metall vor uns.

Indem ich den Spiegel der Gabel T' sich durch einen kleinen Bogen drehen lasse, ziehe ich den festen Kreis zu einer leuchtenden Spirale aus, welche sich quer über den Schirm ausdehnt (Fig. 161). Derselbe Versuch, mit der wechselnden Figur angestellt, giebt uns eine Spirale von ungleicher Breite (Fig. 162*).

Fig. 161.

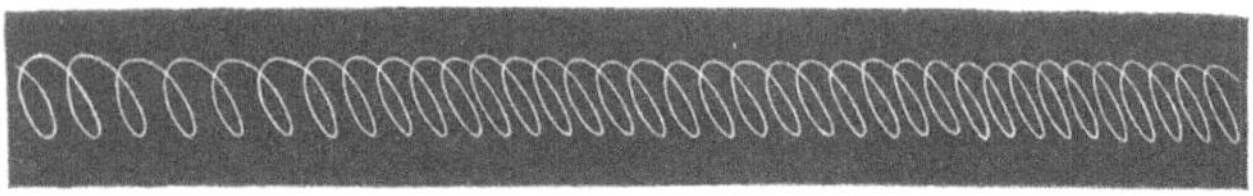

Wir müssen jetzt zunächst die Schwingungen zweier Gabeln vergleichen, wovon die eine doppelt so schnell

Fig. 162.

als die andere vibrirt, d. h. die Figur feststellen, welche der Verbindung eines Tones mit seiner Octave entspricht. Um uns für den mechanischen Theil unserer Aufgabe vorzubereiten, müssen wir wieder zu unserm Pendel zurückkehren; denn auch dieses kann nach einer Richtung hin doppelt so schnell als nach der andern oscilliren. Durch einen sehr complicirten mechanischen Apparat könnte man dies sehr vollkommen ausführen; allein jetzt ziehe ich die Einfachheit der Genauigkeit vor. Ich liess deshalb den Draht unseres Pendels von seinem Befestigungspunkte A (Fig. 163) aus mitten zwischen zwei horizontalen Glasstäben ab und $a'b'$ durchlaufen, welche letztere an ihren Enden befestigt und ungefähr einen Zoll von einander getrennt waren.

Die Stäbe kreuzen den Draht ungefähr 7 Fuss ober-

*) Diese Figur entspricht dem Intervall 15 : 16. Diese und andere Figuren verdanke ich dem ausgezeichneten Mechaniker Herrn König in Paris.

halb des Pendelgewichtes. Die ganze Länge des Pendels beträgt 28 Fuss, also schneiden die Glasröhren ein Viertel desselben ab. Ich ziehe das Pendel in der Richtung der Stäbchen *ab*, *a'b'* zur Seite und lasse es gehen. Es bewegt sich frei zwischen denselben und schwin t seiner ganzen Länge nach hin und her. Ich halte es an und ziehe es in einer Richtung zur Seite, welche senkrecht zu der frühern ist; jetzt kann nur noch eine Länge von 7 Fuss oscilliren, und nach den Gesetzen der Pendelschwingungen bewegt sich ein 7 Fuss langes Pendel mit der doppelten Geschwindigkeit eines 28 Fuss langen Pendels. Um Ihnen die Figur zu zeigen, welche durch die Verbindung dieser beiden Schwingungsperioden entsteht, habe ich an die Kupferkugel *p* (Fig. 163) einen Kameelhaarpinsel befestigt, der leicht über eine auf schwarzem Papier liegende Glasplatte hinstreicht. Ich streue etwas Silbersand auf die Platte, und wenn ich das Pendel in seiner ganzen Länge schwingen lasse, wird der Sand längs einer geraden Linie, welche die Schwingungsweite anzeigt, weggefegt. Nehmen wir an, *ab* (Fig. 164 a. f. S.) sei diese Linie und sei innerhalb einer Secunde beschrieben worden, wie wir früher schon voraussetzten. Wenn das

Fig. 163.

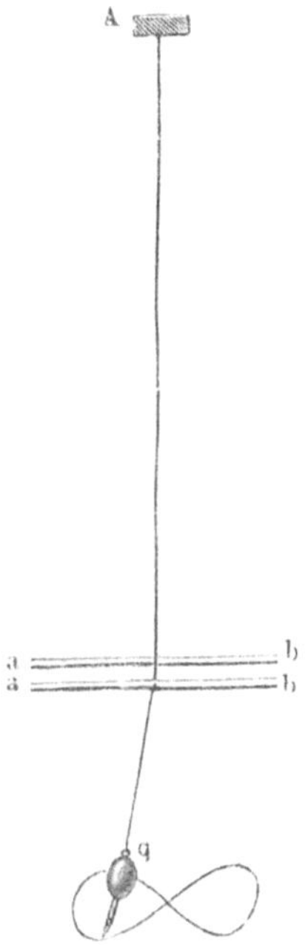

Pendel an der Grenze seiner Schwingung bei *b* angelangt ist, so soll ihm ein seitlicher Stoss mitgetheilt werden, der hinreicht, um es in einer Viertelsecunde nach *c* zu treiben. Wäre dieses der einzige Anstoss, welcher auf das Pendel einwirkt, so würde die

Fig. 164.

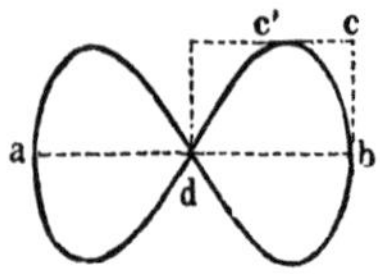

Kugel in einer halben Secunde nach *c* gehen und zu *b* zurückkehren. Allein unter den gegenwärtigen Verhältnissen wird es auserdem noch nach *d* getrieben, welchen Punkt es durch die Schwingung des ganzen Pendels auch in einer halben Secunde erreichen müsste. Beide Schwingungen verursachen demnach, dass die Kugel in demselben Moment nach *d* kommt, und um dies zu thun, muss sie die Curve *dc'b* beschreiben. Ebenso wird während der Zeit, welche das lange Pendel bedarf, um von *d* nach *a* zu kommen, das kurze Pendel über die Hälfte seines Weges hin und her gehen. Beide Schwingungen müssen deshalb *a* in demselben Moment erreichen, und um dies zu vollführen, beschreibt das Pendel die untere Curve zwischen *d* und *a*. Es ist klar, dass diese beiden Curven sich an den entgegengesetzten Seiten von *a* und *b* wiederholen werden, und dass die Verbindung beider Schwingungen schliesslich diese Achterfigur hervorbringen wird, welche Sie jetzt auf dem Sande vor Ihnen gebildet sehen.

Dieselbe Figur wird erlangt, wenn der seitliche Anstoss erfolgt, während das Pendel durch seinen Ruhepunkt *d* kommt. Ich habe hier angenommen, die Zeit, welche das Pendel bedarf, um die Linie *ab* zu beschreiben, sei eine Secunde. Lassen Sie uns nun annehmen, drei Viertel der Secunde seien vorüber und das Pendel sei bei *d'* (Fig. 165) auf seinem Wege nach *b* angelangt;

lassen Sie ihm jetzt den seitlichen Stoss ertheilen, der es in einer Viertelsecunde nach *c* treiben soll. Nun verlangt das lange Pendel, dass es sich von *d'* nach *b* in einer Viertelsecunde bewege; beiden Anstössen ist also Genüge geschehen, wenn das Pendel am Schlusse der Viertelsecunde bei *c'* angelangt ist. Um diesen Punkt zu erreichen, muss es die Curve *d' c'* beschreiben. Es wird offenbar längs derselben Curve wieder zurückkehren und sich am Schluss der nächsten Viertelsecunde wieder bei *d'* befinden. Vom *d'* nach *d* braucht das lange Pendel eine Viertelsecunde. Allein am Schlusse dieser Zeit wird sich das kurze Pendel an seiner untern Schwingungsgrenze befinden; beiden Anforderungen wird dadurch genügt, dass das Pendel sich bei *e* befindet. Auf diese Weise erlangen wir einen Arm *c'e* von einer Curve, welche sich links von *e* wiederholt, so dass die ganze Curve, welche aus der Verbindung beider Schwingungen entsteht, die in Fig. 165 dargestellte ist. Diese Figur wird in der Geometrie Parabel genannt, während die

Fig. 165.

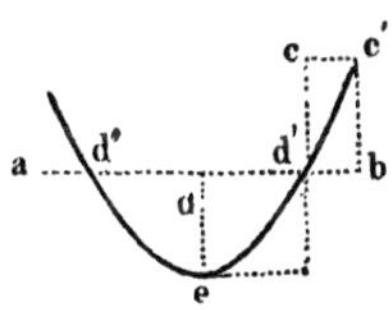

Fig. 166.

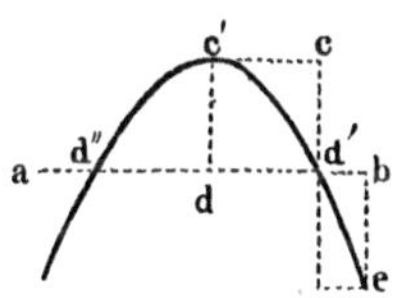

vorhin beschriebene Achterfigur eine Lemniscate genannt wird.

Wir haben hier angenommen, dass die Bewegung des Pendels im Augenblicke, wo ihm der seitliche Anstoss mitgetheilt wurde, in der Richtung nach *b* gewesen sei. Hätte sie in der Richtung nach *a* stattgefunden, so wäre die Parabel umgekehrt gewesen, wie dies in Fig. 166 gezeichnet ist. Wenn wir schliesslich annehmen, der Stoss würde nicht dann mitgetheilt, wenn das Pendel durch seinen Gleichgewichtspunkt oder durch einen Punkt, welcher ein Viertel oder drei Viertel seines Weges beträgt, geht, sondern an irgend einem andern Punkte der Linie *ab* zwischen Ende und Centrum derselben, so würden wir unter solchen Umständen weder die Parabel noch die vollkommen symmetrische Figur eines Achters, sondern einen verzerrten Achter erhalten, dessen Stellungen abhängen würden von der Richtung derjenigen Bewegung, welche stattfand, als der seitliche Anstoss ertheilt wurde.

Nun sind wir vorbereitet, um mit Vortheil den vereinigten Schwingungen unserer beiden Stimmgabeln, wovon eine die Octave der andern giebt, folgen zu können. Ich lasse die senkrechte Gabel *T* (Fig. 160) ruhig vor der Lampe stehen und setze ihr eine horizontale Gabel, welche mit der doppelten Geschwindigkeit vibrirt, gegenüber. Mit dem ersten Bogenstrich über die beiden Gabeln enthüllt sich Ihnen die genaue Aehnlichkeit dieser Verbindung mit unserm Pendel. Eine sehr vollkommene Achterfigur wird jetzt auf dem Schirme beschrieben. Vor unserer Vorlesung stellte ich das Schwingungsverhältniss der beiden Gabeln so genau als möglich gleich 1 : 2 fest; und die Gleichmässigkeit der Figur auf dem Schirme zeigt die vollkommene Stimmung an. Ich halte beide Gabeln an und errege sie von Neuem. Jetzt haben Sie den verzerrten Achter auf dem Schirme. Ich halte die Gabeln abermals an und nach einigen Versuchen kommt die Parabel zum Vorschein. Bei jedem dieser Versuchen bleibt die Figur auf dem Schirme unverändert; allein jetzt befestige ich ein Stückchen Wachs auf der einen Stimmgabel. Die Figur ist jetzt nicht mehr dauernd dieselbe, sondern geht vom vollkommenen Achter in einen verzerrten und von da in die Parabel über, woraus sie sich nachher wieder zum Achter öffnet. Indem ich die Stimmung noch abweichender mache, kann ich diese Veränderungen so rasch als mir beliebt eintreten lassen.

Wenn der Achter unveränderlich auf dem Schirme ist, so bringt eine Drehung des Spiegels an der Gabel *T* die gewundene Linie, die in Fig. 167 gezeigt ist, auf dem Schirme hervor.

Ich will jetzt zwei Gabeln verbinden, deren Schwingungsverhältniss gleich 2 : 3 ist. Bemerken Sie zuerst die wundervolle Beständigkeit der Figur, welche durch

Fig. 167.

die Vereinigung dieser beiden Schwingungsperioden gebildet wird. Ich klebe nun ein Vierpfennigstück mit Wachs an die eine Gabel an; die Beständigkeit hört auf, und wir haben dieses scheinbare Hin- und Herwiegen der leuchtenden Figur. Geht man zu den Intervallen 3 : 4, 4 : 5 und 5 : 6 über, so werden die Figuren immer verwickelter. Die letzte Verbindung 5 : 6 ist so verwirrt, dass man einen sehr schmalen Lichtstrahl anwenden muss, um sie deutlich zu erkennen. Die grosse Entfernung zwischen der Gabel und dem Schirme hilft uns auch, um die Verwicklung zu entwirren. Und hier muss bemerkt werden, dass, wenn die Figur ganz ausgebildet ist, die Anzahl der Gipfelpunkte längs der senkrechten und wagerechten Seiten der Figur das Ver-

Fig. 168.

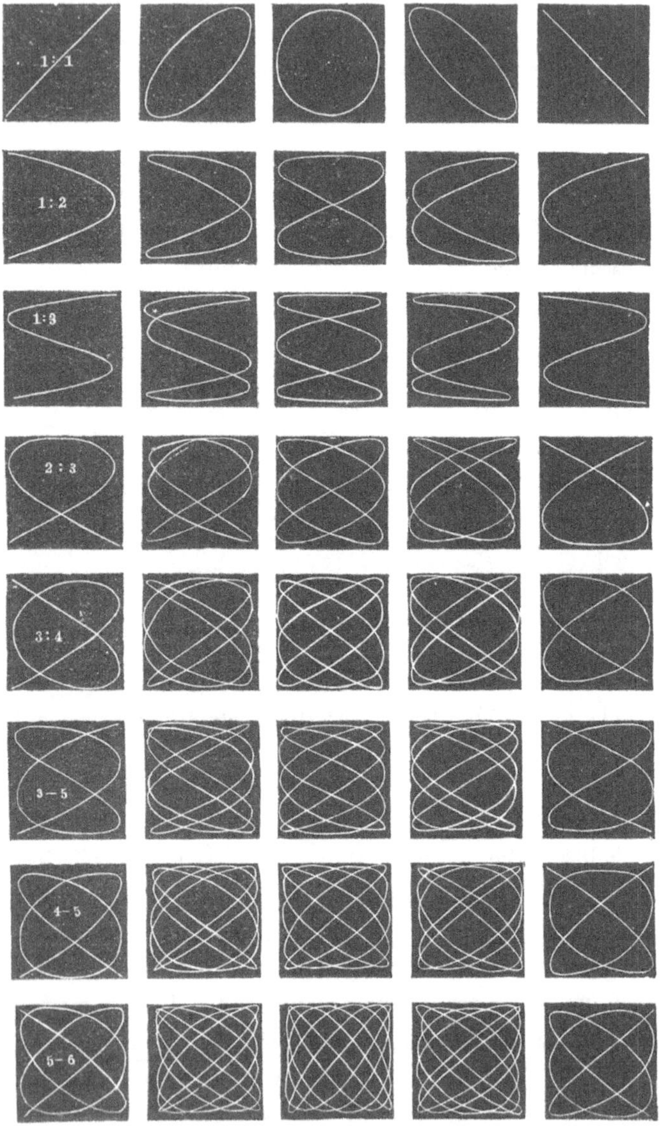

hältniss der vereinigten Schwingungen ausdrückt. Bei der Octave zum Beispiel haben wir zwei Gipfelpunkte in einer Richtung und einen in der andern; bei der Quinte zwei Gipfel in einer und drei in der andern Richtung. Wenn die Töne sich wie 1:3 verhalten, so sind die leuchtenden Schleifen auch Eins und Drei. Die Veränderungen, welche mit einzelnen dieser Figuren vorgehen, wenn die Stimmung nicht vollkommen, oder wenn die eine Gabel belastet ist, sind sehr merkwürdig. Bei dem letzten Falle von 1 : 3 zum Beispiel ist es wirklich zuweilen schwer, sich von der Vorstellung frei zu machen, dass man ein festes Gefüge von weissglühendem Metall vor sich habe. Die Figur zeigt eine Tiefe, welche scheinbar unvereinbar damit ist, dass sie auf einer ebenen Fläche gezeichnet ist.

Hier ist ein Diagramm (Fig. 168) dieser schönen Figuren vor Ihnen aufgehängt, welches Verbindungen von 1 : 1 bis 5 : 6 in sich schliesst. In jedem einzelnen Falle sind die charakteristischen Phasen der Schwingungen dargestellt, welche jede einzelne Figur durchläuft, wenn das Intervall zwischen den beiden Gabeln nicht ganz rein ist. Ich füge hier (Fig. 169) noch zwei Tafeln hinzu, welche die Verbindung 8 : 9 zeigen.

Alle diese Figuren können durch die Schwingungen eines und desselben Körpers erzielt werden. Ich habe

Fig. 169.

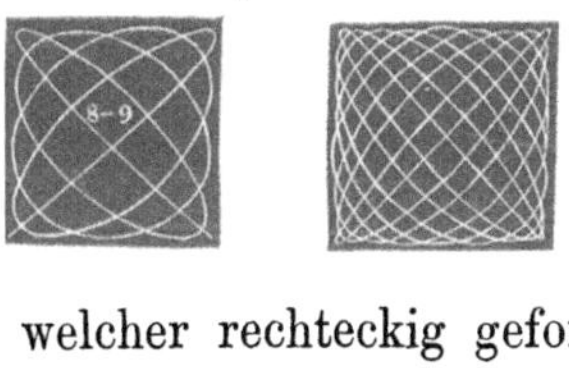

hier einen Stab, welcher rechteckig geformt und so eingerichtet ist, dass er nach einer Richtung hin doppelt so schnell schwingt als nach der andern. Er ist mit einem silbernen Knopfe versehen, der beleuchtet und dessen Bild auf den Schirm geworfen werden kann.

Der Stab ist jetzt in einer Klemme befestigt; eine Glaslinse befindet sich davor, und Sie sehen den Lichtpunkt auf dem Schirme. Ich ziehe den Stab zur Seite und lasse ihn alsdann plötzlich los; nun sehen Sie die Figuren, welche er beschreibt. Wären die Schwingungszahlen nach beiden Richtungen hin genau gleich 1 : 2, so würde die Figur vollständig unverändert bleiben; allein weil dieses Verhältniss nur annäherungsweise erreicht ist, sehen Sie die Figur zuerst als eine verzerrte 8, dann als eine vollkommene 8, hierauf abermals als verzerrte 8, allein in einer andern Weise als zuvor; und nun haben Sie für einen Augenblick eine vollkommene Parabel. Hier haben wir also genau dieselbe Reihenfolge von Figuren, wie wir sie mit unseren zwei Stimmgabeln, welche im Verhältniss von 1 : 2 vibrirten und leicht verstimmt waren, vorhin erlangten. Man kann ebenso alle anderen Figuren, welche durch die Verbindung zweier Stimmgabeln hervorgebracht wurden, vermittelst einzelner Stäbe erlangen, vorausgesetzt, dass diese so gestaltet sind, dass sie nach zwei zu einander rechtwinkligen Richtungen hin mit verchiedener Geschwindigkeit schwingen.

Wheatstone vervollständigte sein Kaleidophon durch die Einführung von Stäben, welche die Verbindungen aller musikalischen Intervalle darzustellen im Stande waren. Er ersann ausserdem noch mehrere sehr sinnreiche Methoden für die Zusammensetzung verschiedenartiger Schwingungen.

Unsere Arbeit neigt sich jetzt ihrem Ende zu; allein ehe wir sie beschliessen und um ihr den gehörigen Schluss zu verleihen, möchte ich Sie bitten, sich die Versuche unserer dritten Vorlesung ins Gedächtniss zurückzurufen, wodurch die Theilung einer Saite in ihre Obertöne gezeigt wurde. Dieses geschah, wenn Sie sich erinnern, durch kleine Papierreiter, welche quer über dieselbe gesetzt wurden, und die von der Saite abgeworfen oder nicht abgeworfen wurden, je nachdem sie sich auf einem Knotenpunkt oder einem der Schwingungsbäuche befanden. Ich möchte nun einen wichtigen Punkt durch ein anderes ähnliches Experiment von Sauveur noch ausführlicher erläutern, als dies bisher geschah. Vor Ihnen steht das Sonometer, welches in unserer dritten Vorlesung beschrieben wurde. Längs desselben habe ich zwei Saiten anstatt einer einzigen, und zwar in einer Entfernung von drei Zoll gespannt. Vermittelst eines Schlüssels verändere ich die Spannung der Saiten und lasse sie so lange beständig tönen, bis ich sie zum vollkommenen Einklange gebracht habe. Und nun setze ich einen kleinen Papierschnitzel rittlings auf die Mitte der einen Saite und errege die andere. Was geschieht? Die Schwingungen der tönenden Saite theilen sich den Stegen, worauf sie ruhen, und von den Stegen der andern Saite mit. Die einzelnen Anstösse sind sehr schwach, allein weil beide Saiten sich im Einklange befinden, können sich die Impulse so sehr verstärken, dass sie schliesslich den Papierstreifen von der unberührten Saite abwerfen.

Jeder Versuch mit den Papierschnitzeln und der einzelnen Saite, welchen wir in unserer dritten Vorlesung zeigten, kann hier mit den zwei im Einklang befindlichen Saiten wiederholt werden. Lassen Sie uns zum Beispiel die eine Saite an einem Punkte dämpfen, der um ein Viertel ihrer Länge von einem Ende absteht, und lassen Sie uns die früher benutzten rothen und blauen Reiter aufsetzen, aber nicht auf die Schwingungsknoten und Schwingungsbäuche der gedämpften Saite, sondern auf die denselben genau gegenüberliegenden Punkte auf der andern Saite. Wenn der Bogen über die kürzere Abtheilung der gedämpften Saite geführt wird, fallen die fünf rothen Reiter der benachbarten Saite ab, während die vier blauen ruhig auf ihren Plätzen bleiben. Indem ich die eine Saite nachlasse, zerstöre ich den Einklang zwischen beiden. Alle meine Anstrengungen, um die Reiter abzuwerfen, sind fruchtlos. Jene Verstärkung der Impulse, welche der Einklang allein möglich macht, kann hier nicht stattfinden, und die Folge davon ist, dass, so gross auch die Bewegung in der einen Saite sein mag, es ihr doch nicht gelingt, einen merklichen Einfluss auf die andere auszuüben.

Der Einfluss des Einklanges kann noch auffallender gezeigt werden durch zwei Stimmgabeln, welche dieselbe Note angeben. Ich setze zwei solche auf ihren Resonanzkästen befestigte Stimmgabeln 18 Zoll von einander entfernt auf den Tisch und ziehe meinen Bogen kräftig über die eine derselben hin. Die andere Gabel blieb unberührt. Ich halte jetzt die erregte Stimmgabel an und der Ton wird wohl schwächer, aber hört keineswegs ganz auf. Durch die Luft und das Holz sind die Schwingungen von Gabel zu Gabel getragen worden, und der Ton, welchen Sie jetzt hören, rührt von der unberührten Gabel her. Ich klebe ein Stück Wachs auf die eine Gabel, lasse sie von Neuem ertönen und nun ist ihre Kraft, auf die andere einzuwirken, dahin; die Veränderung in der Schwingungszahl, so gering sie war, reichte hin, um die

Sympathie zwischen den beiden Gabeln zu zerstören, und nun ist keine Antwort mehr möglich. Ich entferne das Wachs, und nun antwortet die unberührte Stimmgabel wieder. Diese Überleitung der Schwingungen durch Luft und Holz kann auch dann noch hervorgebracht werden, wenn die auf ihren Resonanzkasten befestigten Gabeln mehrere Fuss auseinander stehen. Allein die Schwingungen können auch durch die Luft allein mitgetheilt werden. Ich halte eine Gabel an und lasse die andere kräftig klingen. Den Kasten der schwingenden Gabel in der Hand haltend, bringe ich eine ihrer Zinken an die ruhende Gabel heran, so zwar, dass die Zinken mit der Rückseite gegen einander gekehrt sind, jedoch noch ein Luftraum zwischen ihnen sich befindet. So leicht auch das Transportmittel ist, so macht die Verstärkung der Impulse, welche durch den vollkommenen Einklang der beiden Gabeln entsteht, es doch der einen Gabel möglich, die andere in Schwingung zu versetzen. Ich lasse den Ton der erregten Gabel plötzlich aufhören, allein die zuvor stille Gabel fährt fort zu klingen, da sie die Schwingungen ihrer Nachbarin aufgenommen hat.

Indem ich die eine Gabel von ihrem Resonanzkasten abnehme, schlage ich sie an einen Klotz an und versetze sie in heftige Schwingung. Frei in die Luft gehalten, ist ihr Ton unhörbar; allein ich bringe sie jetzt nahe an die auf dem Gestell befindliche Gabel. Und aus der Stille erhebt sich jetzt dieser volle weiche Ton, der nicht der ursprünglich klingenden Gabel, sondern ihrer sympathetischen Nachbarin zuzuschreiben ist.

Verschiedene andere Beispiele von dem Einflusse des Synchronismus, welche in diesen Vorlesungen erörtert wurden, werden Ihnen hierbei einfallen, und man könnte derlei Fälle leicht vervielfachen. Wenn z. B. zwei Uhren mit Pendeln von derselben Schwingungsdauer an derselben Wand hängen und man eine derselben in Bewegung setzt, so wird das Ticken der gehenden Uhr sich der andern durch die Wand mittheilen und dieselbe erregen. Das Pendel, das durch ein einzelnes Ticken bewegt wird, beschreibt einen unendlich kleinen Bogen, allein es kehrt zu seiner Schwingungsgrenze gerade zu rechter Zeit zurück, um einen neuen Anstoss zu empfangen. Durch die Fortdauer dieses Vorganges addiren sich die Anstösse schliesslich so zusammen, dass sie die Uhr zum Gehen bringen. Durch dieses Abstimmen der Luftstösse kann eine richtig eingesetzte Stimme ein Glas zum Tönen bringen, und der Klang einer Orgelpfeife eine bestimmte Fensterscheibe zerbrechen.

Ich verweile auf diesem Gegenstande, damit Ihnen die Art und Weise, wie eine Tonwelle sich dem Hörnerven mittheilt, verständlicher werde. Dieser Nerv wird aller Wahrscheinlichkeit nach durch damit verbundene Körper in Bewegung gesetzt, welche im Stande sind, in sympathische Schwingungen mit verschiedenen Tonwellen zu gerathen. Beim menschlichen Gehörorgan haben wir zunächst nach aussen den äusseren Gehörgang, der an seinem innern Ende durch das kreisförmige Trommelfell geschlossen ist. Hinter dieser Membran befindet sich die Höhle, welche die Trommel genannt wird, und die von der innersten Abtheilung durch eine knöcherne Scheidewand getrennt ist, worin sich zwei Löcher befinden, deren eines rund, das andere oval ist. Auch diese Löcher sind durch feine Membranen geschlossen. Quer über die Trommelhöhle zieht sich eine Reihe von vier kleinen Knöchelchen hin. Das erste, genannt der Hammer, ist an das Trommelfell befestigt; das zweite, genannt Amboss, ist durch ein Gelenk mit dem Hammer verknüpft; ein drittes rundes Knöchelchen verbindet den Amboss mit dem Steigbügel, dessen ovale Basis an der Membran der ovalen vorhin erwähnten Oeffnung befestigt ist. Die Basis des Steigbügels flacht sich gegen die Membran hin ab und bedeckt sie beinahe ganz, so dass nur ein schmaler Streifen derselben das Knöchelchen umgiebt. Hinter der knöchernen Scheidewand, und zwar zwischen dieser und dem Gehirn, haben wir das ganz eigenthümliche Organ, genannt Labyrinth, das mit Wasser angefüllt ist, und feine häutige Gebilde enthält, an denen die Endfasern des Gehörnerven ausgebreitet sind. Wenn das Trommelfell einen Stoss empfängt, so wird dieser durch die obengenannte Reihe von Knöchelchen weitergeführt und an der Membran, gegen welche die Basis des Steigbügels befestigt ist, concentrirt. Diese Membran theilt den Stoss dem Wasser des Labyrinthes mit, welches ihn seinerseits auf die Nerven überträgt.

Diese Uebertragung ist jedoch nicht direct. An einer gewissen Stelle des Labyrinthes wachsen zwischen den Nervenfasern äusserst feine elastische Härchen, die in scharfen Spitzen auslaufen. Diese von Max Schultze entdeckten Härchen sind ausserordentlich geeignet, um mit den Schwingungen des Wassers, welche ihren eigenen Schwingungsperioden entsprechen, mitzuschwingen. Auf diese Weise in Schwingung versetzt, erregen diese Härchen die Nervenfasern, welche zwischen ihren Wurzeln liegen, und von da aus die Gehörempfindung. An einer andern Stelle des Labyrinthes haben wir kleine krystallinische Theilchen, genannt Gehörsteine, welche zwischen Nervenfasern gelagert sind, und die beim Schwingen einen intermittirenden Druck auf die benachbarten Nervenfasern ausüben und auf diese Weise das Gehör erregen. Diese Hörsteinchen dienen wahrscheinlich einem andern Zwecke, als die durch Schultze entdeckten Hörhärchen. Sie sind durch ihr Gewicht geeignet, die Schwingungen sehr leicht verhallender Töne zu verlängern, welche vielleicht sonst unbemerkt bleiben würden. Die Schultze'schen Hörhärchen würden im Gegentheil wegen ihrer sehr grossen Leichtigkeit nach einem vorübergehenden Ton schnell zur Ruhe kommen, während sie in ausgezeichneter Weise für die Aufnahme eines andauernden Tones sich eignen. Schliesslich findet sich in dem Labyrinth noch ein wundervolles, durch den Marchese Corti entdecktes Organ, das allem Anscheine nach ein musikalisches Instrument ist, dessen Saiten so gespannt sind, dass sie Schwingungen verschiedener Perioden annehmen, und auf die das Organ durchlaufenden Nervenfasern übertragen können. Innerhalb des menschlichen Gehöres hat also diese Harfe von 3000 Saiten*) ohne unser Wissen und Zuthun seit Jahrtausenden bestanden, um die Musik von der Aussenwelt zu empfangen und sie für das Gehirn zuzubereiten und aufnahmsfähig zu machen. Jedes musikalische Zittern, welches auf dies Organ fällt, wählt sich unter seinen gespannten Fasern diejenige aus, die seiner eigenen Tonhöhe entspricht, und versetzt diese Faser in eine gleichstimmige Schwingung. Auf diese Weise können jene mikroskopischen Saiten jede Bewegung der äussern Luft, sei sie auch noch so verwickelt, analysiren und in ihre Bestandtheile zerlegen. In diesen Schlussbemerkungen habe ich gesucht, Ihnen in wenigen Worten die Ansichten mitzutheilen, welche gegenwärtig von den haupt-

*) Dies ist nach Kölliker die Zahl der Fasern des Corti'schen Organes.

sächlichsten Autoritäten in Bezug auf die Weiterführung der tönenden Bewegungen zu den Gehörnerven gehegt werden. Ich fordere Sie nicht auf, diese Ansichten als feststehend, sondern nur als wahrscheinlich zu betrachten. Sie zeigen die Erscheinung in zusammenhängender und verständlicher Form; und sollten sie einst durch eine richtigere und umfassendere Theorie ersetzt werden, so wird man gewiss finden, dass das Wunder durch die Feststellung der Wahrheit nicht gemindert sein wird.

ALPHABETISCHES INHALTSVERZEICHNISS.

H.

I.

K.

L.

M.

N.

T.

V.

W.

Y.

Z.

GPSR Compliance

The European Union's (EU) General Product Safety Regulation (GPSR) is a set of rules that requires consumer products to be safe and our obligations to ensure this.

If you have any concerns about our products, you can contact us on ProductSafety@springernature.com

In case Publisher is established outside the EU, the EU authorized representative is:

Springer Nature Customer Service Center GmbH
Europaplatz 3
69115 Heidelberg, Germany

Batch number: 10577915

Printed by Printforce, the Netherlands